Python

実践Pythonライブラリー

Pythonによる
ベイズ統計学
入門

中妻照雄 [著]

朝倉書店

はしがき

　朝倉書店から『入門ベイズ統計学』を 2007 年に上梓して 10 年以上が経過した．その当時は「ベイズ統計学」という学問の知名度は低く，日本語で書かれたベイズ統計学の教科書は数えるほどで，特にマルコフ連鎖モンテカルロ (MCMC) 法を扱ったものとなると片手の指で足りる程度しかなかった．そのような状況の中で『入門ベイズ統計学』の出版に漕ぎ着けたことはまさに幸運としかいいようがない．お陰様で専門書にしては売れ行きもよく，刷を重ねることもできた．これを受けて 2013 年には数学的に高度な内容を扱った姉妹編の『実践ベイズ統計学』を同じく朝倉書店から刊行する機会も得た．この頃になるとベイズ統計学の認知度も上がり，MCMC 法を扱った日本語の書籍も入門レベルから専門レベルまで幅広く出回るようになっていたため，『実践ベイズ統計学』では敢えて MCMC 法は扱わず，ベイズ統計学の原点に戻って解析的に事後分布が求まるケースを重点的に解説する内容にした．さらに時は流れて，今やデータサイエンスは花形の学問となり，書店の書棚にはデータサイエンス，AI，機械学習，深層学習などの言葉が溢れるようになった．そして，この潮流の中でベイズ統計学の重要性は増すばかりである．私がアメリカに留学した 1990 年代前半の状況を思い出すと，ベイズ統計学は異端扱い，アメリカの主要大学でさえ統計学部は統廃合の憂き目にあい，統計学者の間で「統計学の危機」が叫ばれていた．その当時と今を比べると隔世の感がある．

　また，ベイズ統計学の発展と並行して，機械学習と深層学習の研究が急速に進展し，これらを駆使してビッグデータを解析する手法が確立され，学術研究を牽引するとともに実務における応用への扉を開いた．それが今の「データサイエンス・ブーム」を生み出したのであるが，当然の帰結として統計学を研究する学者にとっても仕事の道具として使う実務家にとってもプログラミングが必須の技能となった．統計学の分野で最も使われているプログラミング言語は R (https://www.r-project.org/) であろう．オンライン書籍販売サイトを見てもデータサイエンス関連の書籍は R に関するものが圧倒的に多く，初学者向けの入門書から高度な内容の専門書まで品揃えも豊富である．現在の刊行されている書籍の傾向を眺めてみると，R でベイズ統計学を学ぶのであれば，まずは R 本体に加えて有志の専門家が作成した分析用パッケージを CRAN (Comprehensive R Archive Network) からダウンロードして使うという流れになるだろう．そして，CRAN のパッケージにないモデルを分析したいのであれば Stan (https://mc-stan.org/) などのベイズ統計学に特化したソフトウェアでモデ

リングを行うことになる.

Rは強力なプログラミング言語ではあるものの，基本的にデータサイエンスでしか使われない言語であり，汎用性に欠ける．一方，C/C++やJavaのような汎用性の高い言語は，初学者にとっては敷居が高い上に，統計分析における複雑な数値計算を行うためのコーディングに多くの時間と労力をとられるという難点もある．初学者にも手軽に使えて，高度な数値計算のライブラリも充実し，データサイエンス以外の分野でも広く使われる汎用性と柔軟性を有する言語というと，筆者の知る範囲ではPython (https://www.python.org/) しか思いつかない．しかもPythonは無料で自由に誰でも使用できる．このような理由から，本書では「Rでデータ分析」という時流に敢えて反してPythonでベイズ分析を行うための解説を行いたい．

Pythonであれ，Rであれ，パッケージ類に頼らず独自のモデルに対してMCMC法を実行するためには複雑で長いコードを書かなければならない．これがベイズ統計学の普及の妨げになってきた．先ほど言及したStanは，この長年の問題に対処すべく比較的簡潔なコードでMCMC法を実行できるようにするために開発されたソフトウェアである．PythonでもPyStan (https://pystan.readthedocs.io/) というパッケージを使うと，PythonからStanを呼び出して使うことができる．しかし，本書ではPyMC (Salvatier et al. (2016), https://docs.pymc.io/) というMCMC法によるベイズ分析を行うためのパッケージを使用する．PyMCのモデリングの発想はStanに似ているが，StanがCに似た独自の文法でモデルを記述するのに対し，PyMCは元からPythonのパッケージなのでPython流の文法でモデルの記述ができるという違いがある．ただでさえ慣れないベイズ統計学を学び始めた初心者に異なる文法のプログラミング言語を同時並行して習得させるのは困難極まりない．敷居を少しでも低くするために，本書ではPyMCによるMCMC法の実行を学習の中心に据える．ある程度ベイズ統計学とPythonのプログラミングに慣れてからStanに手を出してもよいし，PyMCやStanに頼らず自分自身でMCMC法のためのコード作成に挑戦してもらってもよいだろう．

本書はプログラミングを少しかじった程度の知識がある読者を対象に，Pythonの説明は必要最小限にとどめ，あくまでもベイズ統計学の入門を主たる目的としつつ，大学の学部教養レベルの微分積分，線形代数，統計学の知識を持つ初学者が自習を進めることができるような構成にしている．数学の難易度でいうと，本書は『入門ベイズ統計学』と『実践ベイズ統計学』の中間ぐらいに位置するといえるだろう．また，本書に収録されている全てのPythonコードはGitHubレポジトリ https://github.com/nakatsuma/python_for_bayes から入手できるので活用してほしい．

2019年3月

中妻照雄

目　　次

1. 「データの時代」におけるベイズ統計学 …………………………… 1

2. ベイズ統計学の基本原理 ………………………………………… 9
　2.1　未知の比率に対する推論 ………………………………… 9
　2.2　ベイズの定理による事後分布の導出 …………………… 27
　2.3　未知のパラメータに関する推論 ………………………… 33
　2.4　将来の確率変数の値の予測 ……………………………… 51
　2.5　付　　　録 ………………………………………………… 53
　　2.5.1　損失関数に対応した点推定の導出 ………………… 53
　　2.5.2　SDDR の導出 ……………………………………… 55
　　2.5.3　Python コード ……………………………………… 56

3. 様々な確率分布を想定したベイズ分析 ………………………… 59
　3.1　ポアソン分布のベイズ分析 ……………………………… 59
　3.2　正規分布のベイズ分析 …………………………………… 65
　3.3　回帰モデルのベイズ分析 ………………………………… 76
　3.4　付　　　録 ………………………………………………… 87
　　3.4.1　ポアソン分布に従う確率変数の予測分布の導出 … 87
　　3.4.2　正規分布に従う確率変数の予測分布の導出 ……… 88
　　3.4.3　回帰係数と誤差項の分散の事後分布の導出 ……… 89
　　3.4.4　回帰モデルの予測分布の導出 ……………………… 90
　　3.4.5　Python コード ……………………………………… 93

4. PyMC によるベイズ分析 ………………………………………… 97
　4.1　ベイズ統計学とモンテカルロ法 ………………………… 97
　4.2　PyMC による回帰モデルのベイズ分析 ………………… 102
　4.3　一般化線形モデルのベイズ分析 ………………………… 122

5. 時系列データのベイズ分析 133
　5.1 時系列データと状態空間表現 133
　5.2 状態空間モデルに関する推論 141
　5.3 PyMC による状態空間モデルのベイズ分析 146
　5.4 付　　　録 162
　　5.4.1 カルマン・フィルターの導出 162
　　5.4.2 予測分布の導出 165
　　5.4.3 カルマン・スムーザーの導出 167
　　5.4.4 Python コード 172

6. マルコフ連鎖モンテカルロ法 174
　6.1 マルコフ連鎖と不変分布 174
　6.2 メトロポリス–ヘイスティングズ・アルゴリズム 181
　6.3 ギブズ・サンプラー 191

参考文献 209

索　引 211

表　目　次

1.1	本書で扱う確率分布	6
2.1	pyplot でのグラフの色, 線種, マークのオプション	18
2.2	ベルヌーイ分布の成功確率の事後統計量	35
2.3	Jeffreys によるベイズ・ファクターの等級	49
3.1	ポアソン分布のパラメータの事後統計量	61
3.2	正規分布の平均と分散の事後統計量	71
3.3	回帰係数と誤差項の分散の事後統計量	79
5.1	Pandas 関数 date_range() の freq オプションの例	154
6.1	ギブズ・サンプラーによる正規分布の平均と分散の事後統計量	200
6.2	ギブズ・サンプラーによる回帰モデルの係数と誤差項の分散の事後統計量	206

図 目 次

- 2.1 成功確率の事前分布の例 12
- 2.2 ベータ分布の例（横軸は確率変数の値，縦軸は確率密度の値）...... 22
- 2.3 成功確率の事後分布（事前分布として一様分布を使用）............. 30
- 2.4 標本の大きさ n が成功確率 q の事後分布に与える影響............. 31
- 2.5 損失関数の例（$q = 0.5$ と仮定）...................................... 34
- 2.6 信用区間と HPD 区間の比較 37
- 3.1 ポアソン分布（左）とガンマ分布（右）の例 60
- 3.2 ポアソン分布の λ の事後分布 62
- 3.3 正規分布の例（左は $\sigma = 1$，右は $\mu = 0$ に固定）.................. 66
- 3.4 逆ガンマ分布（左）と t 分布（右）の例 67
- 3.5 正規分布の平均と分散の事後分布 71
- 3.6 データの散布図と回帰直線 77
- 3.7 回帰係数と誤差項の分散の事後分布 79
- 4.1 回帰係数と誤差項の分散の事後分布 (自然共役事前分布) 108
- 4.2 回帰係数と誤差項の分散の事後分布（正規分布+逆ガンマ分布）.... 114
- 4.3 回帰係数と誤差項の分散の事後分布（重回帰モデル）................ 118
- 4.4 回帰係数と誤差項の標準偏差の事後分布（ラプラス分布+半コーシー分布）... 121
- 4.5 ロジット・モデルの係数の事後分布 127
- 4.6 プロビット・モデルの係数の事後分布 130
- 4.7 ポアソン回帰モデルの係数の事後分布 132
- 5.1 時系列データの例（使用電力量とドル円為替レート）................ 134
- 5.2 ノイズを含む AR(1) 過程のパラメータの事後分布 151
- 5.3 使用電力量の状態空間モデルのパラメータの事後分布 155
- 5.4 使用電力量のトレンドと季節変動 157
- 5.5 SV モデルのパラメータの事後分布 161
- 5.6 SV モデルで推定された 2 シグマ区間 161
- 6.1 正規分布の平均と分散の事後分布（ギブズ・サンプラー）........... 200
- 6.2 回帰係数と誤差項の分散の事後分布（ギブズ・サンプラー）........ 206

コード目次

2.1	ベルヌーイ分布の成功確率の事前分布: pybayes_beta_prior.py	13
2.2	ベータ分布のグラフ: pybayes_beta_distribution.py	22
2.3	ベルヌーイ分布の成功確率の事後分布と事後統計量: pybayes_conjugate_bernoulli.py	37
2.4	損失関数と区間推定の図示: pybayes_posterior_inference.py	57
3.1	ポアソン分布の λ の事後分布と事後統計量: pybayes_conjugate_poisson.py	61
3.2	正規分布の平均と分散の事後分布と事後統計量: pybayes_conjugate_gaussian.py	71
3.3	回帰係数と誤差項の分散の事後分布と事後統計量: pybayes_conjugate_regression.py	80
3.4	ポアソン分布とガンマ分布の例: pybayes_poisson_gamma.py	93
3.5	正規分布の例: pybayes_gaussian_distribution.py	94
3.6	逆ガンマ分布と t 分布の例: pybayes_invgamma_t.py	95
4.1	回帰モデルのベイズ分析（自然共役事前分布）: pybayes_mcmc_reg_ex1.py	103
4.2	回帰モデルのベイズ分析（正規分布＋逆ガンマ分布）: pybayes_mcmc_reg_ex2.py	112
4.3	回帰モデルのベイズ分析（重回帰モデル）: pybayes_mcmc_reg_ex3.py	115
4.4	回帰モデルのベイズ分析（ラプラス分布＋半コーシー分布）: pybayes_mcmc_reg_ex4.py	117
4.5	ロジット・モデルのベイズ分析: pybayes_mcmc_logit.py	124
4.6	プロビット・モデルのベイズ分析: pybayes_mcmc_probit.py	127
4.7	ポアソン回帰モデルのベイズ分析: pybayes_mcmc_poisson.py	130
5.1	ノイズを含む AR(1) 過程: pybayes_mcmc_ar1.py	148
5.2	使用電力量のトレンドと季節変動: pybayes_mcmc_decomp.py	152
5.3	確率的ボラティリティ・モデル: pybayes_mcmc_sv.py	158
5.4	時系列データのプロット: pybayes_timeseries_data.py	172
6.1	正規分布に対するギブス・サンプラー: pybayes_gibbs_gaussian.py	193
6.2	回帰モデルに対するギブス・サンプラー: pybayes_gibbs_regression.py	202

1 「データの時代」におけるベイズ統計学

　データは新たな「資源」と見なされるようになった．
　1人1人が当たり前のようにスマートフォンを持ち，自分の位置情報をリアルタイムで絶えず更新しながら，メッセージや写真などをソーシャル・ネットワーク・サービス（SNS）に投稿し，休み時間にコンビニに立ち寄ってランチを買って電子マネーで支払い，ネット検索で情報を集めて次の休暇の旅行先を決め，Eコマースのアプリで旅行の手配や必要な買い物をしてスマートフォンから決済を行う．これが日常の風景となって久しいが，この一連の人々の行動は全て履歴として企業側に蓄積されている．SNSの運営会社は利用者の投稿内容のみならず投稿した時間と場所を全て把握している．ネット検索も情報を吸い取る強力な手段である．コンビニでは，いつ，どの店で，どの商品を買ったかというデータが刻一刻と集計され，この購買履歴とポイントカードに紐つけられた顧客の氏名，住所，年齢，性別といった属性とマッチングすることで膨大なデータベースが構築されている．電子マネーやEコマース・サイトの運営会社も同様の情報を手に入れている．当然，ネット決済をクレジットカードで行えばカード会社に利用記録が蓄積される．このように人々が息をし脈を打つ間に止めどなくデータがネットを経由して企業側に集まり，我々の知らない間に加速度的に膨大なデータ（ビッグデータ）が蓄積されているのである．
　このように集められたビッグデータは商品開発やマーケティングのために活用できる正に「資源」と呼べるものである．旅行に関するマーケティングを例に資源としてのデータの活用方法を考えてみよう．例えば，最近の旅行に関する検索履歴，過去の旅行の履歴などから次にどこに旅行したがっているのか（国内のテーマパーク，温泉地，海外のリゾート地など）がわかれば，年末年始，お盆，大型連休の前にうまくプロモーションをかけることで顧客の獲得に繋がるであろう．また，旅行先と時期の選択においては年齢や家族構成が重要な決定要因になりうる．退職して年金生活を送っている夫婦であれば年中旅行の機会があるが，小学生がいる家庭であれば学校の長期休業中が狙い目になる．乳幼児を抱えている家庭では，旅行先でも幼い子供が飽きずに過ごせる施設の存在が不可欠だろう．日頃よく食べているものから推奨すべき旅行先を推測できると面白いかもしれない．しかし，いざ旅行をしたいと思っても先立つ

物がないと無理である．年収やローンの返済状況，月々の生活費まで把握できれば，幾らまでの旅行プランであれば支出できるのかを予想できるかもしれない．さらに旅行のため資金に余裕がない家庭に対して，旅行のための積立プランや少額ローンなどを提供するという策も使えるだろう．ローンを組むのであれば，過去の返済履歴や収入などのデータを信用力の評価に使える．その他にもデータの様々な活用法があると思うので，頭の体操のつもりで読者も考えてみるとよいだろう．

　このようにデータの蓄積がビジネスで有利に働くということは，データを持つ者はデータを活用して利益を得る機会に恵まれるが同時にデータを持たない者はその機会を持つ者に奪われてしまうことも意味する．データを持つ者に利益が集中し，持つ者と持たざる者の格差が広がってしまう．このような懸念が「データは資源」という発想に繋がっているのである．これはベイズ統計学の書であるから経済の話題にまで深入りはしないが，昨今マスメディアで取り上げられる機会も増えたことから，世間でもビッグデータ解析の有用性と必要性は認知されつつあると思う．

　しかし，どうすれば希少な資源であるデータを効果的に活用できるのだろうか，そもそも何がわかればデータを活用できたといえるのだろうか，という肝心のところを今ひとつ掴めていない人が多いように見受けられる．「ビッグデータの活用が利益の源泉だ」といわれても何から手をつけたらよいのかわからず途方にくれる経営者も少なくない．よく使われるたとえ話であるが，データという宝石の山の上に座っていながら王冠を作ることができない（あるいは王冠を作れることにすら気がついていない）人がまだまだ多数なのではなかろうか．このデータという宝石から王冠を作り出すことこそデータサイエンスの存在意義であり，それができる人材こそが真の意味での「データサイエンティスト」と呼ばれるに相応しいのである．データに隠された有益な情報は，可視化と称して漫然とグラフを書いてみたり，因果との違いもわからずに相関係数を計算してみたり，取りあえず Python のツールにビッグデータを放り込んで機械学習させてみたりすることで得られるものではない．意味のあるデータ分析を実行するためには，データの特性を理解し，データにあった分析手法を選択し，得られた結果を注意深く考察できる能力が欠かせないのである．そして，この能力を身につける近道は統計学の理論を学ぶことにあると筆者は考える．統計学は数式ばかりで絵空事の学問のように見えるかもしれない．しかし，その背景にある哲学はビックデータの時代になった今こそ輝きを増すのである．確かにコンピュータは高速化し，大量のデータを手軽に扱えるようになった．しかし，データを可視化すると何となくわかったような気がしたり，それらしい数字を示せば説得力があるように感じたりすることはないだろうか．そもそもデータとは何か，それを手にして何がわかるのか，そもそも「わかった」とはどういうことなのか，このような根源的な問いを突き詰めることなしに実のあるデータ分析はできない．学問としての統計学は長年このような問いに取り組

んできた．その成果を活用しないという手はないのだ．

　本書の目的は，データサイエンスに不可欠の分析手法としてのベイズ的アプローチによるデータ分析の理論体系，すなわちベイズ統計学を正しく理解するとともに，Python というツールを活用してデータという宝石から王冠を作れる人材となるための基礎固めをすることである．たった1冊の書籍を読んだからといって真のデータサイエンティストになれるはずもない．しかし，本書をスタートラインとしてベイズ統計学の真髄に少しでも近づいてくれると幸いである．本書でベイズ統計学を扱うのは筆者自身が「ベイジアン」であるからだが，ベイジアンとして筆者が思うベイズ統計学の素晴らしい点として以下の4つが挙げられる．

(i) 統計的推論の理論体系が単純明快である．
　　全ての推論を条件付確率をベースにして行うため直感的に理解しやすい．極論すると，終始一貫ベイズの定理を用いて数式の展開をしているか，マルコフ連鎖モンテカルロ (Markov chain Monte Carlo, MCMC) 法などで数値計算をしているだけである．

(ii) データ以外の情報を活用することが容易である．
　　分析者の主観的な判断，先行研究で広く知られている知見，業界の常識といった通常はデータと見なせないような情報もうまく取り込んで分析に活用することができる．

(iii) 不確実性の下での意思決定に直結している．
　　ベイズ統計学の手法を使うと，金融市場における資産運用のような不確実性の下での意思決定において，モデル内の未知のパラメータの推定と意思決定者の行動の選択がシームレスに繋がる．詳しくは中妻 (2007) の第4章と中妻 (2013) の第3章を参照してもらいたい．

(iv) 機械学習の手法の多くに対してベイズ的解釈が可能である．
　　例えば機械学習でお馴染みのリッジ回帰や Lasso などの正則化法はベイズ統計学とは無縁のように見えるかもしれないが，実は特定の条件下での回帰モデルのベイズ推定と解釈される（詳しくは第3章と第4章を参照）．つまり，実務家は気づかないうちにベイズ的手法を使っているのである．

特に最後の点は意外とベイジアン以外には広く知られていない．機械学習が普及するにつれて無意識の隠れベイジアンが増殖するという不思議な現象が起きているのである．

　さて本書の構成は以下の通りである．まず第2章では，ベイズ統計学における統計的推論の基本原理について説明する．具体的には，ベイズ流の点推定，区間推定，仮説の検証，予測のための方法を1つの事例（ベルヌーイ分布による内閣支持率の分析）に絞って詳しく解説する．この章の最大の目的は，ベイズ統計学の名前の由来であるベイズの定理がなぜ統計的推論に適用できるのかを理解することである．この章で扱う

手法はベイズ統計学における統計的推論の根幹を成すとともに事実上ベイズ統計学で必要な概念の全てであると言い切ってもよい．後に続く章で明らかになるように，応用の難しい部分は結局のところ数学の証明と数値計算の問題に帰着されてしまう．したがって，まずは本章の内容をしっかりと理解することが重要である．次の第3章では，第2章で扱ったベルヌーイ分布以外の確率モデル（ポアソン分布，正規分布，回帰モデル）にベイズ的手法を適用する手順を説明する．続く第4章では，最初にMCMC法の後半のMC (Monte Carlo) に対応するモンテカルロ法の解説とそのベイズ統計学での役割について述べる．そして，PythonのパッケージであるPyMCを使ってMCMC法を実行する方法について回帰モデルと一般化線形モデルを例に使って詳細に解説する．PyMCのようなパッケージに頼らずPythonでMCMC法のアルゴリズムを実装することは可能であるが，そのような「苦行」を初学者に求めるのは無理難題であるから，本章ではPyMCの利用に限定して説明を行う．第5章は，時系列データのベイズ分析を状態空間モデルを用いて行う方法を説明する．本章では状態空間モデルの定義と応用，カルマン・フィルターとカルマン・スムーザーという重要なアルゴリズムの紹介をするが，状態空間モデルのベイズ推定はPyMCで行い，複雑なコーディングを極力避ける方針を貫く．最後の第6章ではMCMC法の基礎を成す理論体系（マルコフ連鎖と不変分布），メトロポリス–ヘイスティングズ・アルゴリズム，ギブズ・サンプラーを扱っている．これらは高度な内容なので初学者は無理に読まなくても構わない．しかし，ベイズ統計学の専門家を目指すのであれば一読することを推奨する．各章の難易度を示すと

- 初級：第2章，第3章
- 中級：第4章，第5章
- 上級：第6章

となるであろう．また，各章の付録に数式の証明が示されているが，この部分も上級レベルに相当するので最初は読み飛ばしてもよい．

最後に本書に付属するPythonのコードを実行するための環境の準備について説明しておく．付属のコードは，Windows, macOS, Linux(Ubuntu) の3種類のOS環境を想定して書かれている．これを実行するためには，Python本体に加えて

- NumPy (https://www.numpy.org/) — ベクトルや行列として使う多次元配列を扱うためのパッケージ
- SciPy (https://www.scipy.org/) — 科学技術計算用関数を多数用意しているパッケージ
- Pandas (https://pandas.pydata.org/) — データの入出力や分析を行うためのパッケージ
- Matplotlib (https://matplotlib.org/) — グラフを作成するためのパッケージ

- PyMC (https://docs.pymc.io/) — MCMC 法でベイズ分析を行うためのパッケージ

をインストールする必要がある．Python 本体とパッケージのインストールの方法には様々なものがあるが，初学者にお薦めの方法は，Anaconda 社 (https://www.anaconda.com/) のウェブサイトから Anaconda というディストリビューション（Python 本体と多くのパッケージを一括で管理できるようにしたもの）をダウンロードしてインストールする方法である．Anaconda には古い Python2.7 系と新しい Python3.x 系が存在するが，本書では Python3.x 系 Anaconda の利用を前提に Python の演習を行う．Python2.7 系のサポートは 2020 年 1 月 1 日をもって終了することが決まっているため，新たに Python を学ぶのであれば Python3.x を選ぶべきである．

本書が使用する PyMC はバージョン 3.x である [*1]．PyMC は Anaconda の初期状態ではインストールされていないので，別途インストールする必要がある．macOS や Linux ではターミナルで（Windows ではスタートメニューから `Anaconda Prompt` を選んで）

```
pip install pymc3
```

とすることで簡単に PyMC をインストールできる [*2]．

Anaconda に初期設定でインストールされる Python の実行環境としては，

- **Python**

  Python の標準 CLI (Command-Line Interface) 実行環境．ターミナルで（Windows では `Anaconda Prompt` を起動してから）`python` とタイプすることで起動できる．

- **IPython**

  コマンドライン機能を強化した Python の CLI 実行環境．ターミナルで（Windows では `Anaconda Prompt` を起動してから）`ipython` とタイプすることで起動できる．

- **Qt Console**

  グラフィック機能を強化した IPython の実行環境．ウィンドウ内でのグラフ表示などができる．ターミナルで（Windows では `Anaconda Prompt` を起動してから）`jupyter qtconsole` とタイプすることで起動できる．

[*1] バージョン 3.x までの PyMC は Theano (http://www.deeplearning.net/software/theano/) をベースに作られている．しかし，2017 年 11 月 15 日のバージョン 1.0.0 の公開をもって Theano の開発が停止したため，本書の執筆時点での次期バージョン 4.0 は TensorFlow (https://www.tensorflow.org/) ベースに切り替えて開発が行われている．

[*2] ここで pymc としてしまうと古いバージョンの PyMC がインストールされてしまうので必ず pymc3 としよう．

表 1.1 本書で

分布名	表記	確率（密度）関数	範囲
ベルヌーイ	$\mathcal{B}r(q)$	$q^x(1-q)^{1-x}$	$x=0,1$
ポアソン	$\mathcal{P}o(\lambda)$	$\dfrac{\lambda^x e^{-\lambda}}{x!}$	$x=0,1,2,\ldots$
一様	$\mathcal{U}(a,b)$	$\dfrac{1}{b-a}$	$a \leqq x \leqq b$
ベータ	$\mathcal{B}e(\alpha,\beta)$	$\dfrac{x^{\alpha-1}(1-x)^{\beta-1}}{B(\alpha,\beta)}$	$0 \leqq x \leqq 1$
正規	$\mathcal{N}(\mu,\sigma^2)$	$\dfrac{1}{\sqrt{2\pi\sigma^2}}\exp\left[-\dfrac{(x-\mu)^2}{2\sigma^2}\right]$	$x \in \mathbb{R}$
t	$\mathcal{T}(\nu,\mu,\sigma^2)$	$\dfrac{\Gamma\left(\frac{\nu+1}{2}\right)}{\Gamma\left(\frac{\nu}{2}\right)\sqrt{\nu\pi\sigma^2}}\left[1+\dfrac{(x-\mu)^2}{\nu\sigma^2}\right]^{-\frac{\nu+1}{2}}$	$x \in \mathbb{R}$
コーシー	$\mathcal{C}a(\mu,\sigma)$	$\dfrac{1}{\pi\sigma}\left[1+\left(\dfrac{x-\mu}{\sigma}\right)^2\right]^{-1}$	$x \in \mathbb{R}$
ラプラス	$\mathcal{L}a(\mu,\sigma)$	$\dfrac{1}{2\sigma}\exp\left[-\dfrac{|x-\mu|}{\sigma}\right]$	$x \in \mathbb{R}$
ガンマ	$\mathcal{G}a(\alpha,\beta)$	$\dfrac{\beta^\alpha}{\Gamma(\alpha)}x^{\alpha-1}e^{-\beta x}$	$x > 0$
逆ガンマ	$\mathcal{G}a^{-1}(\alpha,\beta)$	$\dfrac{\beta^\alpha}{\Gamma(\alpha)}x^{-(\alpha+1)}e^{-\frac{\beta}{x}}$	$x > 0$
カイ 2 乗	$\chi^2(\nu)$	$\dfrac{\left(\frac{1}{2}\right)^{\frac{\nu}{2}}}{\Gamma\left(\frac{\nu}{2}\right)}x^{\frac{\nu}{2}-1}e^{-\frac{x}{2}}$	$x > 0$
指数	$\mathcal{E}xp(\lambda)$	$\lambda e^{-\lambda x}$	$x > 0$
多変量正規	$\mathcal{N}_m(\boldsymbol{\mu},\boldsymbol{\Sigma})$	$(2\pi)^{-\frac{m}{2}}\|\boldsymbol{\Sigma}\|^{-\frac{1}{2}} \times \exp\left[-\dfrac{1}{2}(\boldsymbol{x}-\boldsymbol{\mu})^\mathsf{T}\boldsymbol{\Sigma}^{-1}(\boldsymbol{x}-\boldsymbol{\mu})\right]$	$\boldsymbol{x} \in \mathbb{R}^m$
多変量 t	$\mathcal{T}_m(\nu,\boldsymbol{\mu},\boldsymbol{\Sigma})$	$\dfrac{\Gamma\left(\frac{\nu+m}{2}\right)}{\Gamma\left(\frac{\nu}{2}\right)(\pi\nu)^{\frac{m}{2}}\|\boldsymbol{\Sigma}\|^{\frac{1}{2}}} \times \left[1+\dfrac{1}{\nu}(\boldsymbol{x}-\boldsymbol{\mu})^\mathsf{T}\boldsymbol{\Sigma}^{-1}(\boldsymbol{x}-\boldsymbol{\mu})\right]^{-\frac{\nu+m}{2}}$	$\boldsymbol{x} \in \mathbb{R}^m$

注）"—" は解析的な表現とならないことを意味し，"n.a." は存在しないことを意味する

扱う確率分布

パラメータ	平均	中央値	最頻値	分散
$0 \leqq q \leqq 1$	q	0 or 1	0 or 1	$q(1-q)$
$\lambda > 0$	λ	—	$\lceil \lambda \rceil - 1, \lfloor \lambda \rfloor$	λ
$-\infty < a < b < \infty$	$\dfrac{b-a}{2}$	$\dfrac{b-a}{2}$	$[a, b]$	$\dfrac{(b-a)^2}{12}$
$\alpha > 0, \beta > 0$	$\dfrac{\alpha}{\alpha+\beta}$	—	$\dfrac{\alpha-1}{\alpha+\beta-2}$	$\dfrac{\alpha\beta}{(\alpha+\beta)^2(\alpha+\beta+1)}$
$\mu \in \mathbb{R}, \sigma^2 > 0$	μ	μ	μ	σ^2
$\nu > 0, \mu \in \mathbb{R}, \sigma^2 > 0$	μ	μ	μ	$\dfrac{\nu}{\nu-2}\sigma^2$
$\mu \in \mathbb{R}, \sigma > 0$	n.a.	μ	μ	n.a.
$\mu \in \mathbb{R}, \sigma > 0$	μ	μ	μ	$2\sigma^2$
$\alpha > 0, \beta > 0$	$\dfrac{\alpha}{\beta}$	—	$\dfrac{\alpha-1}{\beta}$	$\dfrac{\alpha}{\beta^2}$
$\alpha > 0, \beta > 0$	$\dfrac{\beta}{\alpha-1}$	—	$\dfrac{\beta}{\alpha+1}$	$\dfrac{\beta^2}{(\alpha-1)^2(\alpha-2)}$
$\nu > 0$	ν	—	$\nu - 2$	2ν
$\lambda > 0$	$\dfrac{1}{\lambda}$	$\dfrac{\log 2}{\lambda}$	0	$\dfrac{1}{\lambda^2}$
$\boldsymbol{\mu} \in \mathbb{R}^m, |\boldsymbol{\Sigma}| > 0$	$\boldsymbol{\mu}$	—	$\boldsymbol{\mu}$	$\boldsymbol{\Sigma}$
$\nu > 0, \boldsymbol{\mu} \in \mathbb{R}^m, |\boldsymbol{\Sigma}| > 0$	$\boldsymbol{\mu}$	—	$\boldsymbol{\mu}$	$\dfrac{\nu}{\nu-2}\boldsymbol{\Sigma}$

- **Spyder**

  Python の統合開発環境 (IDE)．ターミナルで spyder とタイプする（Windows ではスタートメニューから Spyder を選ぶ）ことで起動できる．CLI のコンソール，エディタ，デバッガなどが GUI (Graphical User Interface) で統合されている．

- **Jupyter Notebook**

  ブラウザ上で Python を実行する環境．サーバー上で Jupyter Notebook を起動し，ブラウザを介して遠隔で Python を実行することができる．ローカル環境でもターミナルで jupyter notebook とタイプする（Windows ではスタートメニューから Jupyter Notebook を選ぶ）と起動できる．

- **JupyterLab**

  Jupyter Notebook の後継ツール．Jupyter Notebook と同じくブラウザ上で Python を実行できる．使い方は Jupyter Notebook とほぼ同じだが，インターフェースの機能が強化されている．ローカル環境で使うときはターミナルで（Windows では Anaconda Prompt を起動してから）jupyter lab とタイプすると起動できる．

などがある．どれを使うかは読者の好みに委ねる．しかし，バージョン 3.9 以降の PyMC の一部の機能は Jupyter Notebook (JupyterLab) の使用を前提としているため，第 4 章と第 5 章で説明している Python コードは Jupyter Notebook (JupyterLab) のセルにコード全体をコピーしてから実行しなければならない．なお PyMC の機能とインストール手順に関する最新情報については，本書の GitHub レポジトリ https://github.com/nakatsuma/python_for_bayes で随時公開していくので参照してほしい．

2 ベイズ統計学の基本原理

本章では，ベイズ統計学における基本的概念である事前分布，尤度（ゆうど），事後分布，予測分布などと，統計的推論の進める手順としての点推定，区間推定，仮説検定などについて解説する．ベイズ統計学は，従来の頻度論的統計学とは一線を画す独特の発想で統計的推論を進めるため，初学者にはとっつきにくい印象を与えるかもしれない．しかし，本章で扱う内容さえ理解しておけば，実のところベイズ統計学の分析手法を実践する上で困ることはまずないといってよい．私見ではあるが，わかってしまえばベイズ統計学の方が頻度論的統計学よりも単純明快である．まず本章でベイズ統計学の基本原理をしっかりと理解した上で次章以降に読み進めてもらいたい．

2.1 未知の比率に対する推論

人々の暮らし向きの良し悪し，汚職・スキャンダル・失言，外交・安全保障上の問題など，様々な要因で時の政権に対する人々の支持は移ろうものである．政権に対する支持の動向を捉えるため，多くのマスメディアが定期的に内閣支持率の調査を行っている．この調査の目的は，有権者の中で現在の内閣を支持する人の割合（これが真の内閣支持率である）の推測を行うことである．

当然のことだが有権者全員に聞いて回れば，最も正確な結果が得られるだろう．これは全数調査と呼ばれる[*1]．しかし，全数調査は費用と時間がかかりすぎるため，毎月実施することは現実的ではない．そこで，質問する人数を絞り込みつつ偏りなくランダムに質問対象者を選ぶ，無作為抽出という手法が使われる．無作為抽出の方法としては，固定電話や携帯電話の番号をランダムに生成して電話をかけて質問したり，住民基本台帳からランダムに家を選んで訪問あるいは質問票の郵送による調査を行うのが通例である．

ここで調査会社が無作為抽出によって n 人から内閣支持に関する回答を収集したとし

[*1] 国勢調査は全数調査を意図して実施されている．それでも調査に対する回答率が低下してきているため，オンライン調査の活用などが試みられている．

よう．話を簡単にするために，この調査では「内閣を支持する」と「内閣を支持しない」の 2 通りの選択肢しかないと仮定する．そして，質問に回答した人を $i\ (i=1,\ldots,n)$ というインデックスで区別する．このとき，以下のような変数を定義できる．

$$X_i = \begin{cases} 1, & (i\text{ 番目の回答者は内閣を支持すると答えた}), \\ 0, & (i\text{ 番目の回答者は内閣を支持しないと答えた}). \end{cases} \quad (2.1)$$

このとき調査によって得られたデータ $X_1,\ldots,X_n$ は標本と呼ばれ，各々の X_i は観測値と呼ばれる．そして，n は標本の大きさと呼ばれる．回答者が無作為に選ばれていることから，調査会社は i 番目の回答者が内閣の支持者かどうかを事前に知ることはできない．そのため X_i は i 番目の回答者が内閣の支持者かどうかによってランダムに値が変化する確率変数と見なせる．X_i は 2 つの値（1 あるいは 0）しかとらないので，それぞれの値の確率が

$$\Pr\{X_i = x_i\} = \begin{cases} q, & (x_i = 1), \\ 1-q, & (x_i = 0), \end{cases} \quad (2.2)$$

で与えられると仮定しよう．この仮定は，同じ確率 q で n 個の観測値 $X_1,\ldots,X_n$ を生成していることを意味している [*2]．ここで大文字の X_i と小文字の x_i を区別しているのは，前者が確率変数であるのに対し，後者が確率変数の実現値（ここでは 1 か 0）を意味していることを明示するためである．さらに，各々の回答者の抽出が独立に行われると仮定する．

ところで，(2.2) 式の確率 q はどのように解釈すればよいのであろうか．もちろん，ここの設定では q は内閣支持者を運よく引き当てる確率である．しかし，もし内閣の支持者が有権者全体の中に q の割合で存在するのであれば，有権者の中から偏りなくランダムに回答者を選んでくると，確率 q で内閣の支持者を引き当てることになるはずである．つまり，q は確率であると同時に，調査会社が推測したい内閣支持率そのものになっている．したがって，無作為抽出の世論調査における内閣支持率の推測は，確率 q の値の推測に帰着されるのである．以下では，この q を運よく内閣支持者を抽出できたという意味で「成功確率」と呼ぼう．

さらに (2.2) 式を

$$\Pr\{X_i = x_i\} = q^{x_i}(1-q)^{1-x_i} = p(x_i|q), \quad x_i = 0,1, \quad (2.3)$$

[*2] 標本の大きさ n と比べて無作為抽出の対象となる集団の個体数が大きくない場合には，次に引き当てる回答者が内閣の支持者である確率は今まで抽出した支持者の数によって変化する．例えば，トランプの山から札を 1 枚ずつ戻すことなく引いていく場合，次にハートの札を引く確率はいつも 1/4 になるとは限らない．しかし，n と比べて集団の個体数が事実上無限であると仮定できる状況であれば（トランプの例で無数の札の山を想像してみよう），(2.2) 式は近似的に成り立つ．

と書き直すことができる．この $p(x_i|q)$ は**確率関数**と呼ばれ，この確率関数で定義される確率分布は**ベルヌーイ分布**と呼ばれる．つまり，無作為抽出による内閣支持率の調査においては，各々の回答者が支持と答えるか不支持と答えるかは (2.3) 式のベルヌーイ分布に従ってランダムに決まり，その成功確率 q は内閣支持率に一致すると想定できるのである．当然 q は未知の値であるから，データ $X_1, \ldots, X_n$ に基づいて q の値を推測することになる．これが内閣支持率の調査における統計的推論の主たる目的である．なお統計学では q のように分布の特性を決定する変数を**パラメータ**と呼ぶ．

ベイズ統計学では，真の値が未知であるパラメータを確率変数であると解釈し，その確率分布を使ってパラメータの値に関する統計的推論を行う．具体的には，最初に推論の出発点となるパラメータの確率分布として**事前分布**を想定し，これをデータが持つパラメータに関する情報で更新することで**事後分布**を求めてパラメータの値に関する推論を行うという手順を踏む．「パラメータの値が不確実なものだから，これを確率変数と見なして推論を行う」という考えは，頻度論的統計学には出てこない発想である．そのため，頻度論的統計学に慣れ親しんだ初学者にとって，このベイズ統計学の基本原理はどこか捉えどころのないものに感じられるかもしれない．しかし，パラメータの値の不確実性を確率分布で表現し，これを観測されたデータに基づく学習によって更新するという手順は，慣れてしまえば自然に感じるようになるはずである．暫くは我慢して説明に付き合ってもらいたい．

無作為抽出によって内閣支持者を引き当てる成功確率 q の事前分布を $p(q)$ と表記しよう．厳密にいえば成功確率 q は連続的に変化する値であるため，$p(q)$ は**確率密度関数**である．確率密度関数は関数の値自体が確率というわけではないが（一方，(2.3) 式などの確率関数は関数の値が確率そのものである），$a \leqq q \leqq b$ の区間上での関数の積分 $\int_a^b p(q)dq$ として確率 $\Pr\{a \leqq q \leqq b\}$ が与えられるという性質を持つ．しかし，いちいち確率密度関数と確率関数を区別して記述するのは煩雑であるから，特に区別する必要がない場合には $p(\cdot)$ を単に「確率分布」あるいは「分布」と言及することにする．つまり，「$p(q)$ を成功確率 q の事前分布とする」などという表現に統一する．

一言でいうならば，ベイズ統計学で使用する事前分布とは，パラメータのとりうる値に対して分析者が抱いている確信の度合いを確率分布として表現したものである．具体的な例を使って説明しよう．図 2.1 に 2 つの事前分布が図示されている．実線で描かれている (A) は，**一様分布**と呼ばれる確率分布である．読んで字のごとく，一様分布では区間 $0 \leqq q \leqq 1$ 内で確率密度関数が等しい値をとる（図 2.1 では 1 に等しい）．つまり，一様分布を成功確率 q の事前分布に使用するということは，分析者が q の値に関して特段の事前情報を持たないため，「q が理論上とりうる範囲 $0 \leqq q \leqq 1$ の全ての値に対して真である可能性は等しい」と想定することを意味する．一般に，区間 $a \leqq x \leqq b$ における一様分布の確率密度関数は，

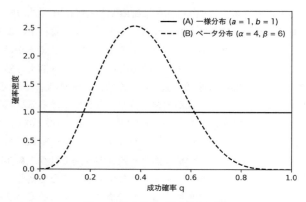

図 2.1 成功確率の事前分布の例

$$p(x) = \begin{cases} \dfrac{1}{b-a}, & (a \leqq x \leqq b), \\ 0, & (x < a,\ b < x), \end{cases} \quad (2.4)$$

である.

この場合に限らず,未知のパラメータの値について全く情報がないとき,一様分布を事前分布に使用するというのは実践でよく使われる手である.しかし,常識的に考えて内閣支持率が90%を超えることはまずありえない.また,一桁台の支持率というのも相当不人気な内閣でもない限り起きない現象である.したがって,0%から100%まで全く同じ確率密度である一様分布を事前分布に使用するのは非現実的かもしれない.この観点から,もう少し過去の経験に照らし合わせて現実的な事前分布を考えてみよう.図 2.1 の (B) の確率分布はベータ分布と呼ばれる分布の一例である.ベータ分布の詳細な解説は少し後で行うが,現時点では峰が1つある山のような形をした分布という程度の理解で構わない.このベータ分布は $q = 0.4$,つまり内閣支持率40%が平均になるように設定されている.さらに,歴代内閣の支持率を見ても80%を超えたり10%を下回ったりすることは滅多に起きないので,そこの確率密度は図 2.1 の (B) の分布では低めに設定されている.

ここで (A) の一様分布と (B) のベータ分布のどちらが優れているのかという議論を始めても意味はない.事前分布は研究者の主観で決めてしまってもいいし,過去の事後分布(過去のデータで修正された事前分布)を新しい事前分布として使用することもできる [*3].本書を読み進めてベイズ統計学を学ぶ中で読者にぜひ身につけても

[*3] 後述するように大量のデータがある場合には,事前分布の選択が事後分布の形状に与える影響が

2.1 未知の比率に対する推論

らいたいのは，自分が持つパラメータの値に関する情報（直感，経験値など）を事前分布の形状に反映させる感覚と，分布の形状からどの値がパラメータの真の値として相応しいのかを見分ける感覚である．繰り返しになるが，ベイズ統計学ではパラメータの真の値に関する不確実性（逆にいえば確信度）が確率分布（事前分布や事後分布）として表現されると考える．確率分布を見てパラメータの値を推測するという感覚を早く身につけよう．

▶ ベルヌーイ分布の成功確率の事前分布

Python コード 2.1　pybayes_beta_prior.py

```python
# -*- coding: utf-8 -*-
#%% NumPyの読み込み
import numpy as np
#    SciPyのstatsモジュールの読み込み
import scipy.stats as st
#    MatplotlibのPyplotモジュールの読み込み
import matplotlib.pyplot as plt
#    日本語フォントの設定
from matplotlib.font_manager import FontProperties
import sys
if sys.platform.startswith('win'):
    FontPath = 'C:\\Windows\\Fonts\\meiryo.ttc'
elif sys.platform.startswith('darwin'):
    FontPath = '/System/Library/Fonts/ヒラギノ角ゴシック W4.ttc'
elif sys.platform.startswith('linux'):
    FontPath = '/usr/share/fonts/truetype/takao-gothic/TakaoPGothic.ttf'
else:
    print('このPythonコードが対応していないOSを使用しています．')
    sys.exit()
jpfont = FontProperties(fname=FontPath)
#%% ベルヌーイ分布の成功確率qの事前分布
fig1 = plt.figure(num=1, facecolor='w')
q = np.linspace(0, 1, 250)
plt.plot(q, st.uniform.pdf(q), 'k-')
plt.plot(q, st.beta.pdf(q, 4, 6), 'k--')
plt.xlim(0, 1)
plt.ylim(0, 2.8)
plt.legend(['(A) 一様分布 (a = 1, b = 1)',
            '(B) ベータ分布 ($\\alpha$ = 4, $\\beta$ = 6)'],
           loc='best', frameon=False, prop=jpfont)
plt.xlabel('成功確率 q', fontproperties=jpfont)
plt.ylabel('確率密度', fontproperties=jpfont)
plt.savefig('pybayes_fig_beta_prior.png', dpi=300)
plt.show()
```

図 2.1 は Python コード 2.1 を実行することで描画されたものである．まずは Python

事実上消滅してしまうこともある．

の学習の手始めとして，このコード 2.1 を 1 行ずつ読み解きながら，どのような Python の機能を使えば図 2.1 のようなグラフが描けるのかを詳細に見ていこう．Python コード 2.1 の第 1 行目

```
1  # -*- coding: utf-8 -*-
```

は文字コードに関する宣言文である．コードの中で使用されている文字がアルファベット（A～Z, a～z）や算用数字（0～9）などの所謂「半角文字」だけである場合には，特に文字コードを意識する必要はない．しかし，日本語の漢字や仮名などの所謂「全角文字」を使用する際には文字コードに注意しなければならない．コンピュータ上での日本語処理のために，歴史的経緯から様々な文字コード（JIS, EUC-JP, Shift_JIS など）が使用されてきた．現在は UTF-8 にまとまりつつあるが，環境によっては俗にいう「文字化け」の問題が発生する．この第 1 行目は，コードで使用する文字コードが UTF-8 であることを宣言している．異なる OS 環境で同じコードを動かしたいときには，文字コードを UTF-8 に統一しておいた方がよいだろう．次の#で始まる行

```
2  #%% NumPyの読み込み
```

はコメント文であり，コードの処理に際しては#以降に何が書いてあっても全て無視するようコンピュータに指示する仕組みとなっている．しかし，コードを作成する人間にとっては一種の「メモ書き」の機能を有している．コードの各部分が如何なる目的・意図で書かれているのかを明確にするために，コード内に適宜コメント文を入れることが広く推奨されている．第 2 行目は，読んで字のごとく NumPy というパッケージを次の行で読み込んでいることを示すコメント文である．さらに第 2 行目のように#に続けて%を 2 つおくと，セルと呼ばれるブロックを定義できる．第 21 行目を見ると

```
21 #%% ベルヌーイ分布の成功確率qの事前分布
```

となっているが，この行と第 2 行目に挟まれた部分がセルである．セルを指定すると，その部分だけを選択して実行できるようになる．例えば，Python 用 IDE（統合開発環境）の一種である Spyder ではエディタ上部のボタンをクリックするだけで特定のセルの実行が可能である．これはコードの動作を検証する際に重宝する機能である．

　実のところ Python 本体に標準的に付随する機能はかなり限られたものにすぎない．特にデータサイエンスなどのために使用する科学技術計算の機能は，ほとんどないに等しい状態である．しかし，パッケージと呼ばれる追加機能をインストールすることで，Python は数値解析やデータ解析の実用に耐えうる強力なソフトウェアに拡張される．第 3 行目の

```
3  import numpy as np
```

では，NumPy というベクトル形式や行列形式のデータとその演算処理，様々な数

値解析用の追加の関数群を提供してくれる Python のパッケージを読み込んでいる．NumPy の全ての機能を紹介することは紙数の制約で不可能であるため，公式ウェブサイトのオンライン・ドキュメントを参考にしてほしい．実は import numpy とすることでも NumPy の読み込みはできるが，この場合は NumPy の関数を呼び出すたびに "numpy." という接頭辞が必要になる．例えば，NumPy が提供する自然対数関数 log() を使いたいときは numpy.log() とする必要がある．しかし，as np を追加すると，np.log() とするだけで NumPy の自然対数関数が使用できる．パッケージによっては接頭辞はかなり長くなることもあるので，できるだけ as を活用すべきであろう．一般にパッケージを読み込むコマンド文は

```
import パッケージ名.モジュール名.サブモジュール名 as 別名
```

という形式になっている．モジュールはパッケージの中に含まれる特定の関数群をひとまとめにしたものを指し，その中に入れ子として関数群（サブモジュール）を含むこともある．

さらに付け加えると，from numpy import * とすることで接頭辞を完全に省略して関数を使用することも可能である（例えば，自然対数関数は単に log() と表記するだけで使えるようになる）．しかし，この場合には深刻な問題が生じるかもしれない．Python 向けに開発された数多くのパッケージには同じ名前の関数が存在することがあるため，次々とパッケージを読んでいくと前に import で読み込まれたパッケージの関数が後から import で読み込まれたパッケージの同名の関数で置き換えられてしまう可能性がある．これを避けるためにも必ず接頭辞はつけるように心がけた方がよいだろう．

第 4 行目のコメント文で言及しているように，第 5 行目の

```
5 import scipy.stats as st
```

では，SciPy というパッケージの中の stats というモジュールを読み込んでいる．SciPy は科学技術計算のための関数群を提供する Python のパッケージであり，特に stats は統計分析のために特化した関数を集めたモジュールである．もし as st を省くと "scipy.stats." を接頭辞にしなければならないことに注意しよう．そして，第 7 行目の

```
7 import matplotlib.pyplot as plt
```

では，Matplotlib というパッケージの中の pyplot というモジュールを読み込んでいる．pyplot は，Python において図 2.1 のようなグラフを作成するために必須のモジュールである．使い方は後で説明する．

続く第 9～20 行目では，pyplot で作成するグラフ内で日本語の文字（漢字や仮名な

ど）を表示するための設定を行っている．多くの環境において，初期設定のままでは pyplot で作成した図の表題，軸のラベル，凡例などに漢字や仮名を使用すると文字化けしてしまう．これは pyplot が標準で使用するフォントに日本語対応のものが含まれていないからである．そのため明示的に日本語フォントを指定する必要がある．まず第 9 行目

```
9  from matplotlib.font_manager import FontProperties
```

において Matplotlib 内のモジュール font_manager から関数 FontProperties() だけを読み込んでいる．これは pyplot の作図関数で使用するフォントを設定するための関数である．次の行

```
10  import sys
```

でパッケージ sys を読み込んで，使用しているシステムの OS を判定するための関数 sys.platform.startswith() が使えるようにする．この関数は，システムの OS の名前がある文字列（例えば Windows ならば win）で始まっていれば真 (True)，そうでなければ偽 (False) を返す．これを利用してシステムの OS を判定し，OS に標準で付属する日本語フォントを pyplot の作図関数が認識できるようにするのが狙いである．続く

```
11  if sys.platform.startswith('win'):
12      FontPath = 'C:\\Windows\\Fonts\\meiryo.ttc'
13  elif sys.platform.startswith('darwin'):
14      FontPath = '/System/Library/Fonts/ヒラギノ角ゴシック W4.ttc'
15  elif sys.platform.startswith('linux'):
16      FontPath = '/usr/share/fonts/truetype/takao-gothic/TakaoPGothic.ttf'
17  else:
18      print('この Pythonコードが対応していないOSを使用しています．')
19      sys.exit()
```

においては，使用しているパソコンにインストールされている OS が Windows, macOS, Linux (Ubuntu) のいずれであるかを自動的に判定し，OS に応じて日本語フォントのある場所を変数 FontPath に設定している．if 文は多くのプログラミング言語で使われる条件分岐の構文であり，Python における基本的用法は以下の通りである．

```
if 条件1:
    条件1が満たされたときに実行されるブロック
elif 条件2:
    条件2が満たされたときに実行されるブロック
elif 条件3:
    条件3が満たされたときに実行されるブロック
(以下，elif文の繰り返し)
else:
    どの条件も満たされなかったときに実行されるブロック
```

まず最初に第 11 行目の if に続く表現が真であるときのみ（ここでは OS の名前が win で始まるときのみ），直下の FontPath = 'C:\\Windows\\Fonts\\meiryo.ttc' が実行される．Python では，シングル・クォーテーション（'）あるいはダブル・クォーテーション（"）で括られた文は文字列として認識される．したがって，ここで変数 FontPath の中に日本語フォントのある場所を示す文字列が格納されることになる．Python の if 文では条件の末尾には必ずコロン（:）をおかなければならない．そして，条件が満たされたときに実行される行には必ず「字下げ」が必要である．この字下げ（通常は tab キーを押すだけで済む）によって if 文などのブロックを指定させられるという点は，他のプログラミング言語に見られない Python の大きな特徴である．次の第 13 行目の elif 文は else if の略であり，前の if 文の条件が満たされないときに評価すべき条件を指定している．この elif 文でも忘れずにコロンを行末につけなければならない．ここでは OS の名前が darwin で始まる（つまり macOS である）ときに FontPath = '/System/Library/Fonts/ヒラギノ角ゴシック W4.ttc' を実行することになる．続く第 15 行目 elif 文では，OS が Linux[*4] であるかどうかを判定し，日本語フォントの場所を指定している．最後の else 文は，先立つ全ての if 文と elif 文の条件が満たされない場合に実行されるブロックを指定する文である．したがって，特に条件を指定する必要はなく，else:と最後にコロンをおくだけでよい．ここではシステムの OS が Windows，macOS，Linux のいずれにも該当しないときに else 文の直下のブロックが実行される．まず関数 print() を使って「この Python コードが対応していない OS を使用しています．」というエラーメッセージを画面に表示する．続く行の sys.exit() はプログラムを強制終了させるための関数である．つまり，対応していない OS でコードを実行しようしているため，その旨を表示し第 19 行目をもってプログラムを終わらせるという処理を行っているのである．そして，第 20 行目

```
20  jpfont = FontProperties(fname=FontPath)
```

では関数 FontProperties() を使って先ほど作成した FontPath にある日本語フォントを作図で使用するための jpfont を作成する．この jpfont の使い方は後で明らかになる．ここまでの作業でグラフ内で日本語を表示する準備の出来上がりである．

今まで見てきたコード 2.1 の最初の 20 行は，Python で数値解析や作図を行うためのパッケージやモジュールの読み込みなどの基本的な設定を行う部分である．そのため本書で解説する Python コードのほぼ全てに現れることになる．したがって，この

[*4] 本書では Linux として Ubuntu を想定している．他の Linux ディストリビューションを読者が使用している場合は，各自で日本語フォントの場所を探して修正する必要がある．例えば，CentOS の場合は/usr/share/fonts/vlgothic/VL-Gothic-Regular.ttf とすればよい．

表 2.1 pyplot でのグラフの色，線種，マークのオプション

色のオプション		線種のオプション		マークのオプション			
記号	色	記号	線種	記号	マーク	記号	マーク
b	青	-	実線	.	点	^	上向き三角形
g	緑	--	破線	o	丸印	v	下向き三角形
r	赤	-.	鎖線	s	正方形	>	右向き三角形
c	シアン	:	点線	D, d	菱形	<	左向き三角形
m	マゼンダ			p	五角形	*	星形
y	黄			H, h	六角形	1〜4	三叉
k	黒			x	バツ印	—	縦線
w	白			+	十字	_	横線

部分に特筆すべき大きな変更点がない限り，今後は詳しく説明はしないつもりである．
それでは Python コードで作図を行う部分を解説しよう．まず

```
22  fig1 = plt.figure(num=1, facecolor='w')
```

によって，作図を行うための空白のキャンバスを用意する．`plt.figure(...)` の中の `num=1` は図の番号を 1 にするという意味である．特に指定しない場合は pyplot 関数 `plt.figure()` を呼び出すたびに自動的に通し番号が振られる．次の `facecolor='w'` というオプションは白地（`'w'`は white の意味）のグラフを作成するためのものである．他の色の記号は表 2.1 にまとめられている．

作図を行うキャンバスができたので，そこに一様分布とベータ分布のグラフを描画しよう．

```
23  q = np.linspace(0, 1, 250)
```

では，一様分布とベータ分布のグラフを描くための成功確率 q の値を 0 から 1 まで等間隔に変化させたグリッドを生成し，それを 1 次元の NumPy 配列 q に格納している．NumPy 配列とはベクトルや行列としての演算を適用できるオブジェクトであり（ここではオブジェクトを変数と見なしておいてよいだろう），1 次元であればベクトル，2 次元であれば行列として各種の線形代数の演算（和，差，積，逆行列，行列式など）を施すことができる．関数 `np.linspace()` は等間隔のグリッドを生成する NumPy 関数で，その用法は

```
np.linspace(グリッドの起点, グリッドの終点, グリッド上の点の数)
```

である．ベルヌーイ分布の成功確率 q は定義上 0 と 1 の間の値をとる．したがって，ここではグリッドの起点は 0，終点は 1 にしている．グリッド上の点の数をどのように設定しても構わないが，滑らかなグラフを描くために 250 と多めの数を指定している．

続く第 24〜25 行目では pyplot 関数 `plt.plot()` を使って 2 つの分布のグラフを描いている．

```
24  plt.plot(q, st.uniform.pdf(q), 'k-')
25  plt.plot(q, st.beta.pdf(q, 4, 6), 'k--')
```

関数 plt.plot() は方眼紙にグラフを描く要領で作図を行う．つまり，幾つかの点を2次元座標上に打ち，各点を線で結んでグラフにするのである．そのため各点の横軸と縦軸の座標をデータとして plt.plot() に与えなければならない．これは1次元の NumPy 配列の形で plt.plot() に渡される．plt.plot() の基本的な用法は

```
plt.plot(横軸の座標用のNumPy配列，縦軸の座標用のNumPy配列，オプション)
```

である．第24行目では一様分布のグラフを作成している．第5行目で読み込んでおいた SciPy の stats モジュールには一様分布の確率密度関数 st.uniform.pdf() が含まれているので，これを利用して一様分布の確率密度を計算する．関数 st.uniform.pdf() の用法は以下の通りである．

```
st.uniform.pdf(x, loc=0, scale=1)
```

st.uniform.pdf(...) の中の最初の x は確率密度を評価する点の値である．ここにはスカラーでも NumPy 配列でも入れることができる．loc は location（位置）の略で読んで字のごとく分布の位置を指定するパラメータであり，初期設定では0に等しい．一方，scale は尺度・縮尺の意味で初期設定では1に等しい．初期設定のまま使うと，関数 st.uniform.pdf() は0と1の間の一様分布の確率密度の値を返してくれる．もし (2.4) 式の任意の区間上の一様分布を使いたいときには st.uniform.pdf(x, loc=a, scale=b-a) とすればよい．つまり，loc には区間の下限を scale には区間の長さを指定するのである．続く第25行目ではベータ分布の確率密度を計算するため stats 関数 st.beta.pdf() を使用している．関数 st.beta.pdf() の用法は以下の通りである．

```
st.beta.pdf(x, a, b, loc=0, scale=1)
```

ここでも x は確率密度を評価する点の値である．後のオプションはベータ分布のパラメータである．ベータ分布の確率密度関数は後述の (2.5) 式で与えられる．ここでの a と b は (2.5) 式の α と β に対応しており，これらは必須の値である．しかし，loc と scale は省略可能であり，ベルヌーイ分布の成功確率の事前分布にベータ分布を使用する限りは初期設定を変える必要はない．

当然のことであるが，一様分布とベータ分布という異なる2つの分布を同じ図の中で描く際には，異なる線種を使うと見分けがつきやすい．そこで，plt.plot() の中でオプションを使って線種を変更している．第24行目の一様分布のグラフのオプション 'k-' は黒い実線，第25行目のベータ分布のグラフのオプション 'k--' は黒い破線

を指定している．グラフの色，線種，マークのオプションは表 2.1 にまとめられている．例えば'g:x'とすると緑の点線にバツ印で各座標点をマークするグラフが描ける．

単にグラフを描くだけであれば以上の作業で十分であるが，折角なのでグラフの各軸にラベルをつけたり凡例を追加したりしてみよう．まず第 26〜27 行目では横軸と縦軸の範囲の指定を行っている．

```
26  plt.xlim(0, 1)
27  plt.ylim(0, 2.8)
```

関数 plt.xlim() は横軸（X 軸）の範囲を指定する関数で，最初の数値が下限，次の数字が上限である．横軸はベルヌーイ分布の成功確率 q であるから，0 を下限，1 を上限とするのが自然であろう．一方，関数 plt.ylim() は縦軸（Y 軸）の範囲を指定する関数で，同じく最初の数値が下限，次の数字が上限である．確率密度は負にならないので下限を 0 とするのは当然と思うが，上限はグラフの見栄えがよくなるような値に調整している．さらに凡例も追加しよう．凡例とは線種が何に対応しているかを示すもので，図 2.1 では右上に表示されている．

```
28  plt.legend(['(A) 一様分布 (a = 1, b = 1)',
29              '(B) ベータ分布 ($\\alpha$ = 4, $\\beta$ = 6)'],
30              loc='best', frameon=False, prop=jpfont)
```

関数 plt.legend() は与えられた文字列を要素とする Python のリスト（これは NumPy 配列ではない）を使って凡例を作成する関数である．ここでは ['(A) 一様分布 (a = 1, b = 1)', '(B) ベータ分布 ($\\alpha$ = 4, $\\beta$ = 6)'] がその文字列のリストにあたる．凡例を綺麗に見せるために，3 つのオプションが設定されている．最初の loc は凡例をおく場所を指定するオプションであり，'best'は最も見やすい場所に凡例を自動的に配置するように指示することを意味する．明示的におく場所を決めたいときは，代わりに'upper left'（左上），'upper right'（右上），'lower left'（左下），'lower right'（右下）などと loc オプションを変えることで凡例の配置を変えることができる．2 番目の frameon=False は凡例を囲む枠を省くというオプションである．初期設定では凡例を囲む枠が表示されることに注意しよう．3 番目のオプション prop=jpfont は，このコードの最初の方で指定した日本語フォントを凡例の表示に使用するためのオプションである．この jpfont は第 20 行目で生成した日本語フォントの場所を格納したオブジェクトであり，このオプションを省くと凡例の日本語の部分は文字化けしてしまう．次の行では横軸と縦軸にラベルをつけている．

```
31  plt.xlabel('成功確率 q', fontproperties=jpfont)
32  plt.ylabel('確率密度', fontproperties=jpfont)
```

関数 plt.xlabel() は横軸のラベルを指定する関数であり，関数 plt.ylabel() は

縦軸のラベルを指定する関数である．そして，ラベルに使われる日本語フォントは fontproperties=jpfont というオプションで指定されている．ここでも第 20 行目で生成したオブジェクト jpfont が使われている．

しかし，このままでは完成した図はメモリ内に保存されているだけで画面には表示されない．画面に出力するためには，最後の行の

```
34  plt.show()
```

を実行すればよい．しかし，作成した図を画像ファイルに保存して後で文章に取り込みたいときは

```
33  plt.savefig('pybayes_fig_beta_prior.png', dpi=300)
```

を実行する必要がある．plt.savefig(...) の 'pybayes_fig_beta_prior.png' は図を保存する画像ファイルの名前の文字列である．ここで最後の拡張子".png"は PNG 形式で図を保存することを意味する．関数 plt.savefig() はファイル名の拡張子の部分を読み取って自動的に保存する画像ファイルの形式を決定してくれるので，ここを変えることで保存する画像ファイルの形式を指定できることになる．なお次のオプションの dpi は画像の解像度を指定するオプションである．

話をベイズ統計学に戻して，もう少し詳しくベータ分布の性質を説明しよう．一般にベータ分布の確率密度関数は，

$$p(x|\alpha, \beta) = \frac{x^{\alpha-1}(1-x)^{\beta-1}}{B(\alpha, \beta)}, \quad 0 \leqq x \leqq 1, \alpha > 0, \beta > 0, \qquad (2.5)$$

として与えられる．ここで $B(\alpha, \beta)$ は

$$B(\alpha, \beta) = \int_0^1 x^{\alpha-1}(1-x)^{\beta-1}dx,$$

であり，ベータ関数と呼ばれる．ベータ関数が分母にあるのは，単に $\int_0^1 p(x)dx = 1$ となるように（つまり $p(x)$ が確率密度関数となるように）しているだけである．ベータ分布は α と β という 2 つのパラメータの値の組み合わせによって形状が決まるという特徴を持つ．図 2.2 では α と β を 0.5, 1.0, 2.0, 4.0 と 4 段階に変化させたときのベータ分布の形状の変化を示している．ベータ分布は $\alpha > 1$ かつ $\beta > 1$ のとき最頻値（要するに分布の山の頂）を区間 $0 \leqq x \leqq 1$ 内に 1 つだけ持つ．また，$\alpha > 1$ かつ $\beta \leqq 1$ の場合には右上がり，$\alpha \leqq 1$ かつ $\beta > 1$ の場合には右下がりのグラフになる．最後に，α と β がともに 1 を下回るときは，図 2.2 の左最上部のように U 字型のグラフになる．実は図 2.1 の (A) の一様分布は，(2.5) 式のベータ分布において $\alpha = 1$, $\beta = 1$ とおいたものに等しい（図 2.2 の該当する箇所を見れば明白である）．したがって，(2.5) 式のベータ分布における α と β の値を調整することで分析者の持つ事前情報を反映した分布を構築することができるのである．そして，この α や β のように事前分布の形状を左右するパラメータをハイパーパラメータと呼ぶ．本節では，成功確

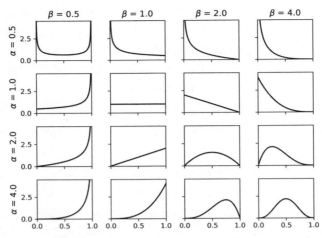

図 2.2 ベータ分布の例（横軸は確率変数の値，縦軸は確率密度の値）

率 q の事前分布として (2.5) 式のベータ分布を使用することを前提に説明を進める．

▶ ベータ分布のグラフ

Python コード 2.2　pybayes_beta_distribution.py

```python
# -*- coding: utf-8 -*-
#%% NumPyの読み込み
import numpy as np
#   SciPyのstatsモジュールの読み込み
import scipy.stats as st
#   MatplotlibのPyplotモジュールの読み込み
import matplotlib.pyplot as plt
#%% ベータ分布の確率密度関数
q = np.linspace(0, 1, 250)
value_a = np.array([0.5, 1.0, 2.0, 4.0])
value_b = np.array([0.5, 1.0, 2.0, 4.0])
rows = value_a.shape[0]
cols = value_b.shape[0]
fig, ax = plt.subplots(rows, cols, sharex='all', sharey='all',
                       num=1, facecolor='w')
ax[0, 0].set_xlim(0.0, 1.0)
ax[0, 0].set_ylim(0.0, 4.5)
for row_index in range(rows):
    a = value_a[row_index]
    ax[row_index, 0].set_ylabel('$\\alpha$ = {0:3.1f}'.format(a),
                                fontsize=12)
    for column_index in range(cols):
        b = value_b[column_index]
        ax[row_index, column_index].plot(q, st.beta.pdf(q, a, b), 'k-')
        if row_index == 0:
            ax[0, column_index].set_title('$\\beta$ = {0:3.1f}'.format(b),
```

```
27                              fontsize=12)
28 plt.tight_layout()
29 plt.savefig('pybayes_fig_beta_distribution.png', dpi=300)
30 plt.show()
```

　図 2.2 もまた Python を使用して作成されたものである．事前分布を出発点とするベイズ統計学の核心部分の説明に入る前に，この図の作成に用いた Python コード 2.2 の解説をしておこう．コード 2.2 の最初の 7 行は先に説明したコード 2.1 と大差ないので説明は省く．コード 2.2 の第 9 行目もコード 2.1 の第 23 行目と同じく確率密度を計算するグリッドを作成しているだけである．第 10〜11 行目

```
10 value_a = np.array([0.5, 1.0, 2.0, 4.0])
11 value_b = np.array([0.5, 1.0, 2.0, 4.0])
```

では，NumPy 配列 value_a と value_b を NumPy 関数 np.array() を使って生成している．np.array() は数値のみを要素に持つ Python のリストを NumPy 配列に変換する関数である．例えば第 10 行目の [0.5, 1.0, 2.0, 4.0] はリストである．見た目はベクトルのように見えるが，このままではベクトル演算の対象とはならない．しかし，np.array() で NumPy 配列に変換に変換すると 1 次元ベクトルとして扱えるようになるのである．NumPy 配列の value_a と value_b は，それぞれベータ分布のパラメータである α と β がとりうる 4 つの異なる値を格納している．これらの組み合わせは全部で $4 \times 4 = 16$ 通りあって，それぞれが図 2.2 の 16 個のグラフ (以下，サブプロット) の 1 つ 1 つに対応している．続く第 12〜15 行目

```
12 rows = value_a.shape[0]
13 cols = value_b.shape[0]
14 fig, ax = plt.subplots(rows, cols, sharex='all', sharey='all',
15                        num=1, facecolor='w')
```

では，図 2.2 の 16 個のサブプロットを描画するために 4×4 の枠を用意している．枠を作成している部分は，第 14〜15 行目の pyplot 関数 plt.subplots() である．plt.subplots() の基本的な用法は

図のオブジェクト, 枠のオブジェクト = plt.subplots(行の数, 列の数, オプション)

である．第 14 行目で使われている sharex と sharey は，枠の横軸 (sharex が対応) と縦軸 (sharey が対応) の範囲や目盛りを揃えるためのオプションである．ここで使用している 'all' は全てのサブプロットにおいて軸の形式を揃える設定である．そして，横軸の目盛りのラベルは最下段のサブプロットのみに縦軸の目盛りのラベルは左端のみに表示されることになる．代わりに 'rows' とすると同じ行に属するサブプロットで軸が揃うことになる．'cols' とすると反対に同じ列に属するサブプロットで軸が

揃い，'none'とすると全てのサブプロットの軸は独立に設定されることとなる．初期設定では横軸，縦軸共に'none'である．また，第15行目で使われているように，オプションには既に plt.figure() でも使った図の通し番号を指定する num や背景色を決める facecolor も含まれる．関数 plt.subplots() は作画のための分割されたキャンバスを用意し，その特性を含む2つのオブジェクトを返す．第14行目の最初のオブジェクト fig は図全体の特性（通し番号や背景色など）を有し，次のオブジェクト ax はサブプロットを描くための枠の特性（グラフ，凡例，軸のラベルなど）を有している．ここでサブプロットを描くための枠は 4×4 であるから，ax は 4×4 の2次元リストになっていることに注意しよう．

第10～11行目の value_a と value_b の作り方からサブプロットの枠の行と列の数が4になるのは明白ではあるが，将来 value_a と value_b を変更したときに自動的に行と列の数が修正されるようにコードを作成しておくと今後の維持が楽になる．そこで第12～13行目では，rows と cols の値は value_a と value_b の要素数に応じて自動的に決まるようにしている．ここで value_a や value_b の後ろについている .shape は，それぞれの NumPy 配列の次元を含むタプルを返すメソッドである．タプルはリストに似たものであるが，リストと異なり一度作成すると中身を更新することができない．そして，リストは "[]" で囲んで作るが，タプルは "()" で囲って作るという違いがある．得られたタプルの第1要素は NumPy 配列の行の数であり，2次元の NumPy 配列であれば第2要素が列の数となる．value_a も value_b も1次元の NumPy 配列であるから，value_a.shape[0] と value_b.shape[0] はそれぞれの要素数に等しくなる [5]．こうしておくことで value_a と value_b を変更するごとに手作業で修正することなく rows と cols の値が自動的に修正されるのである．

次の第18～27行目では，ちょうど絵の具で絵画を描くように16分割された ax というキャンバスの上にサブプロットの要素を付け加えていくような感じで作図が行われる．

```
18  for row_index in range(rows):
19      a = value_a[row_index]
20      ax[row_index, 0].set_ylabel('$\\alpha$ = {0:3.1f}'.format(a),
21                                  fontsize=12)
22      for column_index in range(cols):
23          b = value_b[column_index]
24          ax[row_index, column_index].plot(q, st.beta.pdf(q, a, b), 'k-')
25          if row_index == 0:
26              ax[0, column_index].set_title('$\\beta$ = {0:3.1f}'.format(b),
27                                            fontsize=12)
```

---

[5] Python のリスト，タプル，NumPy 配列などでは，要素のインデックスは0から始まることに注意しよう．

2.1 未知の比率に対する推論

図 2.2 を完成させるためには 16 回ほぼ同じ作業を繰り返す必要があるので，ここでは for 文を使用する．for 文は決められた回数だけ繰り返し処理（所謂ループ）を行うための構文として，多くのプログラミング言語で採用されている．しかし，Python には独特の用法があるので注意が必要である．Python における for 文の基本的用法は

```
for 変数 in 配列:
    繰り返し処理するブロック
```

である．先述の if 文と同じく for 文の最後にはコロン (:) をおき，繰り返し処理するブロックは字下げで指定されている．Python では for 文の in の後のリストや NumPy 配列の要素を先頭から 1 つずつ取り出して変数に代入し，使い切ったところで繰り返し処理を終了する．特に変数に代入する値が整数である場合は，関数 range() で

```
range(始点の値, 終点の値+1, 変化分)
```

と指定することで変数の始点と終点を簡単に指定できる．始点の値を省くと 0 から始まることになり，変化分を指定しなければ 1 ずつ数値を増やすことになる．したがって，コード 2.2 の第 18 行目のように for row_index in range(rows): とすれば，変数 row_index の値は 0 から 3 まで 1 ずつ動くことになる．for 文の利点は，同じ処理を何回も繰り返さなければならないときに同じコードを使い回して簡潔な表現にできることである．

コード 2.2 では第 18 行目と第 22 行目に for 文が使われている．第 18 行目では row_index を 0 から 3 まで動かし，第 19 行目において a に value_a[0] から value_a[3] までの値を代入している．一方，第 22 行目では column_index を 0 から 3 まで動かし，第 23 行目において b に value_b[0] から value_b[3] までの値を代入している．外側のループは図 2.2 の行を上から下へ降りる動き，内側のループは同じ行の中を左から右へ移る動きに対応している．

外側のループで実行されるのは以下の 3 行である．

```
19    a = value_a[row_index]
20    ax[row_index, 0].set_ylabel('$\\alpha$ = {0:3.1f}'.format(a),
21                                 fontsize=12)
```

まず第 19 行目では NumPy 配列 value_a の (row_index+1) 番目の要素の値を変数 a に保存している．第 20 行目の ax は第 14 行目で作成した各枠の特性を保持するオブジェクトの 2 次元リストであり，ax[row_index, 0] は図 2.2 の第 (row_index+1) 行・第 1 列の枠に対応している．これに対して様々な処理を施すことで第 (row_index+1) 行・第 1 列の枠内の作図を行うことになる．ax[row_index, 0] の右の .set_ylabel() は，サブプロットの縦軸のラベルを指定するメソッドである．使い方は plt.ylabel()

と同じであるが，ここでは文字列の指定に少し工夫をしているので詳しく説明しよう．ラベルの文字列内の$\\alpha$はギリシャ文字の α を出力するための記法である．おそらく LaTeX を使ったことのある読者には既にお馴染みの記法であろう．通常 LaTeX ではαとすると α に変換されるが，ここではバックスラッシュ (\) を2回続けて使わなければならないことに注意しよう．続く {0:3.1f} と .format(a) は対になって a の値を書式付きでラベルの文字列に埋め込む処理を行っている．数値を出力する際に全体の桁数，小数点以下の桁数，文字揃えの方向などを指定したいときがあるだろう．このようなときに .format() は便利である．基本的な使い方は以下の通りである．

'{0:書式} {1:書式} ...'.format(変数1, 変数2, ...)

変数は数値でも文字列でもよい．{} の中にあるコロンの前の数字は文字列に埋め込む変数の通し番号であり，format(...) 内での変数の順序と一致する．書式の基本形（もっと細かい指定もできるが煩雑になるので省略する）は

[文字列の配置][文字列の幅][. 精度][型]

である．「文字列の配置」に入るオプションには，右寄せ (>)，左寄せ (<)，中央 (^) などがある．これを省くと変数の中身が数値のときは右寄せ，文字列のときは左寄せになる．「文字列の幅」は埋め込む文字列の幅（桁数）を指定する箇所であり，「. 精度」は変数の中身が数値であるときに小数点以下の桁数を指定する箇所である（数値を埋め込む場合には小数点も1桁分を占有することに注意しよう）．最後の「型」は変数の中のデータの型のことを指す．よく使われる型には d (整数)，f (浮動小数点数)，s (文字列) などがある．つまり，第 20 行目の {0:3.1f} の意味は「1 番目の変数の中身を3文字の幅で小数点以下が1桁の浮動小数点数として埋め込む」ということになる．最後に .set_ylabel(...) の2番目のオプション fontsize はラベルの文字の大きさを設定するためのオプションである．

では内側のループを見てみよう．

```
22      for column_index in range(cols):
23          b = value_b[column_index]
24          ax[row_index, column_index].plot(q, st.beta.pdf(q, a, b), 'k-')
25          if row_index == 0:
26              ax[0, column_index].set_title('$\\beta$ = {0:3.1f}'.format(b),
27                                            fontsize=12)
```

まず第 23 行目ではベータ分布のパラメータ β を設定している．方法は第 19 行目の α の設定と全く同じである．続く第 24 行目でベータ分布の確率密度関数のグラフを描いている．.plot() は図 2.2 の第 (row_index+1) 行・第 (column_index+1) 列のサブプロットにグラフを追加するメソッドであり，使い方は pyplot 関数 plt.plot()

と全く同じである．第25～27行目では図2.2の最初の行のそれぞれのサブプロットにタイトル（枠の上に配置される文字列）を追加するという処理を施している．まずif文で最初の行であるか（つまりrow_indexが0に等しいかどうか）を判定し，条件が真であるときのみタイトルを入れることにする．この目的に使われているメソッドが.set_title()である．文字列の指定の方法などは.set_ylabel()と同じである．ちなみに図にタイトルを追加するpyplot関数としてplt.title()がある．この関数の使い方は.set_title()と変わらない．コード2.2の残りの部分では作成した図のファイルへの保存と画面への出力を行っているだけある．なお第28行目の関数plt.tight_layout()は複数のサブプロットが画面にうまく収まるように自動的に調整するための関数である．

2.2　ベイズの定理による事後分布の導出

　事前分布は単体では統計的推測に使用できない代物である．観測されたデータを用いてこその「統計学」，「データ・サイエンス」であり，事前分布はあくまでもデータ分析の出発点にすぎない．ベイズ統計学において，データの持つパラメータに関する情報はベイズの定理（ベイズの法則などと呼ばれることもある）によって事前分布に反映される．それではベイズの定理を導出しよう．

　まずデータを $D = (x_1, \ldots, x_n)$[6] とまとめて表記し，成功確率 q とデータ D の組み合わせが同時に実現する確率分布を $p(q, D)$ と表記する．この分布は条件付分布の性質を使うと

$$p(q, D) = p(q|D)p(D) = p(D|q)p(q), \tag{2.6}$$

と書き直される．(2.6) 式の中央と右辺から

$$p(q|D) = \frac{p(D|q)p(q)}{p(D)}, \tag{2.7}$$

が導かれる．この (2.7) 式がベイズの定理である．この式自体は条件付分布の定義から直接導かれる何の変哲もない式である．しかし，(2.7) 式の左辺がデータ D が与えられた下での成功確率 q の条件付分布であることから，これを D の情報を反映させた q の分布，つまり事後分布と解釈することで，(2.7) 式は $p(q)$ から $p(q|D)$ への更新式であるとの解釈が成り立つ．

　次に (2.7) 式の右辺の $p(D|q)$ と $p(D)$ の意味をもう少し詳しく考察しよう．分子の $p(D|q)$ は仮に成功確率が q の値であったときにデータ D が実際に観測される可能性

---

[6] 細かいことだが，分析を始める段階ではデータは入手済みであるため，値の不確実な確率変数としての表記 X_i ($i = 1, \ldots, n$) ではなく，値の確定した実現値としての表記 x_i をここでは使用している．

と解釈される．q の値が与えられた下での D の確率分布とは，要するに D を生成した確率分布そのものである．D の各要素は (2.3) 式のベルヌーイ分布から独立に生成されているので，同時分布は確率関数の積として与えられる．よって，

$$p(D|q) = \Pr\{X_1 = x_1, \ldots, X_n = x_n | q\}$$
$$= \prod_{i=1}^{n} \Pr\{X_i = x_i | q\} = \prod_{i=1}^{n} q^{x_i}(1-q)^{1-x_i}$$
$$= q^y(1-q)^{n-y}, \quad y = \sum_{i=1}^{n} x_i, \tag{2.8}$$

となる．一方，分母の $p(D)$ は，同時分布と周辺分布の関係

$$p(D) = \int_0^1 p(D, q) dq = \int_0^1 p(D|q) p(q) dq, \tag{2.9}$$

から，$p(D|q)$ を事前分布 $p(q)$ で平均したものであることがわかる．つまり，$p(D)$ はデータ D が観測される平均的な可能性と解釈される．ベイズ統計学では，$p(D|q)$ を尤度（ゆうど），$p(D)$ を周辺尤度と呼ぶ．

それでは尤度 $p(D|q)$ と周辺尤度 $p(D)$ は事前分布 $p(q)$ の更新にどのような役割を果たしているのであろうか．それを確かめるために (2.7) 式を

$$\frac{p(q|D)}{p(q)} = \frac{p(D|q)}{p(D)}, \tag{2.10}$$

と書き換えよう．(2.10) 式の左辺は事後分布 $p(q|D)$ と事前分布 $p(q)$ の比であるから，新たにデータ D を入手することで特定の q の値が真の値である可能性に生じた変化を測っていると見なせる．要するに

$$\begin{cases} \dfrac{p(q|D)}{p(q)} > 1, & (q \text{ が真の値である可能性が高くなった}), \\[2ex] \dfrac{p(q|D)}{p(q)} < 1, & (q \text{ が真の値である可能性が低くなった}), \end{cases}$$

と解釈できるのである．(2.10) 式は等式であるから，(2.10) 式の右辺が 1 より大きければ（小さければ），(2.10) 式の左辺も 1 より大きくなる（小さくなる）．したがって，(2.10) 式の右辺の大小が q が真の値である可能性の変化に直結していることがわかる．(2.10) 式の右辺は特定の q の値の尤度と周辺尤度の比である．しかし，データが観測された後では周辺尤度の値は固定されてしまう．つまり，(2.10) 式の右辺の大小は尤度によって決定されるのである．

以上の説明をまとめて (2.7) 式の各項の役割を明示すると，以下のようになるだろう．

$$\underbrace{p(q|D)}_{\text{全ての情報を加味した分布}} = \underbrace{\frac{p(D|q)}{p(D)}}_{\text{データによる分布の更新}} \times \underbrace{p(q)}_{\text{事前情報に依拠する分布}}. \tag{2.11}$$

2.2 ベイズの定理による事後分布の導出

なお周辺尤度 $p(D)$ はデータが観測された後では固定されてしまうため,比例記号 "$\propto$" を使って

$$p(q|D) \propto p(D|q)p(q), \tag{2.12}$$

と公式中から削除することができる.「事後分布(の確率密度関数)は尤度と事前分布(の確率密度関数)の積に比例する」と覚えておくとよいだろう.

ここまでの説明でようやく事後分布を導出する準備が完了した.それでは具体的に成功確率 q の事後分布を求めよう.既に言及したように,ここでは q の事前分布として (2.5) 式のベータ分布を使う.表記を簡潔にするため,(2.5) 式のベータ分布を $\mathcal{B}e(\alpha, \beta)$ と表記する.さらにハイパーパラメータの値を $\alpha = \alpha_0$ および $\beta = \beta_0$ と仮定し,q の事前分布がベータ分布 $\mathcal{B}e(\alpha_0, \beta_0)$ であることを

$$q \sim \mathcal{B}e(\alpha_0, \beta_0), \tag{2.13}$$

と表記する.ここでベイズの定理 (2.12) を適用すると,q の事後分布は

$$\begin{aligned} p(q|D) &\propto p(D|q)p(q) \\ &\propto q^y(1-q)^{n-y} \times \frac{q^{\alpha_0-1}(1-q)^{\beta_0-1}}{B(\alpha_0, \beta_0)} \\ &\propto q^{y+\alpha_0-1}(1-q)^{n-y+\beta_0-1}, \end{aligned} \tag{2.14}$$

と求まる.(2.14) 式の第 2 式から第 3 式へ移るときに $B(\alpha_0, \beta_0)$ が消えているのは,これが固定された値であるため,比例記号 "$\propto$" で結ばれた式の中では無視できるからである.この展開は今後も事後分布の導出過程で使う常套手段であるから覚えておくとよい.

しかし,(2.14) 式のように比例記号を残しておくと事後分布が何の分布なのかわからないので,

$$p(q|D) = \mathcal{K} \times q^{y+\alpha_0-1}(1-q)^{n-y+\beta_0-1},$$

とできる定数 $\mathcal{K}$ を求めよう.このような $\mathcal{K}$ を基準化定数と呼ぶ.$p(q|D)$ が確率密度関数となるために満たすべき条件は $\int_0^1 p(q|D)dq = 1$ であるから,

$$\mathcal{K} = \frac{1}{\int_0^1 q^{y+\alpha_0-1}(1-q)^{n-y+\beta_0-1}dq} = \frac{1}{B(y+\alpha_0, n-y+\beta_0)},$$

とすればよいことがわかる.まとめると,q の事後分布は

$$p(q|D) = \frac{q^{\alpha_*-1}(1-q)^{\beta_*-1}}{B(\alpha_*, \beta_*)}, \quad \alpha_* = y+\alpha_0, \quad \beta_* = n-y+\beta_0, \tag{2.15}$$

として与えられる.これはベータ分布 $\mathcal{B}e(\alpha_*, \beta_*)$ である.以下では q の事後分布が (2.15) 式で与えられることを

$$q|D \sim \mathcal{B}e(\alpha_*, \beta_*), \tag{2.16}$$

と表記する.

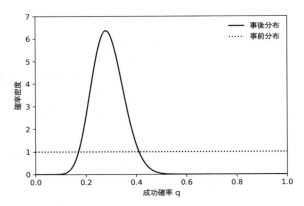

図 2.3 成功確率の事後分布（事前分布として一様分布を使用）

既に気づいている読者もいるかもしれないが，興味深いことに事前分布 (2.13) と事後分布 (2.16) はともにベータ分布になっている．これは偶然の一致ではない．事前分布と事後分布が同じ分布型（ここではベータ分布）になるとき，このような事前分布は**自然共役事前分布**と呼ばれる．つまり，ベータ分布はベルヌーイ分布の成功確率に対する自然共役事前分布になっているのである．自然共役事前分布の利点としては，

(i) 事前分布の数式がわかっているので，事後分布の数式も自動的に求まることになる．

(ii) 古いデータに基づく事後分布を新しいデータに基づく分析における事前分布に使用できる．

などが挙げられる．(i) の性質により，自然共役事前分布は後述するマルコフ連鎖モンテカルロ (MCMC) 法が登場する前には重宝されていた．しかし，MCMC 法が普及した今日のベイズ統計学においては自然共役事前分布の重要性は大きく低下していることに留意しておこう．また，(ii) の性質は時系列データの分析において威力を発揮する．第 5 章で説明するカルマン・フィルターは自然共役事前分布に基づく事後分布の逐次的更新に他ならない．

数式ばかりではつまらないので，事後分布の具体的な数値例を示そう．図 2.3 は，Python コード 2.3 で作成した成功確率 q の事前分布と事後分布のグラフである．この例では q の真の値を 0.25（つまり内閣支持率としては 25%という低い水準）として 50 個の乱数をベルヌーイ分布から生成している．このシミュレーションは無作為抽出で選んだ 50 人に内閣を支持するかどうか質問した状況を模している．事前分布には一様分布

2.2 ベイズの定理による事後分布の導出

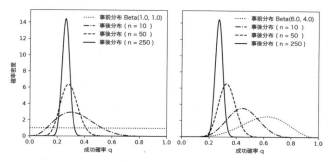

図 2.4 標本の大きさ n が成功確率 q の事後分布に与える影響

$$p(q) = \begin{cases} 1, & (0 \leqq q \leqq 1), \\ 0, & (q < 0,\ 1 < q), \end{cases}$$

を使用している.

図 2.3 の事後分布を見てみると，q が 0.1 より小さい領域では事後分布の確率密度がほとんどゼロになっていることがわかる．同様の傾向が 0.5 を超える領域でも見られる．つまり，(2.11) 式のベイズの定理によるデータに基づく事前分布の更新により，元は確率密度が 1 であったところが大きく下方修正されているのである．低い確率密度は対応する q の真の値としての信頼度が低いことを示唆する．したがって，図 2.3 のグラフより，q の真の値が 0.1 を下回ることはなく 0.5 を上回ることもないと結論付けられるだろう．一方，0.2 〜 0.4 のあたりでは逆に事後分布の確率密度は元の 1 よりも高くなっている．特に 0.25 〜 0.3 のあたりでは確率密度は 6 を超えていることから，この辺の値が q の真の値である可能性が高そうである．実際のところ q の真の値は 0.25 であるから，図 2.3 の事後分布の形状はデータを生成した分布の特性と整合的である．このようにベイズ統計学には，事後分布を眺めることで未知のパラメータの真の値に対して直感的な「当たり」をつけることができるという利点がある．つまり，ベイズの定理による事後分布の導出とその描画は，データが持つ未知のパラメータに関する情報を可視化する手段の一種であるともいえよう．

図 2.3 の事後分布はあくまでも特定の事前分布（一様分布）と特定のデータに依存している．事前分布やデータを変えると当然のことだが事後分布の形状も変化する．図 2.4 では事前分布と標本の大きさがどのように事後分布の形状に影響を与えるかを示している．図 2.4 の左のパネルは，図 2.3 と同じく事前分布に一様分布（つまりベータ分布 $\mathcal{B}e(1,1)$）を設定し，$q = 0.25$ のベルヌーイ分布から生成した 250 個の人工データの最初の 10 個，50 個，250 個のデータを使って導出した事後分布をプロットしている．この図で n は標本の大きさを表している．図 2.4 からは n が大きくなるにつ

れて事後分布が尖っていく様子が見て取れる．$n=10$ の事後分布では $q \geq 0.8$ の領域の確率密度が低いので，この辺りの値は q の真の値として相応しくないことがわかる．さらに $n=50$ に増やすと，$n=10$ のときは確率密度はそこそこあった $q=0.1$ や $q=0.6$ の辺りでも確率密度がほとんど 0 に落ちてしまう．さらに $n=250$ まで増やすと，$n=50$ のときは確率密度がそこまで低くなかった $q=0.2$ や $q=0.4$ の辺りでも確率密度は目に見えて低下する．$n=250$ の場合の事後分布を見る限り，q が 0.4 を超えたり 0.2 を下回ったりする可能性はかなり低いといえるだろう．まとめると，最初の事前分布の段階では特段の情報がないため，q の値は 0 から 1 まで「何でもあり」の状態であった．しかし，データが $n=10, 50, 250$ と蓄積されるにつれて，q の真の値がありそうな場所はどんどん絞り込まれていき，結果として真の値 0.25 の周りだけが確率密度が高くなったといえる．実際，n を無限大にしていくと事後分布は $q=0.25$ の 1 点に収束することが知られている．このような事後分布の形状の推移は，データの蓄積によって未知のパラメータである q に関する情報が集まり，q の値に関する不確実性が減少した結果と解釈される．当たり前のことだがデータの量が多いほど未知のパラメータの値に対する精度の高い推論ができるようになる．このことを図 2.4 は絵として明確に示してくれているのである．

一方，図 2.4 の右のパネルは，事前分布をベータ分布 $\mathcal{B}e(6,4)$ に変え，右のパネルと同じデータ（$n=10, 50, 250$ の 3 種類）に適用して求めた事後分布をプロットしたものである．$\mathcal{B}e(6,4)$ の平均は 0.6 であるから真の値 $q=0.25$ よりも高めの事前予想をおいていることになる．そのため $n=10$ の場合の事後分布は左の一様分布を使ったものと比べて少し右に寄っている．これは事後分布が高めの事前予想に引きずられているからだと解釈される．これを理解するために再び (2.12) 式のベイズの定理に戻ろう．(2.12) 式の右辺の尤度 $p(D|q)$ は同じデータ D を使っている限り左右のパネルで差は生じない．しかし，事前分布 $p(q)$ が異なるため (2.12) 式の左辺の事後分布に差が生じることになる．右のパネルの事前分布は $q=0.6$ の周辺の値で $p(q)$ が大きい値をとるので，その辺りで事後分布が一様分布の場合と比べて盛り上がることになる．そのため分布の形状が右に寄ったものになってしまうのである．それでも n が増えていくと左右の事後分布の形状は近づいていき，$n=250$ の場合には区別がつかないくらい似た形になっている．ここでも左のパネルと同様にデータが蓄積されるにつれて q の真の値である候補が絞り込まれていく傾向が見られる．したがって，十分データがあるときには事前分布の選択は大きな影響を及ぼさないといえよう[*7]．

[*7] 話が高度になるため割愛するが，データが増えても事前分布の影響が消えない場合もある．そのため事前分布の選択を疎かにすることは勧められない．異なる事前分布を試し，推論の結果が影響を受けないか否かを確認する作業を怠らないようにしよう．

2.3 未知のパラメータに関する推論

図 2.3 や図 2.4 を眺めるだけでも q の真の値に関して推測することは可能である．しかし，現実の応用ではグラフではなく数値を示したいことがある．例えば，内閣支持率調査であれば「○○内閣の支持率××%に上昇」と具体的に数字を示して記事にすることがほとんどである．この「具体的な数字」を図 2.3 のような事後分布から求める作業を点推定と呼ぶ．ベイズ統計学における点推定を一言でいうと，「パラメータの真の値の候補の中から真の値として最も相応しい値を 1 つ選択すること」である．図 2.3 において q の真の値の候補は 0 と 1 の間の実数全てであるから無数に存在する．その中から 1 つだけ「最も相応しい値」を選ぶにはどうしたらよいだろうか．未知のパラメータの値を推測する以上，誤差が生じるのは避けられない．しかし，分析者としては可能な限り誤差の少ない推測を行いたい．したがって，点推定の値とパラメータの真の値との乖離をある規準（**損失関数**）で測り，この損失関数ができるだけ小さくなるように点推定の値を決定することにしよう．以下ではパラメータの真の値を q，q の点推定の値を δ，損失関数を $L(q,\delta)$ と表記する．直感的な理解としては $L(q,\delta)$ は q と δ の距離を測っていると考えてもらってよい．よって，真の値 q との距離が短い δ ほど望ましい点推定ということになる．ベイズ統計学で使われる代表的な損失関数として次のものが挙げられる．

$$L(q,\delta) = \begin{cases} (q-\delta)^2, & (\text{2 乗損失}), \\ |q-\delta|, & (\text{絶対損失}), \\ 1 - \mathbf{1}_q(\delta), & (\text{0–1 損失}). \end{cases} \quad (2.17)$$

ここで $\mathbf{1}_q(\delta)$ は

$$\mathbf{1}_q(\delta) = \begin{cases} 1, & (\delta = q), \\ 0, & (\delta \neq q), \end{cases}$$

という指示関数である．参考までに $q = 0.5$ と仮定した場合の損失関数のグラフを図 2.5 に示している．図 2.5 からもわかるように，2 乗損失と絶対損失は δ が q（図 2.5 では $q = 0.5$）から離れるほど損失が大きくなるので，誤差の規準としては理解しやすいと思う．0–1 損失は $\delta = q$ であれば 0，$\delta \neq q$ であれば 1 となる損失関数である．したがって，0–1 損失は点推定が当たるか $(\delta = q)$，外れるか $(\delta \neq q)$ のみに関心があるときの誤差の規準といえよう．

しかし，そもそも (2.17) 式の損失関数 $L(q,\delta)$ の中の q の値が未知であるため，点推定 δ の値を与えても実際には損失関数の値を求めることはできない．そこでベイズ統計学の点推定では，$L(q,\delta)$ の期待値を q の事後分布で評価したもの（**期待損失**）

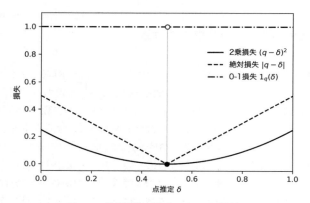

図 2.5 損失関数の例 ($q = 0.5$ と仮定)

$$R(\delta|D) = \mathrm{E}_q[L(q,\delta)|D] = \int_0^1 L(q,\delta)p(q|D)dq, \tag{2.18}$$

を考え,この $R(\delta|D)$ をできるだけ小さくするように点推定を選択する.ここで $\mathrm{E}_q[\cdot|D]$ はデータ D が与えられた下で q について評価した条件付期待値という意味である.当然のことだが使用する q の「条件付分布」は q の事後分布に他ならない.すると q の点推定の値 δ^* は,

$$\delta^* = \arg\min_{0 \leq \delta \leq 1} R(\delta|D) = \arg\min_{0 \leq <\delta \leq 1} \int_0^1 L(q,\delta)p(q|D)dq, \tag{2.19}$$

という最小化問題の解として与えられる."$\arg\min_{0\leq\delta\leq 1} R(\delta|D)$" は 0 と 1 の間の実数で $R(\delta|D)$ を最小化する値という意味である.(2.17) 式の 3 つの損失関数に対応する点推定は,

$$\delta^* = \begin{cases} 事後分布の平均, & (2\,乗損失), \\ 事後分布の中央値, & (絶対損失), \\ 事後分布の最頻値, & (0\text{--}1\,損失), \end{cases} \tag{2.20}$$

として導出される(詳しい証明は本章の付録を参照).事後分布の平均(期待値)は

$$\mathrm{E}_q[q|D] = \int_0^1 qp(q|D)dq,$$

である.事後分布の中央値(メディアン)は

$$\Pr\{q \leq \mathrm{Median}_q|D\} = 50\%,$$

を満たす Median_q と定義される.要するに Median_q は事後分布を 2 等分する点である.平均と中央値は確率分布の中心と解釈できることから,2 乗損失や絶対損失を使うと事後分布の概ね真ん中にある値を点推定に選ぶことになる.一方,事後分布の最頻値(モード)は

2.3 未知のパラメータに関する推論   35

表 2.2 ベルヌーイ分布の成功確率の事後統計量

	平均	中央値	最頻値	標準偏差	信用区間	HPD 区間
成功確率 q	0.2885	0.2857	0.2800	0.0622	[0.1749, 0.4174]	[0.1699, 0.4115]

$$\text{Mode}_q = \arg \max_{0 \leq q \leq 1} p(q|D),$$

である．つまり，事後分布の山の頂上に対応する q の値が最頻値である．このため 0–1 損失を使うと事後分布の確率密度が最も高い値を点推定に選ぶことになる．最頻値による点推定を **MAP (maximum a posteriori)** 推定と呼ぶこともある．

だが平均や中央値と異なり，最頻値は必ずしも分布の中央部分にくる保証はない．例えば，図 2.2 のようにパラメータの値によっては分布の最頻値は区間の端に位置する場合がある．また，最頻値が 1 つしか存在しないという保証もない．ベルヌーイ分布の成功確率の分析では現れることはないが複雑なモデルのベイズ統計分析において，事後分布に同じ高さの最頻値が複数存在したり，最頻値よりは少し低いが異なる高さの峰が複数あるような事後分布に出会すこともある．このような場合には最頻値が最も相応しい点推定の値であるという主張は説得力に欠けるだろう．しかし，最頻値には事後分布の導出が難しい複雑なモデルであっても計算できるという利点もある．なぜならベイズの定理 (2.12) より事後分布 $p(q|D)$ は尤度 $p(q|D)$ と事前分布 $p(q)$ の積に比例するため，

$$\text{Mode}_q = \arg \max_{0 \leq q \leq 1} p(D|q)p(q),$$

としても解は同じになるからである．つまり，最頻値の計算のために $p(q|D)$ の基準化定数 $p(D)$ を明示的に求める必要はない．これに対し平均や中央値を求めるには事後分布の積分を評価する必要があるため，解析的に事後分布が求まる場合を除いて計算は難しくなる．だが第 4 章で解説するモンテカルロ法を使えば積分の問題を解決できるようになったため，最頻値の優位性は事実上消滅したといってよいだろう．このような事情からベイズ統計学における点推定には平均や中央値が使用されることが多い．

図 2.3 の事後分布における平均，中央値，最頻値は表 2.2 にまとめられている．図 2.3 の事後分布では分布の裾が右に長いため，

$$\text{最頻値} < \text{中央値} < \text{平均},$$

という大小関係になる．しかし，パーセント・ポイントで測って 1 ポイントも違わないので，事後分布の標準偏差が 0.06（つまりパーセント・ポイントで 6 ポイント）もあることと合わせて考えると 3 者の差はそれほど大きいとはいえないだろう．

点推定は，事後分布がとりうる値の中で期待損失を最小にするという意味でパラメータの真の値の候補として最も相応しいものである．しかし，パラメータの真の値に関する不確実性を排除できない以上，1 つの値のみを「推定値」として提示するのは不親切であろう．そこで，点推定に加えて真の値が入っている可能性が高い区間を提示

することが行われる.これを**区間推定**という.点推定がパラメータの値をピンポイントで当てることを目指しているとすれば,区間推定は幅を持たせて真の値かある場所を絞り込む作業であるといえよう.

$$[a,b] = \{q : a \leqq q \leqq b\},$$

と表記しよう.この式の右辺は $a \leqq q \leqq b$ を満たす q の値の集合という意味である.参考までに端点を含まない区間は

$$(a,b) = \{q : a < q < b\},$$

という表記になる.事後分布 $p(q|D)$ を使うと,q の真の値が区間 $[a,b]$ の中にある確率は

$$\Pr\{a \leqq q \leqq b|D\} = \int_a^b p(q|D)dq, \tag{2.21}$$

として与えられる.この確率 $\Pr\{a \leqq q \leqq b|D\}$ を**事後確率**と呼ぶ.ベイズ統計学では未知のパラメータを確率変数として扱うため,このようにパラメータの真の値が特定の区間内にある確率を直接的に評価できる.これがベイズ統計学の大きな利点の1つである.

逆に $\Pr\{a \leqq q \leqq b|D\}$ が特定の値 (例えば 95%) となる区間 $[a,b]$ を求めることも可能である.このような区間は「q の真の値が入っている可能性が高い区間」と解釈される.よって,この区間を求めれば区間推定ができそうである.しかし,少し考えるとわかるが $\Pr\{a \leqq q \leqq b|D\} = 0.95$ を満たすような区間 $[a,b]$ は無数に存在する.そのため何らかの制約条件を付けない限り区間を一意に決めることはできない.ベイズ統計学で広く使われる区間推定では,以下のような制約条件を課すことが多い.

(i) 信用区間

c を区間の外側の確率としよう,すると区間に真の値がある確率は $100(1-c)$% となる.このとき $100(1-c)$% 信用区間は

$$\Pr\{q < a_c|D\} = \frac{c}{2} \quad \text{および} \quad \Pr\{q > b_c|D\} = \frac{c}{2}, \tag{2.22}$$

を満たす区間 $[a_c, b_c]$ と定義される.

(ii) **HPD (highest posterior density) 区間**

一般に $100(1-c)$%HPD 区間は,区間内の点の確率密度が区間外の点の確率密度よりも必ず高くなる $100(1-c)$% 区間として定義される.特に事後分布が単峰形 (峰が1つしかない分布) である場合には,$100(1-c)$%HPD 区間は

$$\Pr\{a_c \leqq q \leqq b_c|D\} = 1 - c,$$
$$p(a_c|D) = p(b_c|D), \tag{2.23}$$

を満たす区間 $[a_c, b_c]$ と定義される.

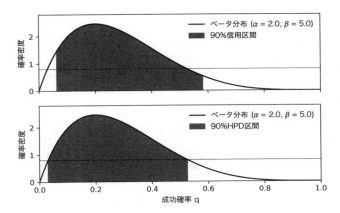

図 2.6　信用区間と HPD 区間の比較

信用区間と HPD 区間の違いを図 2.6 を使って説明しよう．図 2.6 ではベータ分布 $\mathcal{B}e(2,5)$ の 90%信用区間を上のパネルに 90%HPD 区間を下のパネルに図示している．グレーになっている部分が 90%で白い部分が 10%である．信用区間では右裾と左裾の白い部分の確率はともに 5%である．しかし，HPD 区間では明らかに右裾の方の確率が大きい．これは HPD 区間には左右の裾で確率を揃えるという制約を課していないからである．一方，区間の端点での確率密度を比べると，HPD 区間では右端と左端で高さが揃っていることがわかる．これは (2.23) 式の 2 番目の制約式が効いているからである．そして，グレーの部分の確率密度は必ず白の部分の上にあることもわかる．これが HPD 区間に求められる性質である．しかし，信用区間にはこの性質はない．信用区間内の右端近くの確率密度が左裾の区間外の確率密度よりも低くなっている．比較をしやすくするために図 2.6 の中に HPD 区間の端点における確率密度の高さで細い水平線を引いておいたので，これと見比べるとよいだろう．

ベイズ統計学における区間推定の数値例として，表 2.2 に図 2.3 の事後分布における 95%信用区間と 95%HPD 区間を載せている．どちらも真の値 0.25 を区間内に含んでいる．事後分布の裾が右に長いので，HPD 区間の方が信用区間よりも若干左に寄っているが大差はない．

▶ ベルヌーイ分布の成功確率の事後分布と事後統計量

Python コード 2.3　pybayes_conjugate_bernoulli.py

```
# -*- coding: utf-8 -*-
#%% NumPyの読み込み
import numpy as np
#    SciPyのstatsモジュールの読み込み
import scipy.stats as st
#    SciPyのoptimizeモジュールの読み込み
```

```python
import scipy.optimize as opt
#   Pandasの読み込み
import pandas as pd
#   MatplotlibのPyplotモジュールの読み込み
import matplotlib.pyplot as plt
#   日本語フォントの設定
from matplotlib.font_manager import FontProperties
import sys
if sys.platform.startswith('win'):
    FontPath = 'C:\\Windows\\Fonts\\meiryo.ttc'
elif sys.platform.startswith('darwin'):
    FontPath = '/System/Library/Fonts/ヒラギノ角ゴシック W4.ttc'
elif sys.platform.startswith('linux'):
    FontPath = '/usr/share/fonts/truetype/takao-gothic/TakaoPGothic.ttf'
else:
    print('このPythonコードが対応していないOSを使用しています．')
    sys.exit()
jpfont = FontProperties(fname=FontPath)
#%% ベルヌーイ分布の成功確率に関するベイズ推論
#   ベータ分布のHPD区間の計算
def beta_hpdi(ci0, alpha, beta, prob):
    """
        入力
        ci0:   HPD区間の初期値
        alpha: ベータ分布のパラメータ1
        beta:  ベータ分布のパラメータ2
        prob:  HPD区間の確率 (0 < prob < 1)
        出力
        HPD区間
    """
    def hpdi_conditions(v, a, b, p):
        """
            入力
            v: HPD区間
            a: ベータ分布のパラメータ1
            b: ベータ分布のパラメータ2
            p: HPD区間の確率 (0 < p < 1)
            出力
            HPD区間の条件式の値
        """
        eq1 = st.beta.cdf(v[1], a, b) - st.beta.cdf(v[0], a, b) - p
        eq2 = st.beta.pdf(v[1], a, b) - st.beta.pdf(v[0], a, b)
        return np.hstack((eq1, eq2))
    return opt.root(hpdi_conditions, ci0, args=(alpha, beta, prob)).x
#   ベルヌーイ分布の成功確率の事後統計量の計算
def bernoulli_stats(data, a0, b0, prob):
    """
        入力
        data: データ(取りうる値は0か1)
        a0:   事前分布のパラメータ1
        b0:   事前分布のパラメータ2
```

```
         prob:    区間確率（0 < prob < 1）
         出力
         results:事後統計量のデータフレーム
         a:      事後分布のパラメータ1
         b:      事後分布のパラメータ2
     """
     n = data.size
     sum_data = data.sum()
     a = sum_data + a0
     b = n - sum_data + b0
     mean_pi = st.beta.mean(a, b)
     median_pi = st.beta.median(a, b)
     mode_pi = (a - 1.0) / (a + b - 2.0)
     sd_pi = st.beta.std(a, b)
     ci_pi = st.beta.interval(prob, a, b)
     hpdi_pi = beta_hpdi(ci_pi, a, b, prob)
     stats = np.hstack((mean_pi, median_pi, mode_pi, sd_pi, ci_pi, hpdi_pi))
     stats = stats.reshape((1, 8))
     stats_string = ['平均', '中央値', '最頻値', '標準偏差', '信用区間（下限）',
                     '信用区間（上限）', 'HPD区間（下限）', 'HPD区間（上限）']
     param_string = ['成功確率 q']
     results = pd.DataFrame(stats, index=param_string, columns=stats_string)
     return results, a, b
#%% ベルヌーイ分布からのデータの生成
p = 0.25
n = 50
np.random.seed(99)
data = st.bernoulli.rvs(p, size=n)
#%% 事後統計量の計算
a0 = 1.0
b0 = 1.0
prob = 0.95
results, a, b = bernoulli_stats(data, a0, b0, prob)
print(results.to_string(float_format='{:,.4f}'.format))
#%% 事後分布のグラフの作成
fig1 = plt.figure(num=1, facecolor='w')
q = np.linspace(0, 1, 250)
plt.plot(q, st.beta.pdf(q, a, b), 'k-', label='事後分布')
plt.plot(q, st.beta.pdf(q, a0, b0), 'k:', label='事前分布')
plt.xlim(0, 1)
plt.ylim(0, 7)
plt.xlabel('成功確率 q', fontproperties=jpfont)
plt.ylabel('確率密度', fontproperties=jpfont)
plt.legend(loc='best', frameon=False, prop=jpfont)
plt.savefig('pybayes_fig_bernoulli_posterior.png', dpi=300)
plt.show()
#%% 事前分布とデータの累積が事後分布の形状に与える影響の可視化
np.random.seed(99)
data = st.bernoulli.rvs(p, size=250)
value_size = np.array([10, 50, 250])
value_a0 = np.array([1.0, 6.0])
```

```
109  value_b0 = np.array([1.0, 4.0])
110  styles = [':', '-.', '--', '-']
111  fig2, ax2 = plt.subplots(1, 2, sharey='all', sharex='all',
112                           num=2, figsize=(8, 4), facecolor='w')
113  ax2[0].set_xlim(0, 1)
114  ax2[0].set_ylim(0, 15.5)
115  ax2[0].set_ylabel('確率密度', fontproperties=jpfont)
116  for index in range(2):
117      style_index = 0
118      a0_i = value_a0[index]
119      b0_i = value_b0[index]
120      ax2[index].plot(q, st.beta.pdf(q, a0_i, b0_i), color='k',
121                      linestyle=styles[style_index],
122                      label='事前分布 Beta({0:<3.1f}, {1:<3.1f})' \
123                      .format(a0_i, b0_i))
124      for n_j in value_size:
125          style_index += 1
126          sum_data = np.sum(data[:n_j])
127          a_j = sum_data + a0_i
128          b_j = n_j - sum_data + b0_i
129          ax2[index].plot(q, st.beta.pdf(q, a_j, b_j), color='k',
130                          linestyle=styles[style_index],
131                          label='事後分布 ( n = {0:<3d} )'.format(n_j))
132      ax2[index].set_xlabel('成功確率 q', fontproperties=jpfont)
133      ax2[index].legend(loc='best', frameon=False, prop=jpfont)
134  plt.tight_layout()
135  plt.savefig('pybayes_fig_bernoulli_posterior_convergence.png', dpi=300)
136  plt.show()
```

今までベイズ統計学における推論の手順を説明するために使ってきた表 2.2 の事後統計量, 図 2.3 および図 2.4 は Python コード 2.3 で作成したものである. このコードを詳しく解説していこう.

コード 2.3 の最初の部分では今まで通り必要なパッケージを読み込む作業を行っている. しかし, 今回新しく使用するパッケージもあるので, それらを読み込んでいるところを抜粋しよう.

```
7  import scipy.optimize as opt
```

第 7 行目で読み込んでいるのは SciPy のモジュールの 1 つである optimize である. optimize は各種の最適化問題を解くための関数群である.

```
9  import pandas as pd
```

一方, 第 9 行目で読み込んでいるのはデータ分析に特化したパッケージ pandas である. pandas はデータ分析のための関数に加えてデータ分析に適したデータ構造 (データフレーム) を提供するパッケージである. このコードではデータフレームの機能を事後統計量の出力のためだけに利用する.

2.3 未知のパラメータに関する推論

次に Python で HPD 区間を求める手順を説明しよう．コード 2.3 では第 27〜50 行目でベータ分布の HPD 区間を計算する関数 beta_hpdi() を定義している．

```
26  #     ベータ分布のHPD区間の計算
27  def beta_hpdi(ci0, alpha, beta, prob):
28      """
29      入力
30          ci0:    HPD区間の初期値
31          alpha:  ベータ分布のパラメータ1
32          beta:   ベータ分布のパラメータ2
33          prob:   HPD区間の確率（0 < prob < 1)
34      出力
35          HPD区間
36      """
37      def hpdi_conditions(v, a, b, p):
38          """
39          入力
40              v:  HPD区間
41              a:  ベータ分布のパラメータ1
42              b:  ベータ分布のパラメータ2
43              p:  HPD区間の確率（0 < p < 1)
44          出力
45              HPD区間の条件式の値
46          """
47          eq1 = st.beta.cdf(v[1], a, b) - st.beta.cdf(v[0], a, b) - p
48          eq2 = st.beta.pdf(v[1], a, b) - st.beta.pdf(v[0], a, b)
49          return np.hstack((eq1, eq2))
50      return opt.root(hpdi_conditions, ci0, args=(alpha, beta, prob)).x
```

Python で関数を定義するときには def 文が使われる．"def" は definition（定義）の意味である．既に Python 本体やパッケージによって提供される関数を数多く説明してきたが，Python では自分で独自の関数を定義することもできる．def 文による関数定義の基本形は

```
def 関数名(関数に渡す値1，関数に渡す値2，...):
    関数内での処理を定義したブロック
    return 関数から返す値
```

である．やはり def 文でも if 文や for 文と同様にブロックの指定に字下げが使われる．これが Python 流のコーディングである．第 27 行目では beta_hdpi という名前の関数を定義している．この関数に渡される変数は ci0, alpha, beta, prob の 4 つである．それぞれの定義は第 28〜36 行目のコメント文で説明されている．ここで複数行にわたるコメント文の書き方を説明しておこう．1 行のコメント文は行の先頭に # をおけばよかった．一方，複数行をコメント文にするには第 28 行目と第 36 行目のようにコメント文にしたい箇所を """ で挟めばよいだけである．最後の return 文は関数から返す値を指定するための構文である．return 文は関数での計算結果を取得

するためには必須であるが，関数内の作業が作図など値を戻す必要がないものである場合はなくてもよい．

さらに関数の中で別の関数を定義することもできる．第 37 行目の def 文で関数 beta_hpdi() の入れ子になった関数 hpdi_conditions() が定義されている．この hpdi_conditions() は beta_hpdi() の中でのみ使用可能な関数である．同じコードの中で多くの関数を定義していくと，変数名や関数名のバッティングによって互いに干渉し合う恐れがある．そこで，特定の関数内だけで使用される関数群をその関数の入れ子にしてしまえば，他の関数からは見えなくなるため干渉を避けることができる．コード 2.3 の中で hpdi_conditions() を使うのは beta_hpdi() だけなので，beta_hpdi() の中に hpdi_conditions() を入れ込んでしまう方が理にかなっているのである．

第 37 行目の def 文で定義している関数 hpdi_conditions() は，あるベクトル $v = [v_0 \ v_1]$ に対して

$$\left[\Pr\{v_0 \leqq q \leqq v_1 | D\} - (1-c) \quad p(v_1|D) - p(v_0|D) \right], \tag{2.24}$$

というベクトルを計算して返す関数である．このベクトルをゼロにする v で作られた区間 $[v_0, v_1]$ が $100(1-c)\%$ HPD 区間となる．したがって，HPD 区間を求めるには

$$\begin{aligned} \Pr\{v_0 \leqq q \leqq v_1 | D\} - (1-c) &= 0, \\ p(v_1|D) - p(v_0|D) &= 0, \end{aligned} \tag{2.25}$$

という連立方程式の解を求めればよいことがわかる．$P(\cdot|D)$ を事後分布の累積分布関数とすると，

$$\Pr\{v_0 \leqq q \leqq v_1 | D\} = P(v_1|D) - P(v_0|D),$$

であるから，第 47 行目で計算される eq1 は (2.24) 式のベクトルの第 1 要素に対応している．ここで使われている関数 st.beta.cdf() がベータ分布の累積分布関数である．用法は確率密度関数 st.beta.pdf() と同じである．そして，第 48 行目で計算される eq2 は (2.24) 式のベクトルの第 2 要素に対応している．第 49 行目では関数 hpdi_conditions() で計算した (2.24) 式のベクトルを返している．ここで使われている np.hstack() はタプルの中にあるスカラーや NumPy 配列を横（"h" は horizontal の頭文字）に繋げて NumPy 配列を作成する関数である．

関数 hpdi_conditions() を定義している部分を除くと関数 beta_hpdi() の本体は第 50 行目のみである．この return 文で関数 beta_hpdi() から返す値はベータ分布の HPD 区間であるが，それを optimize モジュールに含まれる関数 opt.root() を使って計算している．opt.root() は連立方程式の解を求めるためのものであり，基本的用法は

opt.root(連立方程式の関数，初期値，args=関数に渡す変数)

である．opt.root() が想定している連立方程式は

$$f(v) = 0,$$

という形をしていて，v はスカラーでもベクトルでもよい．この $f(v)$ が「連立方程式の関数」である．第 50 行目の opt.root() では先に def 文で定義した (2.24) 式のベクトルを返す関数 hpdi_conditions() を「連立方程式の関数」に指定している．opt.root() は反復探索法で連立方程式の解を求めるので，探索を開始する初期値を指定しておく必要がある．ここでは関数の外で前もって求めておいて関数 beta_hpdi() に引数 (第 27 行目の ci0) として与えている信用区間を HPD 区間の初期値として使用している．さらに連立方程式の関数 $f(v)$ が v 以外の変数 (ここではベータ分布のパラメータと HPD 区間の確率) に依存している場合には，それを $f(v)$ を評価する関数に渡さなければならない．これが「関数に渡す変数」である．第 50 行目では alpha, beta, prob という 3 つの変数をタプルにまとめて hpdi_conditions() に渡している．第 50 行目の opt.root() の末尾に .x が付いているが，これは opt.root() が返す計算結果をまとめたオブジェクトの中にある連立方程式の解を取り出すメソッドである．このオブジェクトの中には連立方程式の解以外にも連立方程式の関数の値や反復探索の収束判定の結果などが含まれているが，HPD 区間を求めるために必要なものは (2.25) 式の解だけなので，メソッド .x でそれだけ取り出して return 文で関数 beta_hpdi() の出力として返せばよい．

続いて事後統計量 (事後分布の平均，中央値，最頻値，標準偏差，信用区間，HPD 区間) を求める方法を説明しよう．これらの事後統計量を計算する関数が第 52〜80 行目で定義されている bernoulli_stats() である．

```
51  #    ベルヌーイ分布の成功確率の事後統計量の計算
52  def bernoulli_stats(data, a0, b0, prob):
53      """
54          入力
55          data:   データ(取りうる値は0か1)
56          a0:     事前分布のパラメータ1
57          b0:     事前分布のパラメータ2
58          prob:   区間確率 (0 < prob < 1)
59          出力
60          results:事後統計量のデータフレーム
61          a:      事後分布のパラメータ1
62          b:      事後分布のパラメータ2
63      """
64      n = data.size
65      sum_data = data.sum()
66      a = sum_data + a0
67      b = n - sum_data + b0
68      mean_pi = st.beta.mean(a, b)
69      median_pi = st.beta.median(a, b)
70      mode_pi = (a - 1.0) / (a + b - 2.0)
```

```
71      sd_pi = st.beta.std(a, b)
72      ci_pi = st.beta.interval(prob, a, b)
73      hpdi_pi = beta_hpdi(ci_pi, a, b, prob)
74      stats = np.hstack((mean_pi, median_pi, mode_pi, sd_pi, ci_pi, hpdi_pi))
75      stats = stats.reshape((1, 8))
76      stats_string = ['平均', '中央値', '最頻値', '標準偏差', '信用区間(下限)',
77                      '信用区間(上限)', 'HPD区間(下限)', 'HPD区間(上限)']
78      param_string = ['成功確率 q']
79      results = pd.DataFrame(stats, index=param_string, columns=stats_string)
80      return results, a, b
```

bernoulli_stats() は，データ data，事前分布のパラメータ a0 および b0，そして区間推定を評価するときの区間確率 prob を入力とし，事後統計量 results，事後分布のパラメータ a および b を出力する関数である．第 64 行目の .size は NumPy 配列の要素数を返すメソッドであり，第 65 行目の .sum() は NumPy 配列の要素の総和を求めるメソッドである．第 66〜67 行目では (2.15) 式の事後分布のパラメータである α_* と β_* を計算し，それぞれを a と b に格納している．

第 68〜73 行目で事後統計量を計算している．ここで使用している

- st.beta.mean() — ベータ分布の平均
- st.beta.median() — ベータ分布の中央値
- st.beta.std() — ベータ分布の標準偏差
- st.beta.interval() — ベータ分布の信用区間

は SciPy の stats モジュールで提供されている関数である．ベータ分布の最頻値は公式

$$\mathrm{Mode}_q = \frac{\alpha - 1}{\alpha + \beta - 2},$$

をそのまま適用している．そして，ベータ分布の HPD 区間の計算は先ほど定義した関数 beta_hpdi() で実行されている．第 74 行目では計算された事後統計量を np.hstack() で横に繋げて NumPy 配列にまとめ，さらに第 75 行目でメソッド .reshape() で 8 次元の行ベクトルに変換している．この .reshape() に渡す引数は (行の数，列の数) というタプルである．

第 79 行目で NumPy 配列 stats から pands のデータフレーム results を作成している．データフレームを理解するために以下のような表を考えよう．

		列 1	列 2	列 3
		人口 (2015 年)	面積 (km^2)	県庁所在地
行 1	北海道	5,381,733	83,424	札幌市
行 2	青森県	1,308,265	9,646	青森市
⋮	⋮	⋮	⋮	⋮
行 47	沖縄県	1,433,566	2,281	那覇市

2.3 未知のパラメータに関する推論

ここでは都道府県の人口，面積，県庁所在地をまとめた何の変哲もない表を想定しているが，この表をコンピュータのメモリ内で構成したものが要するにデータフレームなのである．この表を作成するために必要な情報は

- 表の中身 — 人口，面積，県庁所在地のデータ
- 行の名称 — 都道府県名
- 列の名称 — データの名前

であり，これらをまとめることで表は完成する．事後統計量をまとめた表2.2もこれと全く同じ構造（もっとも行は1つしかないが）をしていることに注意しよう．必要な情報を組み合わせてデータフレームを作成する作業を行うpandas関数が第79行目のpd.DataFrame()であり，その基本的用法は

```
pd.DataFrame(データ, index=行のラベル, columns=列のラベル)
```

となっている．都道府県の例でいうと「データ」には47都道府県の人口，面積，県庁所在地をまとめたリスト[[5381733, 83424, '札幌市'], [1308265, 9646, '青森市'], ... , [1433566, 2281, '那覇市']]が相当する．「行のラベル」には47都道府県の名称を格納したリスト['北海道', '青森県', ... , '沖縄県']，列のラベルには['人口', '面積', '県庁所在地']というリストを使えばよい．一方，第79行目のpd.DataFrame()において，データはNumPy配列statsに格納された事後統計量である．列のラベルは第76行目で作成したリストstats_stringに，行のラベルは第78行目で作成したparam_stringに格納されている．単にコンソール上に結果を表示するだけであれば，NumPy配列のままにしておいても特に困ることにはならない．しかし，pandasのデータフレームにしておくとJupyter Notebook上では自動的に綺麗な表として表示されるので便利である．

以上で必要な関数が全て用意できたので実際の計算作業に入ろう．まずベルヌーイ分布から生成されたデータが必要である．

```
81  #%% ベルヌーイ分布からのデータの生成
82  p = 0.25
83  n = 50
84  np.random.seed(99)
85  data = st.bernoulli.rvs(p, size=n)
```

ベルヌーイ分布からの乱数の生成は第85行目のst.bernoulli.rvs()で行っている．pは成功確率で第82行目で0.25に設定されている．sizeは生成する標本の大きさで第83行目で設定されているように50である．第84行目のnp.random.seed()は乱数生成の初期値（シード）を設定する関数である．st.bernoulli.rvs()などの関数で生成される乱数は，真の意味での確率変数の実現値ではなく擬似乱数と呼ばれるものにすぎない．擬似乱数はデタラメな数字の羅列に見えるが，実は初期値が決まると

必ず同じ乱数列が再現されるという性質を持っている．この性質を逆手にとり事前に初期値を決めておけば，いつも同じ乱数列を生成することかできる．これは計算結果の再現性を担保する便利な手法であるからぜひ実践してもらいたい．

データ data を生成したので，あとはこれに基づいて事後統計量の計算と事後分布のグラフの作成をするだけである．

```
86  #%% 事後統計量の計算
87  a0 = 1.0
88  b0 = 1.0
89  prob = 0.95
90  results, a, b = bernoulli_stats(data, a0, b0, prob)
91  print(results.to_string(float_format='{:,.4f}'.format))
```

ここでは事前分布のハイパーパラメータを a0 = 1 および b0 = 1 としているので，一様分布を事前分布に使うことになる．区間推定のための確率 prob は 95% にしている．第 90 行目では関数 bernoulli_stats を使ってベルヌーイ分布の成功確率の事後分布における事後統計量一式を計算している．なお事後分布のパラメータを返しているのは事後分布のグラフの作成に使用するためである．第 91 行目は pandas のデータフレームを書式を指定してコンソール上に出力している．ここで print() は変数の中身をコンソール上に表示するための関数である．pandas データフレーム results の右についている .to_string() は書式を指定するメソッドであり，float_format というオプションで浮動小数点数の書式を指定している．ここで書式を指定する方法は軸や凡例のラベルでの書式指定に使ったものと同じである．第 91 行目の '{:,.4f}' は「浮動小数点数を 3 桁ごとにカンマ (,) で区切り（例えば 10,000 のように）小数点以下は 4 桁にする」という意味である．

第 93〜103 行目では図 2.3 の作図を行っている．既に説明した関数を使っているだけなので新たに説明することは少ないが，1 点だけ付け加えると plt.plot(...) の中のオプションとして label が使われている．このオプションは凡例で使用する文字列（図 2.3 では「事後分布」と「事前分布」）を指定するためのものである．こうしておくと plt.legend() でコード 2.1 の第 28 行目のように凡例の文字列を指定する必要がなくなる．

コード 2.3 で図 2.4 を作成している部分が第 105〜136 行目である．ここも既に説明した機能を使用しているだけであるが，幾つかの注意点を述べておこう．

- 第 105 行目で再び np.ranodm.seed() を使っているのは，乱数生成器をリセットして図 2.3 を作成したときと同じ乱数列を生成するためである．こうすると $n = 50$ のときのデータは図 2.3 のものと全く同じになる．
- 第 112 行目の figsize は図を作成するキャンバスの大きさを指定するオプションである．長さの単位はインチで，タプルの第 1 要素が横の長さ，第 2 要素が縦

の長さである．

- メソッド.plot() の中の color はプロットの色を指定するオプション，linestyle はプロットの線種を指定するオプションである．ここでも表 2.1 の色と線種の選択肢が有効である．
- 第 126 行目の data[:n_j] は NumPy 配列 data の最初から n_j 番目までの要素を取り出すという指示である．一般に NumPy 配列 X の一部を取り出す（英語で slicing という）には，各次元に対して

> X[始点のインデックス:(終点のインデックス+1), ...]

とする．例えば，2 次元 NumPy 配列 X の 2〜8 行目と 3〜5 列目を取り出すには X[1:8, 2:5] とすればよい（繰り返しになるが Python のインデックスは 0 から始まる）．始点（終点）を省くと最初から（最後までの）全ての要素が選択される．例えば，X[:8, 2:] は最初の 8 行と 3 列目から先を全て取り出すことになる．特定の次元の全ての要素を取り出すときはコロン (:) だけを入れるようにする．さらにインデックスに負の値を使うと後ろから数えて部分を取り出すことができる．例えば，X[:-3, 2:-2] は下から 4 行目から上を全て，3 列目から最後から 3 列目までを取り出す方法である．

未知のパラメータに関する推論の最後の話題として仮説を検証する方法を説明しよう．ベイズ統計学に限らず統計分析におけるパラメータに関する仮説は，パラメータがとりうる範囲として定義される．

- ある範囲内の値をとる（例 $\{q: 0.5 \leqq q \leqq 1\}$）
- 特定の値に等しい（例 $q = 0.5$）
- 特定の値に等しくない（例 $q \neq 0.5 \Leftrightarrow \{q: 0 \leqq q < 0.5\} \cup \{q: 0.5 < q \leqq 1\}$）

一般にパラメータ q のとりうる値の範囲 S_i ($i = 0, 1, 2, \ldots$) で定義される仮説 H_i は

$$H_i : q \in S_i,$$

と表記される．ベイズ統計学では，仮説 H_i の妥当性を検証する方法はいたって簡単である．q の事後分布 $p(q|D)$ において H_i が成り立つ事後確率

$$\Pr\{H_i|D\} = \Pr\{q \in S_i|D\} = \int_{S_i} p(q|D)dq, \tag{2.26}$$

を評価するだけである．この事後確率がほとんど 1 に等しいのであれば仮説 H_i が成り立っていると判断してよいし，逆に 0 に極めて近いのであれば仮説 H_i は成り立っていないと判断できる．

では図 2.3 の事後分布を実際の内閣支持率調査に基づくものと見なして内閣支持率に関する仮説の検証を行おう．一度コード 2.3 を実行するとメモリ内に事後分布のパラメータが保存される．例えば，Python の CLI 実行環境である IPython でコード 2.3 を実行するには

```
In [1]: %run pybayes_conjugate_bernoulli.py
```

とすればよい（ここではコードのファイルが IPython のワーキング・ディレクトリにあると仮定している）．続けて

```
In [2]: [a ,b]
Out[2]: [15.0, 37.0]
```

とすると事後分布のパラメータを確認できる．In で始まる行は自分でタイプする入力部分，Out で始まる行は Python からの出力部分である．出力結果を見ると，図 2.3 の事後分布はベータ分布 $\mathcal{B}e(15, 37)$ であることがわかる．ここで内閣支持率が 50%以上であるかどうかを検証しよう．ここでの仮説は

$$H_0 : q \geqq 0.5,$$

である．この仮説の事後確率は

$$\Pr\{q \geqq 0.5|D\} = 1 - \Pr\{q < 0.5|D\} = 1 - \int_0^{0.5} p(q|D)dq,$$

である．したがって，ベータ分布の累積分布関数 st.beta.cdf() を使うと

```
In [3]: 1.0 - st.beta.cdf(0.5, a, b)
Out[3]: 0.0008845985918934929
```

と事後確率が求まる．これは非常にゼロに近い値なので，内閣支持率が 50%以上である可能性はまずないと結論づけてもよいだろう．

ベイズ統計学では仮説の比較を事後確率ではなく事後オッズ比で評価することもある．以下のような 2 つの仮説の候補があるとする．

$$\begin{cases} H_0: & q \in S_0, \\ H_1: & q \in S_1. \end{cases} \tag{2.27}$$

通常は $S_0 \cap S_1 = \emptyset$ かつ $S_0 \cup S_1 = [0, 1]$ とする．つまり，2 つの仮説が同時に成り立つことはなく，必ずどちらかの仮説が正しいと仮定するのである．このとき**事後オッズ比**は

$$\text{事後オッズ比} = \frac{\Pr\{H_0|D\}}{\Pr\{H_1|D\}} = \frac{\Pr\{q \in S_0|D\}}{\Pr\{q \in S_1|D\}}, \tag{2.28}$$

と定義される．内閣支持率が 50%を下回るかどうかは，次の 2 つの仮説

$$\begin{cases} H_0: & q \geqq 0.5, \\ H_1: & q < 0.5, \end{cases}$$

を比べることで判断できるから，事後オッズ比は $\Pr\{q \geqq 0.5|D\}/\Pr\{q < 0.5|D\}$ を計算すればよい．

```
In [4]: st.beta.cdf(0.5, a, b)
Out[4]: 0.9991154014081065
In [5]: (1.0 - st.beta.cdf(0.5, a, b)) / st.beta.cdf(0.5, a, b)
Out[5]: 0.0008853817993865183
```

とすると，$\Pr\{q < 0.5|D\}$がほぼ1に近いことから事後オッズ比も極めて小さくなる．このことからも内閣支持率は50%を下回っていると結論づけられるだろう．

しかし，図2.4の左右のパネルを見比べてもわかるように，事後分布は事前分布の影響を受ける．したがって，もし事前分布が極端にどちらかの仮説に有利な設定になっていると，事後分布が事前分布に引きずられてしまい，結果としてその仮説に有利な事後オッズ比が得られるかもしれない．これを避けるためにベイズ・ファクターが使われる．2つの仮説H_0とH_1を比較するベイズ・ファクターB_{01}は

$$B_{01} = \frac{\Pr\{H_0|D\}}{\Pr\{H_1|D\}} \div \frac{\Pr\{H_0\}}{\Pr\{H_1\}}, \tag{2.29}$$

として定義される．ここで

$$事前オッズ比 = \frac{\Pr\{H_0\}}{\Pr\{H_1\}} = \frac{\Pr\{q \in S_0\}}{\Pr\{q \in S_1\}} = \frac{\int_{S_0} p(q)dp}{\int_{S_1} p(q)dp},$$

である．要するにベイズ・ファクターは事後オッズ比と事前オッズ比の比率である．もし事前オッズ比が最初からH_1に有利であり（例えば0.01としよう）データの情報を加味した事後オッズ比でも同程度にH_1に有利なもの（仮に0.009としよう）であるならば，ベイズ・ファクターは$0.009 \div 0.01 = 0.9$である．ベイズ・ファクターの常用対数値とH_1に対する支持の度合いの関係をJeffreys (1961)が示しているので，これを表2.3に再掲している．事後オッズ比が0.009というとかなりH_1が支持されるように見えるが，表2.3によれば等級1にすぎない．逆に事前オッズ比がH_1に不利（例えば100）であるが事後オッズ比では若干H_1に有利なもの（例えば0.9）であるならば，ベイズ・ファクターは$0.9 \div 100 = 0.009$となる．これであればH_1を支持しても良さそうである（表2.3でいうと等級4と等級5の間ぐらいである）．つまり，(2.29)式のベイズ・ファクターは，データDがもたらした未知のパラメータに関する情報によってH_1を支持する証拠がどれだけ補強されたかを計測しているといえる．

表 2.3 Jeffreysによるベイズ・ファクターの等級

等級	ベイズ・ファクターの常用対数値	H_1に対する支持
0	$0 < \log_{10}(B_{01})$	H_0が支持される
1	$-\frac{1}{2} < \log_{10}(B_{01}) < 0$	それほどではない
2	$-1 < \log_{10}(B_{01}) < -\frac{1}{2}$	相当なものである
3	$-\frac{3}{2} < \log_{10}(B_{01}) < -1$	強い
4	$-2 < \log_{10}(B_{01}) < -\frac{3}{2}$	かなり強い
5	$\log_{10}(B_{01}) < -2$	決定的である

区間 $[0,1]$ 上の一様分布の中央値は 0.5 であるため内閣支持率が 50% を下回るかどうかの事前オッズ比は 1 にある．これではベイズ・ファクターは事後オッズ比と一致してしまうので，代わりに次の 2 つの仮説

$$\begin{cases} H_0: & q \geqq 0.4, \\ H_1: & q < 0.4, \end{cases}$$

をベイズ・ファクターで比較しよう．Python で計算した出力結果は以下の通りである．

```
In [6]: posterior_odds = (1.0 - st.beta.cdf(0.4, a, b)) / st.beta.cdf(0.4, a, b)

In [7]: prior_odds = (1.0 - st.uniform.cdf(0.4)) / st.uniform.cdf(0.4)

In [8]: np.log10(posterior_odds / prior_odds)
Out[8]: -1.5175739107832413
```

ここで st.uniform.cdf() は一様分布の累積分布関数であり，何もオプションを指定しないと区間 $[0,1]$ 上の一様分布のものになる．np.log10() は NumPy に含まれる常用対数を計算する関数である．これは表 2.3 では等級 4 にあたるので H_0 は強く否定されることになる．

このベイズ・ファクターは，パラメータの真の値が特定の値に等しいか等しくないかを検証する際にも有用である．例えば q が q_0 に等しいという仮説の検証は，

$$\begin{cases} H_0: & q = q_0, \\ H_1: & q \neq q_0, \end{cases} \tag{2.30}$$

という 2 つの仮説を比較することで行われる．この仮説の検定は初等統計学では「両側検定」と呼ばれる．しかし，q の事前分布に連続的な確率分布を仮定すると $\Pr\{q = q_0\} = \Pr\{q = q_0|D\} = 0$ となってしまい，事前オッズ比も事後オッズ比も必ず 0 に等しくなってしまう．このような問題を回避する方法として

$$p(q) = p_0 \delta(q - q_0) + (1 - p_0) f(q), \quad 0 < p_0 < 1, \tag{2.31}$$

という事前分布が提案されている．(2.31) 式の右辺第 1 項の $\delta(\cdot)$ はディラックのデルタ関数と呼ばれる関数であり，

- 任意の連続関数 $g(x)$ に対して $\int_{-\infty}^{\infty} g(x) \delta(x) dx = g(0)$,
- $\int_{-\infty}^{\infty} \delta(x) dx = 1$,
- $x \neq 0$ のとき $\delta(x) = 0$,

という性質を持つ．一方，右辺第 2 項の $f(q)$ は区間 $[0,1]$ 上の連続的な確率分布の確率密度関数とする．そして，p_0 は H_0 が正しい（つまり $q = q_0$ となる）確率である．(2.31) 式の事前分布では，

Step 1. 確率 p_0 で表が出るコインがある．

Step 2. これを投げて表が出ると $q = q_0$ とする.
Step 3. 裏が出ると確率分布 $f(q)$ から q を生成する.

という手順で q の値が決定されていると考えるとわかりやすいだろう. (2.31) 式の事前分布は英語で "spike-and-slab prior" と呼ばれる. 事前分布が釘 (spike) を厚板 (slab) に打ち込んだような形をしているからであろう. $\delta(q - q_0)$ が $q = q_0$ の点で上に飛び出している釘の部分で, $f(q)$ が釘の刺さっている厚板というわけである.

詳しい導出は本章の付録にあるが, 結論をいうと

$$B_{01} = \frac{f(q_0|D)}{f(q_0)}, \quad f(q|D) = \frac{p(D|q)f(q)}{\int_0^1 p(D|q)f(q)dq}, \tag{2.32}$$

が仮説 (2.30) を比較するためのベイズ・ファクターである. $f(q|D)$ は H_1 が真であるという条件の下での条件付事後分布である. $f(q)$ は H_1 が真であるという条件下での条件付事前分布であるから, このベイズ・ファクターは, H_0 が真であるときの q の値 q_0 において, データ D がもたらした q に関する情報がどれだけ確率密度を押し下げたかを測ることで H_0 を否定するかどうかを判断する規準であると解釈できる. (2.32) 式のようなタイプのベイズ・ファクターは, **SDDR (Savage-Dickey Density Ratio)** と呼ばれる. それでは具体例として, 図 2.3 の事後分布で

$$\begin{cases} H_0: & q = 0.5, \\ H_1: & q \neq 0.5, \end{cases}$$

という 2 つの仮説を比較しよう. IPython で SDDR の常用対数値を計算すると

```
In [9]: np.log10(st.beta.pdf(0.5, a, b) / st.beta.pdf(0.5, a0, b0))
Out[9]: -1.3717982358144098
```

となるから, 表 2.3 では等級 3 であるから H_0 は強く否定されるといえよう.

2.4 将来の確率変数の値の予測

内閣支持率調査において将来の支持率の予測が必要になることはまずない. 景気動向, 外交問題, 汚職・スキャンダル, 党内の権力闘争などの様々な要因が絡み合うため, 将来の内閣支持率の予測は現実的ではないと思われる. まさに「政界では一寸先は闇」なのだ. しかし, 今後の応用のためにベイズ統計学では将来の予測をどのように考え扱っているかについて手短に説明しておこう.

ベルヌーイ分布から将来に観測されるであろう値を $\tilde{x}$ とする. これは確率変数の実現値なので,

$$p(\tilde{x}, x_1, \ldots, x_n) = p(\tilde{x}, D),$$

という既に観測されたデータ $D = (x_1, \ldots, x_n)$ との同時確率分布を考えることがで

きる．すると条件付確率分布の性質より

$$p(\tilde{x}, D) = p(\tilde{x}|D)p(D) \quad \Rightarrow \quad p(\tilde{x}|D) = \frac{p(\tilde{x}, D)}{p(D)},$$

がいえる．ここで $p(D)$ が周辺尤度と解釈できることを思い出そう．つまり，事前分布 $p(q)$ と尤度 $p(D|q)$ を使うと

$$p(D) = \int_0^1 p(D|q)p(q)dq,$$

と表現される．さらに $p(\tilde{x}, D)$ も $\tilde{x}$ が観測された後の周辺尤度と見なせるから，

$$p(\tilde{x}, D) = \int_0^1 p(\tilde{x}, D|q)p(q)dq,$$

となる．まとめると

$$p(\tilde{x}|D) = \frac{\int_0^1 p(\tilde{x}, D|q)p(q)dq}{\int_0^1 p(D|q)p(q)dq}, \tag{2.33}$$

が得られる．これはデータ D が与えられた下での $\tilde{x}$ の条件付確率分布であり，$\tilde{x}$ の予測分布と呼ばれる．特に $\tilde{x}$ と D が互いに独立である場合には

$$p(\tilde{x}, D|q) = p(\tilde{x}|q)p(D|q),$$

と展開されるから，$\tilde{x}$ の予測分布 $p(\tilde{x}|D)$ は

$$\begin{aligned} p(\tilde{x}|D) &= \frac{\int_0^1 p(\tilde{x}|q)p(D|q)p(q)dq}{\int_0^1 p(D|q)p(q)dq} \\ &= \int_0^1 p(\tilde{x}|q)\frac{p(D|q)p(q)}{\int_0^1 p(D|q)p(q)dq}dq \\ &= \int_0^1 p(\tilde{x}|q)p(q|D)dq, \end{aligned} \tag{2.34}$$

と書き直される．(2.34) 式の 2 番目から 3 番目の式への展開にはベイズの定理 (2.7) を使っていることに注意しよう．(2.34) 式の予測分布は，ベルヌーイ分布の確率関数 (2.3) の期待値を q の事後分布 $p(q|D)$ で評価したものに等しい．パラメータが未知であるということは将来の $\tilde{x}$ の分布も未知ということになる．しかし，幸いなことに確率関数の形は (2.3) 式で与えられているので，この確率関数を未知である q について平均することで予測のための分布を導出しているのである．ざっくりとした言い方になるが，ベイズ統計学では「分布やモデルがわからないときは事後分布で平均すればよい」と覚えておこう．

本章では各観測値はベルヌーイ分布から互いに独立に生成されていると仮定しているので，(2.34) 式の予測分布が使える．この定義に従いベルヌーイ分布の予測分布を求めると以下のようになる．

$$
\begin{aligned}
p(\tilde{x}|D) &= \int_0^1 p(\tilde{x}|q)p(q|D)dq \\
&= \int_0^1 q^{\tilde{x}}(1-q)^{1-\tilde{x}} \frac{q^{\alpha_*-1}(1-q)^{\beta_*-1}}{B(\alpha_*,\beta_*)}dq \\
&= \frac{\int_0^1 q^{\tilde{x}+\alpha_*-1}(1-q)^{\beta_*-\tilde{x}}dq}{B(\alpha_*,\beta_*)} \\
&= \frac{B(\alpha_*+\tilde{x},\beta_*-\tilde{x}+1)}{B(\alpha_*,\beta_*)}.
\end{aligned}
\tag{2.35}
$$

ここでベータ関数の性質

$$
B(\alpha+1,\beta) = \frac{\alpha}{\alpha+\beta}B(\alpha,\beta), \quad B(\alpha,\beta+1) = \frac{\beta}{\alpha+\beta}B(\alpha,\beta),
$$

を使うと,

$$
p(\tilde{x}=1|D) = \frac{B(\alpha_*+1,\beta_*)}{B(\alpha_*,\beta_*)} = \frac{\alpha_*}{\alpha_*+\beta_*},
$$
$$
p(\tilde{x}=0|D) = \frac{B(\alpha_*,\beta_*+1)}{B(\alpha_*,\beta_*)} = \frac{\beta_*}{\alpha_*+\beta_*},
$$

であるから,予測分布 (2.35) は

$$
p(\tilde{x}|D) = \left(\frac{\alpha_*}{\alpha_*+\beta_*}\right)^{\tilde{x}} \left(\frac{\beta_*}{\alpha_*+\beta_*}\right)^{1-\tilde{x}},
\tag{2.36}
$$

という成功確率 $\alpha_*/(\alpha_*+\beta_*)$ のベルヌーイ分布となる.$\tilde{x}$ の元々の確率分布がベルヌーイ分布であったから,自然で綺麗な結果といえよう.

コード 2.3 を実行して既に図 2.3 の事後分布の α_* と β_* を求めてあるから,予測分布 (2.36) において $\tilde{x}=1$ となる確率は

```
In [10]: a / (a + b)
Out[10]: 0.28846153846153844
```

と計算される.真の値である $q = 0.25$ よりは若干高くなっているが,これはデータ次第なので特に意味はない.

2.5 付　　録

2.5.1 損失関数に対応した点推定の導出

ここでの証明は事後分布がベータ分布 (2.15) であることを前提にしている.しかし,基本的に積分の範囲が $[0,1]$ 以外に変わるだけで証明の本質は変わらないので,他の事後分布に対しても適用できる.

まず,2 乗誤差損失 $L(q,\delta) = (q-\delta)^2$ の場合を証明しよう.このときの期待損失は

$$R(\delta|D) = \mathrm{E}_q[(q-\delta)^2|D] = \mathrm{E}_q[(q-\mathrm{E}_q[q|D] + \mathrm{E}_q[q|D] - \delta)^2|D]$$
$$= \mathrm{E}_q[(q-\mathrm{E}_q[q|D])^2 - 2(q-\mathrm{E}_q[q|D])(\mathrm{E}_q[q|D]-\delta)$$
$$+ (\mathrm{E}_q[q|D]-\delta)^2|D]$$
$$= \mathrm{E}_q[(q-\mathrm{E}_q[q|D])^2|D] + (\mathrm{E}_q[q|D]-\delta)^2, \tag{2.37}$$

と展開される.(2.37) 式の右辺第 1 項 $\mathrm{E}_q[(q-\mathrm{E}_q[q|D])^2|D]$ は事後分布の分散だから δ の値によらず一定である.よって,(2.37) 式の右辺第 2 項 $(\mathrm{E}_q[q|D]-\delta)^2$ を最小にするような δ を見つければ,それが点推定となる.$(\mathrm{E}_q[q|D]-\delta)^2$ は 2 次関数であるから,その最小点は

$$\delta^* = \mathrm{E}_q[q|D],$$

と求まる.

次に絶対誤差損失 $L(q,\delta) = |q-\delta|$ の場合を証明しよう.事後分布の累積分布関数を $P(q|D)$ とする.このときの期待損失は,部分積分の公式を使うと

$$R(\delta|D) = \int_0^1 |q-\delta|p(q|D)dq$$
$$= \int_0^\delta (\delta-q)p(q|D)dq + \int_\delta^1 (q-\delta)p(q|D)dq$$
$$= \delta P(\delta|D) - \int_0^\delta qp(q|D)dq + \int_\delta^1 qp(q|D)dq - \delta[1-P(\delta|D)]$$
$$= 2\delta P(\delta|D) - \delta - 2\int_0^\delta qp(q|D)dq + \int_0^1 qp(q|D)dq$$
$$= 2\delta P(\delta|D) - \delta - 2\left\{ qP(q|D)\Big|_0^\delta - \int_0^\delta P(q|D)dq \right\} + \mathrm{E}_q[q|D]$$
$$= 2\int_0^\delta P(q|D)dq - \delta + \mathrm{E}_q[q|D], \tag{2.38}$$

と展開される.(2.38) 式の $R(\delta|D)$ の最小点を δ^* と表記すると,δ^* が満たすべき 1 階と 2 階の条件は,それぞれ

$$\nabla_\delta R(\delta^*|D) = 2P(\delta^*|D) - 1 = 0, \quad \nabla_\delta^2 R(\delta^*|D) = 2p(\delta^*|D) > 0,$$

である.確率密度関数の性質より 2 階の条件は必ず満たされることに注意しよう.1 階の条件は

$$P(\delta^*|D) = \frac{1}{2},$$

と書き直されるので,1 階の条件を満たす δ^* は事後分布の中央値 Median_q となる.

最後に 0–1 損失の場合を証明しよう.まず,任意の $\epsilon > 0$ に対して

$$L_\epsilon(q,\delta) = 1 - \mathbf{1}_{[q-\epsilon,q+\epsilon]}(\delta) = \begin{cases} 0, & (q-\epsilon \leqq \delta \leqq q+\epsilon), \\ 1, & (\delta < q-\epsilon, \ q+\epsilon < \delta), \end{cases} \tag{2.39}$$

という損失関数を考える.これは誤差 $|q-\delta|$ が ϵ より小さければ損失が 0,点推定が

ϵ よりも大きく q から外れたら 1 という損失関数である.

$$\lim_{\epsilon \to 0} L_\epsilon(q,\delta) = 1 - \mathbf{1}_q(\delta),$$

であることに注意しよう. (2.39) 式の損失関数の期待値(期待損失) は

$$R_\epsilon(\delta|D) = \int_0^1 L_\epsilon(q,\delta) p(q|D) dq = 1 - \int_{\delta-\epsilon}^{\delta+\epsilon} p(q|D) dq, \qquad (2.40)$$

となる. (2.40) 式の $R_\epsilon(\delta|D)$ を最小にする δ は, (2.40) 式の左辺第 2 項を最大にする δ, つまり

$$\int_{\delta-\epsilon}^{\delta+\epsilon} p(q|D) dq = \Pr\{\delta - \epsilon \leqq q \leqq \delta + \epsilon | D\},$$

という確率を最大にする δ である. ϵ を十分小さくとると ($\epsilon \to 0$ とすると), そのような δ は事後分布の最頻値 Mode_q に一致するはずである. よって, 0-1 損失が $\epsilon \to 0$ としたときの $L_\epsilon(q,\delta)$ の極限であることから, Mode_q が求める点推定となる.

2.5.2 SDDR の導出

ここでの SDDR の導出も事後分布がベータ分布 (2.15) であることを前提にしている. しかし, 基本的に積分の範囲が $[0,1]$ 以外に変わるだけで証明の本質は変わらないので, 他の確率分布に対しても適用可能である.

ベイズ・ファクター (2.29) は事後オッズ比と事前オッズ比の比であるから, (2.31) 式の事前分布の下で両者を求めて比をとることで SDDR(2.32) を導出できる. (2.31) 式の事前分布の仮定より, 事前オッズ比は

$$\frac{\Pr\{q = q_0\}}{\Pr\{q \neq q_0\}} = \frac{p_0}{1 - p_0}, \qquad (2.41)$$

である. これは必ず正の値をとるから, 事前オッズ比が 0 になるという問題点は解消されている.

続いて (2.31) 式の事前分布を使った q の事後分布を導出する. ベイズの定理を適用すると q の事後分布は

$$\begin{aligned}
p(q|D) &= \frac{p(D|q)p(q)}{\int_0^1 p(D|q)p(q) dq} \\
&= \frac{p(D|q)\{p_0 \delta(q - q_0) + (1 - p_0) f(q)\}}{\int_0^1 p(D|q)\{p_0 \delta(q - q_0) + (1 - p_0) f(q)\} dq} \\
&= \frac{p_0 p(D|q) \delta(q - q_0) + (1 - p_0) p(D|q) f(q)}{p_0 p(D|q_0) + (1 - p_0) \int_0^1 p(D|q) f(q) dq},
\end{aligned} \qquad (2.42)$$

と求まる.

$$\Pr\{q = q_0 | D\} = \frac{p_0 p(D|q_0)}{p_0 p(D|q_0) + (1 - p_0) \int_0^1 p(D|q) f(q) dq},$$

$$\Pr\{q \neq q_0 | D\} = \frac{(1 - p_0) \int_0^1 p(D|q) f(q) dq}{p_0 p(D|q_0) + (1 - p_0) \int_0^1 p(D|q) f(q) dq},$$

なので，事後オッズ比は

$$\frac{\Pr\{q=q_0|D\}}{\Pr\{q\neq q_0|D\}} = \frac{p_0}{1-p_0} \times \frac{p(D|q_0)}{\int_0^1 p(D|q)f(q)dq}, \tag{2.43}$$

として得られる．したがって，(2.30) 式の仮説を比較するベイズ・ファクターは

$$B_{01} = \frac{\Pr\{q=q_0|D\}}{\Pr\{q\neq q_0|D\}} \div \frac{\Pr\{q=q_0\}}{\Pr\{q\neq q_0\}} = \frac{p(D|q_0)}{\int_0^1 p(D|q)f(q)dq}, \tag{2.44}$$

と導出される．都合がよいことに (2.44) 式のベイズ・ファクターは事前オッズ比 (2.41) に依存していない．したがって，(2.44) 式のベイズ・ファクターを計算する際に p_0 の値を特に設定する必要はないのである．

(2.44) 式の分子は H_0 が真であるときの尤度の値であり，分母は H_1 が真であるときの事前分布 $f(q)$ で評価した周辺尤度である．つまり，(2.44) 式のベイズ・ファクターは，H_0 が真であるときの尤度と H_1 が真であるときの平均的な尤度を比較することで仮説の検証を行っていると解釈される．つまり，もし q_0 が間違っているのであれば $q=q_0$ とした尤度は極端に小さくなるはずだから（データ D が $q=q_0$ である分布から生成される可能性は低くなるので），(2.44) 式のベイズ・ファクターは小さい値をとるようになり，H_0 は否定されて H_1 が支持されるという結論にいたるのである．

最後に (2.44) 式から SDDR(2.32) を導出しよう．(2.44) 式の分子と分母に $f(q_0)$ をかけると，

$$B_{01} = \frac{p(D|q_0)f(q_0)}{\int_0^1 p(D|q)f(q)dqf(q_0)} = \frac{p(D|q_0)f(q_0)}{\int_0^1 p(D|q)f(q)dq} \times \frac{1}{f(q_0)} = \frac{f(q_0|D)}{f(q_0)},$$

となる．最後の展開にはベイズの定理

$$f(q|D) = \frac{p(D|q)f(q)}{\int_0^1 p(D|q)f(q)dq},$$

を使っている．これで SDDR が導出された．

2.5.3 Pythonコード

この Python コード 2.4 は図 2.5 と図 2.6 を作成するために使ったものである．既に解説した機能を使っているだけであるから詳しい説明は省くが，2 つの新しい機能を使っているので紹介しておこう．

- 第 86 行目の.fill_between() はグラフの線に挟まれた領域を塗りつぶすメソッドである．塗りつぶす領域の X 座標を第 1 引数 (qq[index]) で，Y 座標を第 2 引数 (st.beta.pdf(qq[index], a, b)) と第 3 引数（ここでは省略）で指定すると，第 2 引数と第 3 引数の間が塗りつぶされる．第 86 行目のように第 3 引数を省くと第 2 引数の Y 座標と横軸の間が塗りつぶされることになる．オプション color で'0.5'としているのは塗る色をグレーに指定するためである．この数字が'0'ならば黒，'1'ならば白，中間の数字であればグレーであり，0 に近いほど

濃いグレーになる．

- 第 88 行目の.axhline()は横線をプロットに追加するメソッドである．オプション y で横線の高さを指定している．linewidth は線の幅を指定するためのオプションである．

▶ 損失関数と区間推定の図示

Python コード 2.4　pybayes_posterior_inference.py

```python
# -*- coding: utf-8 -*-
#%% NumPyの読み込み
import numpy as np
#   SciPyのstatsモジュールの読み込み
import scipy.stats as st
#   SciPyのoptimizeモジュールの読み込み
import scipy.optimize as opt
#   Pandasの読み込み
import pandas as pd
#   MatplotlibのPyplotモジュールの読み込み
import matplotlib.pyplot as plt
#   日本語フォントの設定
from matplotlib.font_manager import FontProperties
import sys
if sys.platform.startswith('win'):
    FontPath = 'C:\\Windows\\Fonts\\meiryo.ttc'
elif sys.platform.startswith('darwin'):
    FontPath = '/System/Library/Fonts/ヒラギノ角ゴシック W4.ttc'
elif sys.platform.startswith('linux'):
    FontPath = '/usr/share/fonts/truetype/takao-gothic/TakaoPGothic.ttf'
else:
    print('このPythonコードが対応していないOSを使用しています．')
    sys.exit()
jpfont = FontProperties(fname=FontPath)
#%%   ベータ分布のHPD区間の計算
def beta_hpdi(ci0, alpha, beta, prob):
    """
        入力
        ci0:    HPD区間の初期値
        alpha:  ベータ分布のパラメータ1
        beta:   ベータ分布のパラメータ2
        prob:   HPD区間の確率 (0 < prob < 1)
        出力
        HPD区間
    """
    def hpdi_conditions(v, a, b, p):
        """
            入力
            v:  HPD区間
            a:  ベータ分布のパラメータ1
            b:  ベータ分布のパラメータ2
            p:  HPD区間の確率 (0 < p < 1)
            出力
```

```python
                  HPD区間の条件式の値
             """
             eq1 = st.beta.cdf(v[1], a, b) - st.beta.cdf(v[0], a, b) - p
             eq2 = st.beta.pdf(v[1], a, b) - st.beta.pdf(v[0], a, b)
             return np.hstack((eq1, eq2))
        return opt.root(hpdi_conditions, ci0, args=(alpha, beta, prob)).x
#%% 損失関数のグラフ
q = np.linspace(0, 1, 250)
fig1 = plt.figure(num=1, facecolor='w')
plt.plot(q, (q - 0.5)**2, 'k-', label='2乗損失 $(q-\\delta)^2$')
plt.plot(q, np.abs(q - 0.5), 'k--', label='絶対損失 $|q-\\delta|$')
plt.axhline(y=1, color='k', linestyle='-.',
            label='0-1損失 $1_{q}(\\delta)$')
plt.plot([0.5, 0.5], [0, 1], 'k:', linewidth=0.5)
plt.plot(0.5, 0, marker='o', mec='k', mfc='k')
plt.plot(0.5, 1, marker='o', mec='k', mfc='w')
plt.xlim(0, 1)
plt.ylim(-0.05, 1.1)
plt.xlabel('点推定 $\\delta$', fontproperties=jpfont)
plt.ylabel('損失', fontproperties=jpfont)
plt.legend(loc=(0.65, 0.55), frameon=False, prop=jpfont)
plt.savefig('pybayes_fig_loss_function.png', dpi=300)
plt.show()
#%% 信用区間とHPD区間の比較
a = 2.0
b = 5.0
prob = 0.9
ci = st.beta.interval(prob, a, b)
hpdi = beta_hpdi(ci, a, b, prob)
q = np.linspace(0, 1, 250)
qq = [np.linspace(ci[0], ci[1], 250), np.linspace(hpdi[0], hpdi[1], 250)]
label1 = 'ベータ分布 ($\\alpha$ = {0:<3.1f}, $\\beta$ = {1:<3.1f})' \
         .format(a, b)
label2 = ['信用区間', 'HPD区間']
fig2, ax2 = plt.subplots(2, 1, sharex='all', sharey='all',
                         num=2, facecolor='w')
ax2[1].set_xlim(0, 1)
ax2[1].set_ylim(0, 2.8)
ax2[1].set_xlabel('成功確率 q', fontproperties=jpfont)
for index in range(2):
    plot_label = '{0:2.0f}%{1:s}'.format(100*prob, label2[index])
    ax2[index].plot(q, st.beta.pdf(q, a, b), 'k-', label=label1)
    ax2[index].fill_between(qq[index], st.beta.pdf(qq[index], a, b),
                            color='0.5', label=plot_label)
    ax2[index].axhline(y=st.beta.pdf(hpdi[0], a, b),
                       color='k', linestyle='-', linewidth=0.5)
    ax2[index].set_ylabel('確率密度', fontproperties=jpfont)
    ax2[index].legend(loc='upper right', frameon=False, prop=jpfont)
plt.tight_layout()
plt.savefig('pybayes_fig_ci_hpdi.png', dpi=300)
plt.show()
```

3 様々な確率分布を想定したベイズ分析

第 2 章ではベルヌーイ分布の成功確率に関する推論を例にベイズ統計学の基本原理を解説した．本章では第 2 章で学んだ原理を他の確率分布に適用する方法を説明する．事前分布を設定し，確率分布に応じた尤度を求め，ベイズの定理を適用して事後分布を導出する．そして，この事後分布を使って点推定，区間推定，仮説の検証を行うというベイズ統計学における推論の手順は全て共通している．何度も同じ作業を繰り返すことでベイズ統計学の感覚が身につくだろう．本章で扱う確率分布は，イベントの発生回数のモデルの基礎となるポアソン分布，連続的に変化するデータ全般に適用され統計学で最も広く使われているといっても過言ではない正規分布，正規分布の平均が他の変数に依存して変化する回帰モデルを扱う．どれも応用範囲が広く拡張性も高いものばかりであるので，しっかりと理解してもらいたい．

3.1 ポアソン分布のベイズ分析

第 2 章で扱ったベルヌーイ分布は 2 つの値（0 か 1）のみを生成する確率分布であった．しかし，現実の統計分析で扱うデータには何らかのイベントが発生した回数を記録したものがある．このようなデータを計数データという．本節では計数データの中でも稀に起きるイベントの発生回数の記録について考察する．そのようなデータの例としては，ある小さな美容院への 1 日の来客数や特定の地区で 1 日に発生した犯罪や交通事故の件数などが挙げられる．これらの発生件数は 1 桁の数値である場合が多く，日によっては 0 のときもある．このようなデータを当てはめる確率分布の 1 つとしてポアソン分布が知られている．ポアソン分布の確率関数は

$$p(x|\lambda) = \frac{\lambda^x e^{-\lambda}}{x!}, \quad x = 0, 1, 2, \ldots, \lambda > 0, \tag{3.1}$$

である．パラメータ λ はポアソン分布の平均であるとともに分散でもある．図 3.1 の左のパネルに λ を変えてプロットしたポアソン分布の確率関数が図示されている．λ は平均なので，大きくなるにつれて分布は右にシフトしていく．また λ は同時に分散でもあるので，λ が大きくなると分布は平たくなる．

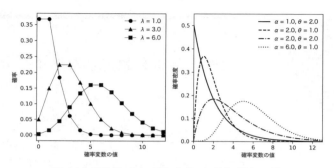

図 3.1 ポアソン分布（左）とガンマ分布（右）の例

本節では，(3.1) 式のポアソン分布から独立に生成されたデータ $D = (x_1, \ldots, x_n)$ があるとし，未知のパラメータである λ の真の値を推測する方法を説明する．まず λ の事前分布としてガンマ分布を仮定する．ガンマ分布は正の値のみをとる連続的な確率分布で

$$p(x|\alpha, \theta) = \frac{x^{\alpha-1}e^{-\frac{x}{\theta}}}{\Gamma(\alpha)\theta^\alpha}, \quad x > 0, \; \alpha > 0, \; \theta > 0, \tag{3.2}$$

という確率密度関数を持つ．ここで $\Gamma(\cdot)$ はガンマ関数と呼ばれる関数で

$$\Gamma(x) = \int_0^\infty z^{x-1}e^{-z}dz,$$

と定義される．図 3.1 の右のパネルにガンマ分布の確率密度関数が示されている．ガンマ分布は $\alpha > 1$ であるときに $x > 0$ の領域で最頻値を 1 つだけ持つ．そして，α が大きくなるに連れて分布は右にシフトする（図 3.1 の $\alpha = 2$, $\theta = 1$ の分布と $\alpha = 6$, $\theta = 1$ を比べてみよう）．α は分布の形状を決めるパラメータなので形状パラメータと呼ばれる．一方，α が同じであれば θ の大きい方の分布が右に引き伸ばされたようになる（図 3.1 の $\alpha = 2$, $\theta = 1$ の分布と $\alpha = 2$, $\theta = 2$ を比べよう）．このように θ は分布の広がりを決めるパラメータなので尺度パラメータと呼ばれる．ガンマ分布というと (3.2) 式の形を指すことが多いが（SciPy の stats モジュールに含まれるガンマ分布の確率密度関数も (3.2) 式に基づいている），ベイズ統計学では $\beta = 1/\theta$ と変換した

$$p(x|\alpha, \theta) = \frac{\beta^\alpha}{\Gamma(\alpha)}x^{\alpha-1}e^{-\beta x}, \quad x > 0, \; \alpha > 0, \; \beta > 0, \tag{3.3}$$

を使うのが通例である．本書でも (3.3) 式をガンマ分布の確率密度関数として使用する．(3.3) 式のガンマ分布を $\mathcal{G}a(\alpha, \beta)$ と表記し，λ の事前分布が

$$\lambda \sim \mathcal{G}a(\alpha_0, \beta_0), \tag{3.4}$$

であると仮定する．後ほど明らかになるが，これは λ の自然共役事前分布である．

データがポアソン分布から生成されたときの尤度は

3.1 ポアソン分布のベイズ分析

表 3.1 ポアソン分布のパラメータの事後統計量

	平均	中央値	最頻値	標準偏差	信用区間	HPD 区間
λ	2.9020	2.8954	2.8824	0.2385	[2.4533, 3.3878]	[2.4409, 3.3740]

$$p(D|\lambda) = \prod_{i=1}^{n} p(x_i|\lambda) = \prod_{i=1}^{n} \frac{\lambda^{x_i} e^{-\lambda}}{x_i!} = \frac{\lambda^{\sum_{i=1}^{n} x_i} e^{-n\lambda}}{\prod_{i=1}^{n} x_i!}, \quad (3.5)$$

である．ベイズの定理を適用すると，λ の事後分布は

$$p(\lambda|D) \propto p(D|\lambda) p(\lambda)$$
$$\propto \lambda^{\sum_{i=1}^{n} x_i} e^{-n\lambda} \times \lambda^{\alpha_0 - 1} e^{-\beta_0 \lambda}$$
$$\propto \lambda^{\sum_{i=1}^{n} x_i + \alpha_0 - 1} e^{-(n+\beta_0)\lambda}, \quad (3.6)$$

と求まる．以上の展開では比例記号 $\propto$ の中では λ に依存しない項は無視できることを活用している．この (3.6) 式と (3.2) 式を見比べると，(3.6) 式は

$$\alpha_* = \sum_{i=1}^{n} x_i + \alpha_0, \quad \beta_* = n + \beta_0,$$

としたガンマ分布

$$\lambda|D \sim \mathcal{G}a(\alpha_*, \beta_*), \quad (3.7)$$

の確率密度関数に比例していることがわかる．よって，ポアソン分布のパラメータ λ の事後分布は (3.7) として導出された．なお α_* が自然数であるならば (α_0 を自然数に設定すればよい)，ポアソン分布の将来の実現値 $\tilde{x}$ の予測分布 $p(\tilde{x}|D)$ は

$$p(\tilde{x}|D) = \binom{\tilde{x} + \alpha_* - 1}{\alpha_* - 1} \left(\frac{\beta_*}{\beta_* + 1}\right)^{\alpha_*} \left(\frac{1}{\beta_* + 1}\right)^{\tilde{x}}, \quad \tilde{x} = 0, 1, 2, \ldots, \quad (3.8)$$

となる．これは**負の 2 項分布**と呼ばれる確率分布である．この証明は本章の付録に与えられている．

それでは第 2 章でのベルヌーイ分布の場合と同様にポアソン分布から生成した人工データを使った数値例を見てみよう．本節の数値例では $\lambda = 3$ として 50 個の乱数をポアソン分布から生成している．そして，事前分布としてガンマ分布 $\mathcal{G}a(1,1)$ を使っている．この人工データに基づく事後分布のグラフは図 3.2 に，事後統計量は表 3.1 に示されている．当然のことだが，図 3.2 の事後分布は $\lambda = 3$ の周りで山が盛り上がった形になっている．この分布の形状からも予想されるように，表 3.1 の点推定はどれも 3 に近く，信用区間も HPD 区間も 3 を区間内に含んでいる．

▶ ポアソン分布の λ の事後分布と事後統計量

Python コード 3.1 pybayes_conjugate_poisson.py

```
# -*- coding: utf-8 -*-
#%% NumPyの読み込み
import numpy as np
#   SciPyのstatsモジュールの読み込み
```

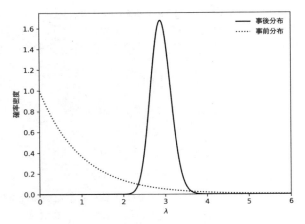

図 3.2 ポアソン分布の λ の事後分布

```
import scipy.stats as st
#    SciPyのoptimizeモジュールの読み込み
import scipy.optimize as opt
#    Pandasの読み込み
import pandas as pd
#    MatplotlibのPyplotモジュールの読み込み
import matplotlib.pyplot as plt
#    日本語フォントの設定
from matplotlib.font_manager import FontProperties
import sys
if sys.platform.startswith('win'):
    FontPath = 'C:\\Windows\\Fonts\\meiryo.ttc'
elif sys.platform.startswith('darwin'):
    FontPath = '/System/Library/Fonts/ヒラギノ角ゴシック W4.ttc'
elif sys.platform.startswith('linux'):
    FontPath = '/usr/share/fonts/truetype/takao-gothic/TakaoPGothic.ttf'
else:
    print('このPythonコードが対応していないOSを使用しています．')
    sys.exit()
jpfont = FontProperties(fname=FontPath)
#%% ポアソン分布に関するベイズ推論
#    ガンマ分布のHPD区間の計算
def gamma_hpdi(ci0, alpha, theta, prob):
    """
        入力
        ci0:   HPD区間の初期値
        alpha: ガンマ分布の形状パラメータ
        theta: ガンマ分布の尺度パラメータ
        prob:  HPD区間の確率 (0 < prob < 1)
        出力
        HPD区間
    """
```

```
    def hpdi_conditions(v, a, t, p):
        """
        入力
        v:      HPD区間
        a:      ガンマ分布の形状パラメータ
        t:      ガンマ分布の尺度パラメータ
        p:      HPD区間の確率 (0 < p < 1)
        出力
        HPD区間の条件式の値
        """
        eq1 = st.gamma.cdf(v[1], a, scale=t) \
            - st.gamma.cdf(v[0], a, scale=t) - p
        eq2 = st.gamma.pdf(v[1], a, scale=t) \
            - st.gamma.pdf(v[0], a, scale=t)
        return np.hstack((eq1, eq2))
    return opt.root(hpdi_conditions, ci0, args=(alpha, theta, prob)).x
#   ポアソン分布のパラメータの事後統計量の計算
def poisson_stats(data, a0, b0, prob):
    """
    入力
    data:   データ
    a0:     事前分布の形状パラメータ
    b0:     事前分布の尺度パラメータの逆数
    prob:   区間確率 (0 < prob < 1)
    出力
    results:    事後統計量のデータフレーム
    a_star:     事後分布の形状パラメータ
    b_star:     事後分布の尺度パラメータの逆数
    """
    n = data.size
    a_star = data.sum() + a0
    b_star = n + b0
    theta_star = 1.0 / b_star
    mean_lam = st.gamma.mean(a_star, scale=theta_star)
    median_lam = st.gamma.median(a_star, scale=theta_star)
    mode_lam = (a_star - 1.0) * theta_star
    sd_lam = st.gamma.std(a_star, scale=theta_star)
    ci_lam = st.gamma.interval(prob, a_star, scale=theta_star)
    hpdi_lam = gamma_hpdi(ci_lam, a_star, theta_star, prob)
    stats = np.hstack((mean_lam, median_lam, mode_lam,
                       sd_lam, ci_lam, hpdi_lam)).reshape((1, 8))
    stats_string = ['平均', '中央値', '最頻値', '標準偏差', '信用区間 (下限) ',
                    '信用区間 (上限) ', 'HPD区間 (下限) ', 'HPD区間 (上限) ']
    param_string = ['$\\lambda$']
    results = pd.DataFrame(stats, index=param_string, columns=stats_string)
    return results, a_star, b_star
#%% ポアソン分布からのデータの生成
lam = 3.0
n = 50
np.random.seed(99)
data = st.poisson.rvs(lam, size=n)
```

```python
#%% 事後統計量の計算
a0 = 1.0
b0 = 1.0
prob = 0.95
results, a_star, b_star = poisson_stats(data, a0, b0, prob)
print(results.to_string(float_format='{:,.4f}'.format))
#%% 事後分布のグラフの作成
fig = plt.figure(num=1, facecolor='w')
x = np.linspace(0, 6, 250)
plt.plot(x, st.gamma.pdf(x, a_star, scale=1.0/b_star), 'k-',
         label='事後分布')
plt.plot(x, st.gamma.pdf(x, a0, scale=1.0/b0), 'k:',
         label='事前分布')
plt.xlim(0, 6)
plt.ylim(0, 1.75)
plt.xlabel('$\\lambda$', fontproperties=jpfont)
plt.ylabel('確率密度', fontproperties=jpfont)
plt.legend(loc='best', frameon=False, prop=jpfont)
plt.savefig('pybayes_fig_poisson_posterior.png', dpi=300)
plt.show()
```

図 3.2 と表 3.1 は，Python コード 3.1 によって作成されている．このコード 3.1 の前半は，今まで見てきたコードと同様に必要なパッケージの読み込みと必要な関数の定義を行っているだけである．以下の部分

```python
#%% ポアソン分布からのデータの生成
lam = 3.0
n = 50
np.random.seed(99)
data = st.poisson.rvs(lam, size=n)
```

において，$\lambda = 3$ としたポアソン分布から 50 個の乱数を生成して data に格納している．ポアソン分布からの乱数には関数 st.poisson.rvs() を使っている．この使い方はコード 2.3 でのベルヌーイ分布の乱数生成関数 st.bernoulli.rvs() とほとんど同じである．Python では lambda は関数の定義に使われる予約語なので，コード 3.1 では λ の変数名として lam を使っている．

```python
#%% 事後統計量の計算
a0 = 1.0
b0 = 1.0
prob = 0.95
results, a_star, b_star = poisson_stats(data, a0, b0, prob)
print(results.to_string(float_format='{:,.4f}'.format))
```

次に事前分布のハイパーパラメータを a0=1, b0=1 として（a0 と b0 はそれぞれ α_0 と β_0 に対応），事後統計量のデータフレーム results と事後分布のパラメータ a_star および b_star（それぞれ α_* と β_* に対応）を関数 poisson_stats() で求めている．

poisson_stats() の構造はコード 2.3 における bernoulli_stats() とほとんど同じであり，基本的に st.beta. を st.gamma. に置き換えているだけである．しかし，1 点気をつけなければならないのは，stats モジュールではガンマ分布は (3.2) 式で定義されていることである．このため以下のように

```
68   b_star = n + b0
69   theta_star = 1.0 / b_star
```

第 68 行目で計算した b_star (β_* に対応) を第 69 行目で尺度パラメータ theta_star に変換している．あとは stat モジュールの関数を使って事後統計量を求めていくだけである．関数 st.gamma.*() (* には pdf, cdf, interval などのキーワードが入る) の用法は

st.gamma.*(関数に渡す値, 形状パラメータ, scale=尺度パラメータ)

である．ただし平均，中央値，標準偏差を計算するときは関数に渡す値は不要である．HPD 区間を計算するための関数 gamma_hpdi() もコード 2.3 における beta_hpdi() とほとんど同じ構造をしているので，読めば何をしているかわかるだろう．コード 3.1 で図 3.2 を作図している部分もコード 2.3 で図 2.3 を作図した部分とほとんど同じである．

3.2 正規分布のベイズ分析

統計分析において使用するデータには連続的に値が変化するものが多い．身近な数値である身長や体重，日々の気温の変化，経済成長の指標である GDP (国内総生産) の変化率など枚挙に遑がない．統計学では連続的に変化する値の分布として正規分布が広く使われている．正規分布は大抵の統計学の教科書で扱われているから，読者もどこかで見聞きしたことがあると思う．正規分布は連続的な確率分布で，以下のような確率密度関数

$$p(x|\mu,\sigma^2) = \frac{1}{\sqrt{2\pi\sigma^2}} \exp\left[-\frac{(x-\mu)^2}{2\sigma^2}\right], \quad -\infty < x < \infty, -\infty < \mu < \infty, \sigma^2 > 0, \tag{3.9}$$

で規定される．μ は正規分布の平均，σ^2 は分散である．さらに μ は正規分布の平均であると同時に中央値でもあり最頻値でもある．以下では (3.9) 式の正規分布を $\mathcal{N}(\mu,\sigma^2)$ と表記する．

図 3.3 の左のパネルでは，パラメータ μ が正規分布の形状にどのように影響を与えるかを示している．μ が大きく (小さく) なると分布の山全体が右 (左) にシフトすることがわかる．一方，図 3.3 の右のパネルでは，パラメータ σ (正規分布の標準偏差) が分布の形状にどのように影響を与えるかを示している．σ が大きくなると分布

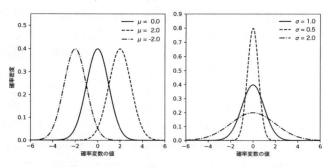

図 3.3 正規分布の例（左は $\sigma = 1$，右は $\mu = 0$ に固定）

は平べったくなり，小さくなると山が中心に集まる傾向が見られる．

正規分布 $\mathcal{N}(\mu, \sigma^2)$ から独立に生成されたデータ $D = (x_1, \ldots, x_n)$ があるとする．μ と σ^2 を未知のパラメータとし，データ D に基づいてベイズ的枠組みで μ と σ^2 の真の値を推測する方法を説明しよう．まずは未知のパラメータに対して事前分布を設定しなければならない．本章では μ と σ^2 の事前分布が，

$$\mu|\sigma^2 \sim \mathcal{N}\left(\mu_0, \frac{\sigma^2}{n_0}\right), \quad \sigma^2 \sim \mathcal{G}a^{-1}\left(\frac{\nu_0}{2}, \frac{\lambda_0}{2}\right), \tag{3.10}$$

で与えられるとする．$\mathcal{G}a^{-1}(\cdot)$ は逆ガンマ分布と呼ばれる正の値のみをとる連続的な確率分布であり，その確率密度関数は

$$p(x|\alpha, \beta) = \frac{\beta^\alpha}{\Gamma(\alpha)} x^{-(\alpha+1)} \exp\left(-\frac{\beta}{x}\right), \quad x > 0, \ \alpha > 0, \ \beta > 0, \tag{3.11}$$

である．X をガンマ分布 $Ga(\alpha, \beta)$ に従う確率変数とすると，$1/X$ は逆ガンマ分布 $\mathcal{G}a^{-1}(\alpha, \beta)$ に従うことが知られている．このことから「逆」ガンマ分布の名称がついている．図 3.4 の左のパネルに逆ガンマ分布の確率密度関数が示されている．逆ガンマ分布は必ず最頻値を $x > 0$ の領域に1つだけ持つ．そして，α が大きくなるに連れて分布は左にシフトする（図 3.4 で同じ $\beta = 2.0$ で $\alpha = 1, 3, 5$ と変化させたときのグラフを比較しよう）．逆ガンマ分布でも α は形状パラメータと呼ばれる．この α にはもう1つ重要な役割がある．$\lceil \alpha \rceil$ を α を下回らない最小の整数と定義すると，逆ガンマ分布には $\lceil \alpha \rceil$ 次以上の積率は存在しない．例えば図 3.4 でいうと，$\alpha = 3$ の分布では分散までしか存在せず，$\alpha = 1$ の分布にいたっては平均すら存在しない．一方，α が同じであれば β の大きい方の分布が右に引き伸ばされたようになる（図 3.4 の $\alpha = 5, \beta = 1$ の分布と $\alpha = 5, \beta = 2$ を見比べよう）．ガンマ分布 $Ga(\alpha, \beta)$ において β は尺度パラメータではないが（$\theta = 1/\beta$ が尺度パラメータである），逆ガンマ分布 $\mathcal{G}a^{-1}(\alpha, \beta)$ では β が尺度パラメータであることに注意しよう．

(3.10) 式の μ の事前分布は σ^2 に依存している．したがって，(3.10) 式の事前分布全体で (μ, σ^2) の同時分布を形成していることに注意しよう．つまり，(3.10) 式は

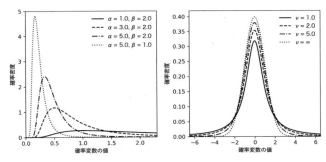

図 3.4 逆ガンマ分布（左）と t 分布（右）の例

$$p(\mu, \sigma^2) = p(\mu|\sigma^2)p(\sigma^2),$$
$$p(\mu|\sigma^2) = \sqrt{\frac{n_0}{2\sigma^2}} \exp\left[-\frac{n_0(\mu - \mu_0)^2}{2\sigma^2}\right], \quad (3.12)$$
$$p(\sigma^2) = \frac{\left(\frac{\lambda_0}{2}\right)^{\frac{\nu_0}{2}}}{\Gamma\left(\frac{\nu_0}{2}\right)} (\sigma^2)^{-\left(\frac{\nu_0}{2}+1\right)} \exp\left(-\frac{\lambda_0}{2\sigma^2}\right),$$

という確率密度関数を持つ (μ, σ^2) の同時事前分布を想定しているのである．(3.12) 式の $p(\mu|\sigma^2)$ は μ の σ^2 が与えられた下での条件付事前分布の確率密度関数であり，$p(\sigma^2)$ は σ^2 の周辺事前分布の確率密度関数である．

データ $D = (x_1, \ldots, x_n)$ は正規分布 $\mathcal{N}(\mu, \sigma^2)$ から独立に生成されたと仮定しているので，尤度は

$$\begin{aligned} p(D|\mu, \sigma^2) &= \prod_{i=1}^{n} p(x_i|\mu, \sigma^2) \\ &= \prod_{i=1}^{n} \frac{1}{\sqrt{2\pi\sigma^2}} \exp\left[-\frac{(x_i - \mu)^2}{2\sigma^2}\right] \\ &= (2\pi\sigma^2)^{-\frac{n}{2}} \exp\left[-\frac{\sum_{i=1}^{n}(x_i - \mu)^2}{2\sigma^2}\right], \end{aligned} \quad (3.13)$$

となる．ベルヌーイ分布やポアソン分布のような離散的な確率分布の場合には，尤度は「特定のパラメータの値に対するデータが実現する確率」と解釈できた．しかし，正規分布は連続的な確率分布であるから，(3.13) 式の尤度 $p(D|\mu, \sigma^2)$ の値は確率ではなく確率密度である．それでも特定のパラメータの値に対するデータが実現する「可能性」として解釈可能であるから，この $p(D|\mu, \sigma^2)$ をベイズの定理による分布の更新に利用できる．

事後分布を導出する前に尤度 (3.13) を展開が容易になる形に書き換えておこう．標本平均 $\bar{x} = \frac{1}{n}\sum_{i=1}^{n} x_i$ を使うと

$$\sum_{i=1}^n (x_i - \mu)^2 = \sum_{i=1}^n (x_i - \bar{x} + \bar{x} - \mu)^2$$
$$= \sum_{i=1}^n \{(x_i - \bar{x})^2 + 2(x_i - \bar{x})(\bar{x} - \mu) + (\bar{x} - \mu)^2\}$$
$$= \sum_{i=1}^n (x_i - \bar{x})^2 + n(\bar{x} - \mu)^2,$$

となることから，尤度 (3.13) は

$$p(D|\mu, \sigma^2) \propto (\sigma^2)^{-\frac{n}{2}} \exp\left[-\frac{\sum_{i=1}^n (x_i - \bar{x})^2 + n(\bar{x} - \mu)^2}{2\sigma^2}\right], \tag{3.14}$$

と書き換えられる．ここでベイズの定理を使うと，(μ, σ^2) の事後分布は次のように求まる．

$$p(\mu, \sigma^2|D)$$
$$\propto p(D|\mu, \sigma^2) p(\mu|\sigma^2) p(\sigma^2)$$
$$\propto (\sigma^2)^{-\frac{n}{2}} \exp\left[-\frac{\sum_{i=1}^n (x_i - \bar{x})^2 + n(\bar{x} - \mu)^2}{2\sigma^2}\right]$$
$$\times (\sigma^2)^{-\frac{1}{2}} \exp\left[-\frac{n_0(\mu - \mu_0)^2}{2\sigma^2}\right] \times (\sigma^2)^{-(\frac{\nu_0}{2}+1)} \exp\left[-\frac{\lambda_0}{2\sigma^2}\right]$$
$$\propto (\sigma^2)^{-\frac{n+\nu_0+3}{2}} \exp\left[-\frac{1}{2\sigma^2}\left\{\sum_{i=1}^n (x_i - \bar{x})^2 + n(\bar{x} - \mu)^2 + n_0(\mu - \mu_0)^2 + \lambda_0\right\}\right]. \tag{3.15}$$

平方完成によって

$$n(\bar{x} - \mu)^2 + n_0(\mu - \mu_0)^2$$
$$= (n + n_0)\mu^2 - 2(n\bar{x} + n_0\mu_0)\mu + n\bar{x}^2 + n_0\mu_0^2$$
$$= (n + n_0)\left(\mu - \frac{n\bar{x} + n_0\mu_0}{n + n_0}\right)^2 + \frac{nn_0}{n + n_0}(\mu_0 - \bar{x})^2,$$

と展開できることに注意しよう．さらに

$$\mu_* = \frac{n\bar{x} + n_0\mu_0}{n + n_0}, \quad n_* = n + n_0, \quad \nu_* = n + \nu_0,$$
$$\lambda_* = \sum_{i=1}^n (x_i - \bar{x})^2 + \frac{nn_0}{n + n_0}(\mu_0 - \bar{x})^2 + \lambda_0,$$

と定義すると，(3.15) 式は整理されて，

$$p(\mu, \sigma^2|D) \propto (\sigma^2)^{-\frac{1}{2}} \exp\left[-\frac{n_*(\mu - \mu_*)^2}{2\sigma^2}\right]$$
$$\times (\sigma^2)^{-(\frac{\nu_*}{2}+1)} \exp\left(-\frac{\lambda_*}{2\sigma^2}\right), \tag{3.16}$$

3.2 正規分布のベイズ分析

となる. (3.16) 式の右辺の 1 番目の項は, よく見ると正規分布 $\mathcal{N}\left(\mu_*, \sigma^2/n_*\right)$ の確率密度関数に比例していることがわかる. 同様に (3.16) 式の右辺の 2 番目の項は, 逆ガンマ分布 $\mathcal{G}a^{-1}\left(\nu_*/2, \lambda_*/2\right)$ の確率密度関数に比例している. 以上をまとめると, (μ, σ^2) の事後分布

$$\mu|\sigma^2, D \sim \mathcal{N}\left(\mu_*, \frac{\sigma^2}{n_*}\right), \quad \sigma^2|D \sim \mathcal{G}a^{-1}\left(\frac{\nu_*}{2}, \frac{\lambda_*}{2}\right), \tag{3.17}$$

が得られる. (3.17) 式の事後分布と (3.10) 式の事前分布を見比べると全く同じ形をしていることがわかる. 実は (3.10) 式の事前分布の正規分布のパラメータ (μ, σ^2) に対する自然共役事前分布になっているのである.

しかし, (3.17) 式の μ の事後分布は σ^2 が与えられた下での条件付事後分布であるため, 未知のパラメータ σ^2 に依存している. この σ^2 のようなパラメータを局外パラメータと呼ぶ. 未知の σ^2 をこのままにしておくと μ の真の値を推測することは困難である. ベイズ統計学では局外パラメータを積分して消すことで処理する. つまり,

$$\begin{aligned} p(\mu|D) &= \int_0^\infty p(\mu, \sigma^2|D) d\sigma^2 \\ &= \int_0^\infty p(\mu|\sigma^2, D) p(\sigma^2|D) d\sigma^2, \end{aligned}$$

とするのである. こうすると μ の周辺事後分布 $p(\mu|D)$ を導出できる. ちなみに σ^2 の周辺事後分布 $p(\sigma^2|D)$ は既に (3.17) 式で与えられているので追加の作業は不要である.

それでは μ の周辺事後分布 $p(\mu|D)$ を導出しよう. (ν, σ^2) の同時事後分布を σ^2 について積分すると,

$$\begin{aligned} p(\mu|D) &= \int_0^\infty p(\mu|\sigma^2, D) p(\sigma^2|D) d\sigma^2 \\ &= \sqrt{\frac{n_*}{2\pi}} \frac{\left(\frac{\lambda_*}{2}\right)^{\frac{\nu_*}{2}}}{\Gamma\left(\frac{\nu_*}{2}\right)} \int_0^\infty (\sigma^2)^{-\left(\frac{\nu_*+1}{2}+1\right)} \exp\left[-\frac{n_*(\mu-\mu_*)^2+\lambda_*}{2\sigma^2}\right] d\sigma^2 \\ &= \frac{\sqrt{n_*}\lambda_*^{\frac{\nu_*}{2}} 2^{-\frac{\nu_*+1}{2}} \Gamma\left(\frac{\nu_*+1}{2}\right)}{\Gamma\left(\frac{\nu_*}{2}\right)\sqrt{\pi}} \left[\frac{n_*(\mu-\mu_*)^2+\lambda_*}{2}\right]^{-\frac{\nu_*+1}{2}} \\ &= \frac{\Gamma\left(\frac{\nu_*+1}{2}\right)}{\Gamma\left(\frac{\nu_*}{2}\right)} \sqrt{\frac{n_*}{\pi\lambda_*}} \left[1+\frac{n_*(\mu-\mu_*)^2}{\lambda_*}\right]^{-\frac{\nu_*+1}{2}}, \end{aligned} \tag{3.18}$$

が得られる. なお (3.18) 式の積分の評価には

$$\int_0^\infty x^{-(\alpha+1)} e^{-\frac{\beta}{x}} dx = \beta^{-\alpha}\Gamma(\alpha), \tag{3.19}$$

という公式を使用している. (3.18) 式は t 分布

$$\mu|D \sim \mathcal{T}\left(\nu_*, \mu_*, \tau_*^2\right), \quad \tau_*^2 = \frac{\lambda_*}{\nu_* n_*}, \tag{3.20}$$

の確率密度関数である. 一般に t 分布 $\mathcal{T}(\nu, \mu, \sigma^2)$ の確率密度関数は

$$p(x|\nu,\mu,\sigma^2) = \frac{\Gamma\left(\frac{\nu+1}{2}\right)}{\Gamma\left(\frac{\nu}{2}\right)\sqrt{\pi\nu\sigma^2}}\left[1+\frac{(x-\mu)^2}{\nu\sigma^2}\right]^{-\frac{\nu+1}{2}}, \tag{3.21}$$

で与えられる．なお初等統計学で使われる t 分布は

$$T = \frac{Z}{\sqrt{V/\nu}}, \quad Z \sim \mathcal{N}(0,1), \quad V \sim \chi^2(\nu), \quad Z \perp V,$$

として定義されるが（$\chi^2(\nu)$ は自由度 ν のカイ 2 乗分布を指し，"$\perp$" は互いに独立という意味である），ここでの表記に従うと $\mathcal{T}(\nu,0,1)$ にあたる．そして，同じ Z と V を使うと $\mathcal{T}(\nu,\mu,\sigma^2)$ は

$$T = \mu + \frac{\sigma Z}{\sqrt{V/\nu}}, \quad Z \sim \mathcal{N}(0,1), \quad V \sim \chi^2(\nu), \quad Z \perp V,$$

として定義される．さらに自由度 ν のカイ 2 乗分布 $\chi^2(\nu)$ はガンマ分布 $\mathcal{G}a(\nu/2,1/2)$ であることが知られている．これより $V \sim \mathcal{G}a(\nu/2,1/2)$ ならば $\frac{\nu}{V} \sim \mathcal{G}a^{-1}(\nu/2,\nu/2)$ がいえる．よって，

$$T = \mu + \sigma\sqrt{W}Z, \quad Z \sim \mathcal{N}(0,1), \quad W \sim \mathcal{G}a^{-1}\left(\frac{\nu}{2},\frac{\nu}{2}\right), \quad Z \perp W,$$

という関係が導かれる．

ちなみに (3.18) 式と全く同じ手順で μ の周辺事前分布を (3.12) 式の事前分布から導出することができる．結論からいうと，μ の周辺事前分布は，t 分布

$$\mu \sim \mathcal{T}\left(\nu_0, \mu_0, \tau_0^2\right), \quad \tau_0^2 = \frac{\lambda_0}{\nu_0 n_0}, \tag{3.22}$$

となる（各自で確認してほしい）．(3.22) 式と (3.20) 式の間にも自然共役の関係が見られるのは興味深い．ちなみに正規分布の将来の実現値 $\tilde{x}$ の予測分布 $p(\tilde{x}|D)$ は

$$\tilde{x}|D \sim \mathcal{T}(\nu_*, \mu_*, \tau_*^2(1+n_*)), \tag{3.23}$$

である（証明は本章の付録を参照）．

それでは正規分布から生成した人工データを使った数値例を見てみよう．本節の数値例では $\mu=1$，$\sigma^2=4$ とした正規分布から 50 個の乱数を生成し，事前分布のハイパーパラメータを

$$\mu_0 = 0, \quad n_0 = 0.2, \quad \nu_0 = 5, \quad \lambda_0 = 7,$$

としている．このハイパーパラメータの値に対応する事前分布は図 3.5 に点線で，この事前分布から人工データに基づいて導出された事後分布は実線でプロットされている．図 3.5 の左のパネルを見ると，平べったい事前分布と比べて μ の事後分布は真の値である $\mu=1$ を中心にかなり尖った形状をしている．一方，図 3.5 の右のパネルでは，事前分布が 1 の周りで分布している（この事前分布の最頻値は 1 に等しい）のに対して，事後分布では事前分布よりも山が右にシフトしており真の値である $\sigma^2=4$ の周りで確率密度が高くなっている．表 3.2 の事後統計量を見ても同様の傾向が捉えられていることがわかる．μ の点推定はどれもほとんど 1 であり，信用区間も HPD

3.2 正規分布のベイズ分析

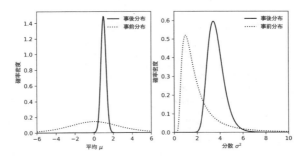

図 3.5　正規分布の平均と分散の事後分布

表 3.2　正規分布の平均と分散の事後統計量

	平均	中央値	最頻値	標準偏差	信用区間	HPD 区間
平均 μ	1.0043	1.0043	1.0043	0.2714	[0.4704, 1.5382]	[0.4704, 1.5382]
分散 σ^2	3.6975	3.6066	3.4380	0.7322	[2.5325, 5.3839]	[2.4024, 5.1650]

区間も 1 を含んでいる．一方，σ^2 の信用区間も HPD 区間も真の値である 4 を含んでいるが，点推定はやや低く出ている．これは最頻値が 1 である事前分布によって事後分布が左の方に引きずられたためと解釈される．

▶ 正規分布の平均と分散の事後分布と事後統計量

Python コード 3.2　pybayes_conjugate_gaussian.py

```python
# -*- coding: utf-8 -*-
#%% NumPyの読み込み
import numpy as np
#   SciPyのstatsモジュールの読み込み
import scipy.stats as st
#   SciPyのoptimizeモジュールの読み込み
import scipy.optimize as opt
#   Pandasの読み込み
import pandas as pd
#   MatplotlibのPyplotモジュールの読み込み
import matplotlib.pyplot as plt
#   日本語フォントの設定
from matplotlib.font_manager import FontProperties
import sys
if sys.platform.startswith('win'):
    FontPath = 'C:\\Windows\\Fonts\\meiryo.ttc'
elif sys.platform.startswith('darwin'):
    FontPath = '/System/Library/Fonts/ヒラギノ角ゴシック W4.ttc'
elif sys.platform.startswith('linux'):
    FontPath = '/usr/share/fonts/truetype/takao-gothic/TakaoPGothic.ttf'
else:
    print('このPythonコードが対応していないOSを使用しています．')
    sys.exit()
jpfont = FontProperties(fname=FontPath)
```

```python
#%% 正規分布の平均と分散に関するベイズ推論
#   逆ガンマ分布のHPD区間の計算
def invgamma_hpdi(ci0, alpha, beta, prob):
    """
    入力
        ci0:    HPD区間の初期値
        alpha:  逆ガンマ分布の形状パラメータ
        beta:   逆ガンマ分布の尺度パラメータ
        prob:   HPD区間の確率 (0 < prob < 1)
    出力
        HPD区間
    """
    def hpdi_conditions(v, a, b, p):
        """
        入力
            v:  HPD区間
            a:  逆ガンマ分布の形状パラメータ
            b:  逆ガンマ分布の尺度パラメータ
            p:  HPD区間の確率 (0 < p < 1)
        出力
            HPD区間の条件式の値
        """
        eq1 = st.invgamma.cdf(v[1], a, scale=b) \
              - st.invgamma.cdf(v[0], a, scale=b) - p
        eq2 = st.invgamma.pdf(v[1], a, scale=b) \
              - st.invgamma.pdf(v[0], a, scale=b)
        return np.hstack((eq1, eq2))
    return opt.root(hpdi_conditions, ci0, args=(alpha, beta, prob)).x
#   正規分布の平均と分散の事後統計量の計算
def gaussian_stats(data, mu0, n0, nu0, lam0, prob):
    """
    入力
        data:   データ
        mu0:    平均の条件付事前分布(正規分布)の平均
        n0:     平均の条件付事前分布(正規分布)の精度パラメータ
        nu0:    分散の事前分布(逆ガンマ分布)の形状パラメータ
        lam0:   分散の事前分布(逆ガンマ分布)の尺度パラメータ
        prob:   区間確率 (0 < prob < 1)
    出力
        results:    事後統計量のデータフレーム
        mu_star:    平均の条件付事後分布(正規分布)の平均
        n_star:     平均の条件付事後分布(正規分布)の精度パラメータ
        nu_star:    分散の事後分布(逆ガンマ分布)の形状パラメータ
        lam_star:   分散の事後分布(逆ガンマ分布)の尺度パラメータ
    """
    n = data.size
    mean_data = data.mean()
    ssd_data = n * data.var()
    n_star = n + n0
    mu_star = (n * mean_data + n0 * mu0) / n_star
    nu_star = n + nu0
```

3.2 正規分布のベイズ分析

```python
      lam_star = ssd_data + n * n0 / n_star * (mu0 - mean_data)**2 + lam0
      tau_star = np.sqrt(lam_star / nu_star / n_star)
      sd_mu = st.t.std(nu_star, loc=mu_star, scale=tau_star)
      ci_mu = st.t.interval(prob, nu_star, loc=mu_star, scale=tau_star)
      mean_sigma2 = st.invgamma.mean(0.5*nu_star, scale=0.5*lam_star)
      mode_sigma2 = lam_star / (nu_star + 2.0)
      median_sigma2 = st.invgamma.median(0.5*nu_star, scale=0.5*lam_star)
      sd_sigma2 = st.invgamma.std(0.5*nu_star, scale=0.5*lam_star)
      ci_sigma2 = st.invgamma.interval(prob, 0.5*nu_star, scale=0.5*lam_star)
      hpdi_sigma2 = invgamma_hpdi(ci_sigma2, 0.5*nu_star, 0.5*lam_star, prob)
      stats_mu = np.hstack((mu_star, mu_star, mu_star, sd_mu, ci_mu, ci_mu))
      stats_sigma2 = np.hstack((mean_sigma2, median_sigma2, mode_sigma2,
                                sd_sigma2, ci_sigma2, hpdi_sigma2))
      stats = np.vstack((stats_mu, stats_sigma2))
      stats_string = ['平均', '中央値', '最頻値', '標準偏差', '信用区間（下限）',
                      '信用区間（上限）', 'HPD区間（下限）', 'HPD区間（上限）']
      param_string = ['平均 $\\mu$', '分散 $\\sigma^2$']
      results = pd.DataFrame(stats, index=param_string, columns=stats_string)
      return results, mu_star, tau_star, nu_star, lam_star
#%% 正規分布からのデータの生成
mu = 1.0
sigma = 2.0
n = 50
np.random.seed(99)
data = st.norm.rvs(loc=mu, scale=sigma, size=n)
#%% 事後統計量の計算
mu0 = 0.0
n0 = 0.2
nu0 = 5.0
lam0 = 7.0
tau0 = np.sqrt(lam0 / nu0 / n0)
prob = 0.95
results, mu_star, tau_star, nu_star, lam_star \
    = gaussian_stats(data, mu0, n0, nu0, lam0, prob)
print(results.to_string(float_format='{:,.4f}'.format))
#%% 事後分布のグラフの作成
fig, ax = plt.subplots(1, 2, num=1, figsize=(8, 4), facecolor='w')
#    平均の周辺事後分布のグラフの作成
x1 = np.linspace(-6, 6, 250)
ax[0].plot(x1, st.t.pdf(x1, nu_star, loc=mu_star, scale=tau_star),
           'k-', label='事後分布')
ax[0].plot(x1, st.t.pdf(x1, nu0, loc=mu0, scale=tau0),
           'k:', label='事前分布')
ax[0].set_xlim(-6, 6)
ax[0].set_ylim(0, 1.55)
ax[0].set_xlabel('平均 $\\mu$', fontproperties=jpfont)
ax[0].set_ylabel('確率密度', fontproperties=jpfont)
ax[0].legend(loc='best', frameon=False, prop=jpfont)
#    分散の周辺事後分布のグラフの作成
x2 = np.linspace(0, 10, 250)
ax[1].plot(x2, st.invgamma.pdf(x2, 0.5*nu_star, scale=0.5*lam_star),
```

```
127              'k-', label='事後分布')
128 ax[1].plot(x2, st.invgamma.pdf(x2, 0.5*nu0, scale=0.5*lam0),
129              'k:', label='事前分布')
130 ax[1].set_xlim(0, 10)
131 ax[1].set_ylim(0, 0.65)
132 ax[1].set_xlabel('分散 $\\sigma^2$', fontproperties=jpfont)
133 ax[1].set_ylabel('確率密度', fontproperties=jpfont)
134 ax[1].legend(loc='best', frameon=False, prop=jpfont)
135 plt.tight_layout()
136 plt.savefig('pybayes_fig_gaussian_posterior.png', dpi=300)
137 plt.show()
```

コード 3.2 が図 3.5 と表 3.2 の作成に使用された Python コードである．このコード 3.2 も第 2 章で解説したコード 2.3 や 3.1 節で解説したコード 3.1 と同じ構造をしている．まず

```
95  #%% 正規分布からのデータの生成
96  mu = 1.0
97  sigma = 2.0
98  n = 50
99  np.random.seed(99)
100 data = st.norm.rvs(loc=mu, scale=sigma, size=n)
```

において，正規分布 $\mathcal{N}(1, 4)$ から 50 個の乱数を生成している．第 100 行目で使っている関数 st.norm.rvs() は正規分布から乱数を生成する stat モジュールの関数である．この関数の用法は今まで使ってきたベルヌーイ分布，ポアソン分布などと基本的に同じである．正規分布の場合には st.norm.rvs(...) の中の loc が平均 (μ)，scale が標準偏差 (σ) を与えるオプションとなる．一般に正規分布に関する stats モジュールの関数は

st.norm.*(関数に渡す値, loc=平均, scale=標準偏差)

という形式になっている．* には pdf, cdf, rvs などのキーワードが入る．

次に以下の部分

```
101 #%% 事後統計量の計算
102 mu0 = 0.0
103 n0 = 0.2
104 nu0 = 5.0
105 lam0 = 7.0
106 tau0 = np.sqrt(lam0 / nu0 / n0)
107 prob = 0.95
108 results, mu_star, tau_star, nu_star, lam_star \
109     = gaussian_stats(data, mu0, n0, nu0, lam0, prob)
110 print(results.to_string(float_format='{:,.4f}'.format))
```

では，まず第 102〜105 行目でハイパーパラメータを設定している．ここでの mu0, n0,

nu0, lam0 は, μ_0, n_0, ν_0, λ_0 にそれぞれ対応している. 第 106 行目の tau0 は, (3.22)
式の事前分布の τ_0 である. そして, 第 108〜109 行目で関数 gaussian_stats() を呼
び出して, 表 3.2 の事後統計量 (results に格納) と事後分布のパラメータ μ_*, τ_*,
ν_*, λ_* (mu_star, tau_star, nu_star, lam_star にそれぞれ格納) を計算している.

関数 gaussian_stats() は第 54〜94 行目で定義されているが, その構造はコード
2.3 の bernoullli_stats() やコード 3.1 の poisson_stats() と同じなので要点だ
けを説明する. まず, μ の周辺事後分布は (3.20) 式の t 分布であるから, t 分布に関
する stats モジュールの関数

```
st.t.*(関数に渡す値, 自由度, loc=位置パラメータ, scale=尺度パラメータ)
```

を使って事後統計量を計算する. (3.21) 式の表記でいうと, 「自由度」は ν, 「位置パ
ラメータ」は μ, 「尺度パラメータ」は τ である. ただし t 分布において点推定 (平均,
中央値, 最頻値) は全て μ_* に等しいのでわざわざ計算する必要はない. また, t 分布
では信用区間と HPD 区間が必ず一致するので HPD 区間として信用区間を使い回せ
ばよい. この性質は t 分布や正規分布のように中央値を中心にして左右対称な単峰形
の確率分布に当てはまる性質である. したがって, gaussian_stats() 内で使用して
いるのは標準偏差を計算する st.t.std() と信用区間を計算する st.t.interval()
だけである. 一方, σ^2 の周辺事後分布は (3.17) 式の逆ガンマ分布であるから, σ^2 に
関する stats モジュールの関数

```
st.invgamma.*(関数に渡す値, 形状パラメータ, scale=尺度パラメータ)
```

を使って事後統計量を求めていくだけである. ここで*に入るキーワードは st.beta.*や
st.gamma.*と同じである. そして, 第 81 行目では逆ガンマ分布の最頻値の公式

$$\text{Mode} = \frac{\beta}{\alpha+1} = \frac{\frac{\lambda_*}{2}}{\frac{\nu_*}{2}+1} = \frac{\lambda_*}{\nu_*+2},$$

を使っている. 第 85 行目で σ^2 の周辺事後分布における HPD 区間を計算するために
使用している関数 invgamma_hpdi() は第 27〜52 行目で定義されているが, 逆ガンマ
分布を使用している点を除いてコード 2.3 における beta_hpdi() やコード 3.1 にお
ける gamma_hpdi() と全く同じ構造をしている. なお第 89 行目で使われている関数
np.vstack() は NumPy 配列を縦 ("v" は vertical の頭文字) に積み上げて NumPy
配列を作成する関数である. 使い方は 2.3 節で説明した np.hstack() と同じである.
コード 3.2 のグラフを作成している部分に新しく説明すべきところはない. 今まで説
明してきた機能を使っているだけである.

3.3 回帰モデルのベイズ分析

前節の正規分布では平均 μ は一定であると仮定されていた.しかし,平均が他の変量に依存して決まるような場合もある.例として学校教育の年数が人々の勤労所得の水準に与える影響を考えてみよう.表記として,i を個人を識別するためのインデックス,y_i を個人 i の勤労所得(実証研究では自然対数値を使うことが多い),x_i を個人 i が受けた学校教育の年数(義務教育を全ての個人が受けていると仮定して高校以上の教育を受けた年数)とする.そして,n 人分のデータ $\{(y_1, x_1), \ldots, (y_n, x_n)\}$ があるとする.ここで勤労所得 y_i の条件付期待値が教育年数 x_i の線形関数

$$E[y_i|x_i] = \alpha + \beta x_i, \quad i = 1, \ldots, n, \tag{3.24}$$

であると仮定しよう.α は $x_i = 0$,つまり中卒の個人の平均的な勤労所得水準,β は学校教育を 1 年長く受けることで得られる所得の平均的な増加分と解釈される.しかし,個人の勤労所得水準は教育年数だけで決まるわけではないので,勤労所得水準に影響がある教育年数以外の要因をまとめて u_i とし,これが正規分布 $\mathcal{N}(0, \sigma^2)$ に従う確率変数であると仮定する.ただし u_i は観測されないことに注意しよう.すると,(3.24) 式の条件付期待値 $\mathrm{E}[y_i|x_i]$ と u_i との和で勤労所得水準 y_i が決定されることになる.以上をまとめると

$$y_i = \alpha + \beta x_i + u_i, \quad u_i \sim \mathcal{N}(0, \sigma^2), \tag{3.25}$$

が得られる.(3.25) 式は回帰モデルと呼ばれ,この文脈で x_i は説明変数,y_i は被説明変数,u_i は誤差項と呼ばれる.そして,回帰モデルの条件付期待値 (3.24) は回帰直線とも呼ばれる.以下では $\epsilon_1, \ldots, \epsilon_n$ が互いに独立であると仮定して議論を進める.

図 3.6 に回帰モデル (3.25) におけるデータ $\{(y_1, x_1), \ldots, (y_n, x_n)\}$ と (3.24) 式の回帰直線の関係を示している.図 3.6 のデータは Python コード 3.3 で

$$y_i = 1 + 2x_i + u_i, \quad u_i \sim \mathcal{N}(0, 0.49), \tag{3.26}$$

という回帰モデルから人工的に生成されたものである.図 3.6 からは回帰直線 $y = 1+2x$ の周りにパラパラと観測値が散らばっている様子がわかる.図の右上の方の観測値は x_i が大きいため条件付期待値も高くなり,結果として y_i の値も大きめになっている.逆に左下の方の観測値は x_i が小さいため条件付期待値も低くなり,結果として y_i の値も小さめになっている.図 3.6 は回帰直線の傾き β が正の場合であるが,β が負の場合には回帰直線は右下がりになり散布図のパターンも反対になる.

一般に説明変数は複数存在しても構わない.例えば分譲マンションの価格(あるいは価格の自然対数値)を説明する回帰モデルを考えると,説明変数として床面積,間取り,階層,最寄駅からの距離などの様々な特性が考えられる.ここで k 個の説明変

3.3 回帰モデルのベイズ分析

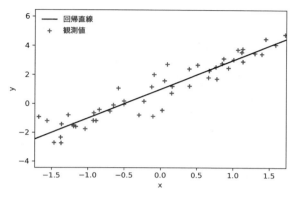

図 3.6 データの散布図と回帰直線

数 $x_{1i}, \ldots, x_{ki}$ があるとし,これらが与えられた下での y_i の条件付期待値(これを回帰関数ともいう)が

$$\mathrm{E}[y_i|\boldsymbol{x}_i] = \beta_1 x_{1i} + \beta_2 x_{2i} + \cdots + \beta_k x_{ki}, \quad i = 1, \ldots, n, \tag{3.27}$$

という線形関数で与えられると仮定すると,回帰モデルは

$$y_i = \beta_1 x_{1i} + \beta_2 x_{2i} + \cdots + \beta_k x_{ki} + u_i, \quad u_i \sim \mathcal{N}(0, \sigma^2), \tag{3.28}$$

となる.$\beta_1, \ldots, \beta_k$ は回帰係数と呼ばれる.実際のデータ分析の多くでは,回帰モデルに (3.25) 式の α に相当する定数項を含むことが多い.これは $x_{1i} = 1$ と仮定することと同値である.

ここで

$$\boldsymbol{x}_i = \begin{bmatrix} x_{1i} \\ \vdots \\ x_{ki} \end{bmatrix}, \quad \boldsymbol{\beta} = \begin{bmatrix} \beta_1 \\ \vdots \\ \beta_k \end{bmatrix},$$

と定義すると,(3.28) 式は

$$y_i = \boldsymbol{x}_i^\mathsf{T} \boldsymbol{\beta} + u_i, \quad u_i \sim \mathcal{N}(0, \sigma^2), \tag{3.29}$$

とまとめられる.さらに

$$\boldsymbol{y} = \begin{bmatrix} y_1 \\ \vdots \\ y_n \end{bmatrix}, \quad \boldsymbol{X} = \begin{bmatrix} x_{11} & \cdots & x_{ki} \\ \vdots & \ddots & \vdots \\ x_{1n} & \cdots & x_{kn} \end{bmatrix} = \begin{bmatrix} \boldsymbol{x}_1^\mathsf{T} \\ \vdots \\ \boldsymbol{x}_n^\mathsf{T} \end{bmatrix}, \quad \boldsymbol{u} = \begin{bmatrix} u_1 \\ \vdots \\ u_n \end{bmatrix},$$

とすると,誤差項が正規分布に従う回帰モデルの一般形は

$$\boldsymbol{y} = \boldsymbol{X}\boldsymbol{\beta} + \boldsymbol{u}, \quad \boldsymbol{u} \sim \mathcal{N}_n(\boldsymbol{0}, \sigma^2 \boldsymbol{I}), \tag{3.30}$$

として与えられる.ここで $\boldsymbol{0}$ は 0 のみを要素とする n 次元ベクトル,$\boldsymbol{I}$ は n 次元の単

位行列（対角要素が 1 で非対角要素は全て 0）．$\mathcal{N}_n(\cdot)$ は n 次元の多変量正規分布を指している．一般に m 次元の多変量正規分布の確率密度関数は

$$p(\boldsymbol{x}|\boldsymbol{\mu},\boldsymbol{\Sigma}) = (2\pi)^{-\frac{m}{2}}|\boldsymbol{\Sigma}|^{-\frac{1}{2}}\exp\left[-\frac{1}{2}(\boldsymbol{x}-\boldsymbol{\mu})^\mathsf{T}\boldsymbol{\Sigma}^{-1}(\boldsymbol{x}-\boldsymbol{\mu})\right], \quad (3.31)$$

である．これを以下では $\mathcal{N}_m(\boldsymbol{\mu},\boldsymbol{\Sigma})$ と表記しよう．ここで $\boldsymbol{\mu}$ は $\boldsymbol{x}$ の平均ベクトル（$\boldsymbol{\mu}$ の各要素が対応する $\boldsymbol{x}$ の要素の期待値），$\boldsymbol{\Sigma}$ は分散共分散行列（対角要素が分散，非対角要素が共分散）である．

それでは一般的な (3.30) 式の回帰モデルの回帰係数 $\boldsymbol{\beta}$ と誤差項の分散 σ^2 の事後分布を導出しよう．$\boldsymbol{\beta}$ と σ^2 の事前分布を以下のように設定する．

$$\boldsymbol{\beta}|\sigma^2 \sim \mathcal{N}_k\left(\boldsymbol{\beta}_0, \sigma^2\boldsymbol{A}_0^{-1}\right), \quad \sigma^2 \sim \mathcal{G}a^{-1}\left(\frac{\nu_0}{2}, \frac{\lambda_0}{2}\right), \quad (3.32)$$

ここでも (3.10) 式における μ と同じく $\boldsymbol{\beta}$ の事前分布は σ^2 に依存している．したがって，$\boldsymbol{\beta}$ と σ^2 の同時事前分布の確率密度関数は

$$p(\boldsymbol{\beta}, \sigma^2) = p(\boldsymbol{\beta}|\sigma^2)p(\sigma^2),$$

$$p(\boldsymbol{\beta}|\sigma^2) = (2\pi\sigma^2)^{-\frac{k}{2}}|\boldsymbol{A}_0|^{\frac{1}{2}}\exp\left[-\frac{1}{2\sigma^2}(\boldsymbol{\beta}-\boldsymbol{\beta}_0)^\mathsf{T}\boldsymbol{A}_0(\boldsymbol{\beta}-\boldsymbol{\beta}_0)\right],$$

$$p(\sigma^2) = \frac{\left(\frac{\lambda_0}{2}\right)^{\frac{\nu_0}{2}}}{\Gamma\left(\frac{\nu_0}{2}\right)}(\sigma^2)^{-\left(\frac{\nu_0}{2}+1\right)}\exp\left(-\frac{\lambda_0}{2\sigma^2}\right),$$

となる．一方，回帰モデル (3.30) の尤度は

$$p(\boldsymbol{y}|\boldsymbol{X},\boldsymbol{\beta},\sigma^2) = (2\pi\sigma^2)^{-\frac{n}{2}}\exp\left[-\frac{1}{2\sigma^2}(\boldsymbol{y}-\boldsymbol{X}\boldsymbol{\beta})^\mathsf{T}(\boldsymbol{y}-\boldsymbol{X}\boldsymbol{\beta})\right], \quad (3.33)$$

として与えられる．事前分布 (3.33) と尤度 (3.33) にベイズの定理を適用すると，事後分布は

$$\boldsymbol{\beta}|\sigma^2, D \sim \mathcal{N}_k\left(\boldsymbol{\beta}_*, \sigma^2\boldsymbol{A}_*^{-1}\right), \quad \sigma^2|D \sim \mathcal{G}a^{-1}\left(\frac{\nu_*}{2}, \frac{\lambda_*}{2}\right), \quad (3.34)$$

として求まる．ここで $D = \{(y_1, \boldsymbol{x}_1), \dots, (y_n, \boldsymbol{x}_n)\}$，$\boldsymbol{\beta}_* = (\boldsymbol{X}^\mathsf{T}\boldsymbol{X}+\boldsymbol{A}_0)^{-1}(\boldsymbol{X}^\mathsf{T}\boldsymbol{y}+\boldsymbol{A}_0\boldsymbol{\beta}_0)$，$\boldsymbol{A}_* = \boldsymbol{X}^\mathsf{T}\boldsymbol{X}+\boldsymbol{A}_0$，$\nu_* = n+\nu_0$，$\lambda_* = (\boldsymbol{y}-\hat{\boldsymbol{y}})^\mathsf{T}(\boldsymbol{y}-\hat{\boldsymbol{y}})+(\boldsymbol{\beta}_0-\hat{\boldsymbol{\beta}})^\mathsf{T}\boldsymbol{C}_*(\boldsymbol{\beta}_0-\hat{\boldsymbol{\beta}})+\lambda_0$，$\hat{\boldsymbol{y}} = \boldsymbol{X}\hat{\boldsymbol{\beta}}$，$\hat{\boldsymbol{\beta}} = (\boldsymbol{X}^\mathsf{T}\boldsymbol{X})^{-1}\boldsymbol{X}^\mathsf{T}\boldsymbol{y}$，$\boldsymbol{C}_* = ((\boldsymbol{X}^\mathsf{T}\boldsymbol{X})^{-1}+\boldsymbol{A}_0^{-1})^{-1}$ である（証明は本章の付録を参照）．ここで $\hat{\boldsymbol{\beta}}$ は最小 2 乗法による $\boldsymbol{\beta}$ の推定値であり，$\boldsymbol{y}-\hat{\boldsymbol{y}}$ は最小 2 乗推定における残差である．(3.34) 式の事後分布と (3.32) 式の事前分布を見比べるとパラメータの値が異なるだけで全く同じ分布の形をしていることがわかる．つまり，事前分布 (3.32) は回帰モデル (3.30) の回帰係数 $\boldsymbol{\beta}$ と誤差項の分散 σ^2 に対する自然共役事前分布となっている．

回帰係数 $\boldsymbol{\beta}$ に関する推論を行う際には未知のパラメータ σ^2 に依存した条件付事後分布 $p(\boldsymbol{\beta}|\sigma^2, D)$ ではなく σ^2 に依存しない事後分布 $p(\boldsymbol{\beta}|D)$ が必要である．これは

$$\boldsymbol{\beta}|D \sim \mathcal{T}_k(\nu_*, \boldsymbol{\beta}_*, \boldsymbol{H}_*), \quad \boldsymbol{H}_* = \frac{\lambda_*}{\nu_*}\boldsymbol{A}_*^{-1}, \quad (3.35)$$

として与えられる（証明は本章の付録を参照）．(3.35) 式の分布は多変量 t 分布と呼ばれる．一般に m 次元の多変量 t 分布 $\mathcal{T}_m(\nu, \boldsymbol{\mu}, \boldsymbol{\Sigma})$ の確率密度関数は

$$p(\boldsymbol{x}|\nu, \boldsymbol{\mu}, \boldsymbol{\Sigma}) = \frac{\Gamma\left(\frac{\nu+m}{2}\right)}{\Gamma\left(\frac{\nu}{2}\right)(\pi\nu)^{\frac{m}{2}}} |\boldsymbol{\Sigma}|^{-\frac{1}{2}} \left[1 + \frac{1}{\nu}(\boldsymbol{x}-\boldsymbol{\mu})^{\mathsf{T}} \boldsymbol{\Sigma}^{-1} (\boldsymbol{x}-\boldsymbol{\mu})\right]^{-\frac{\nu+m}{2}}, \quad (3.36)$$

である．(3.36) 式で $m=1$ とすると，ベクトルの $\boldsymbol{\mu}$ がスカラーの μ となり，行列の $\boldsymbol{\Sigma}$ がスカラーの σ^2 となることで，(3.36) 式は 1 変量の t 分布の確率密度関数 (3.21) になる．したがって，多変量 t 分布は t 分布の多変量分布への自然な拡張と見なせる．多変量 t 分布の性質として，$\mathcal{T}_m(\nu, \boldsymbol{\mu}, \boldsymbol{\Sigma})$ に従う確率ベクトル $\boldsymbol{x}$ の第 j 要素を x_j ($j=1,\ldots,m$)，$\boldsymbol{\mu}$ の第 j 要素を μ_j，$\boldsymbol{\Sigma}$ の第 j 対角要素を σ_j^2 とすると，x_j の周辺確率分布は t 分布 $\mathcal{T}(\nu, \mu_j, \sigma_j^2)$ となることが知られている．この性質を使うと，事後分布 (3.35) における第 j 番目の回帰係数 β_j ($j=1,\ldots,k$) の周辺事後分布は，$\boldsymbol{\beta}_*$ の第 j 要素を β_{j*}，$\boldsymbol{H}_*$ の第 j 対角要素を h_{j*}^2 とすると，

$$\beta_j | D \sim \mathcal{T}(\nu_*, \beta_{j*}, h_{j*}^2), \quad (3.37)$$

となる．特に $\boldsymbol{A}_0 = \tau_0 \boldsymbol{I}$ ($\tau_0 > 0$) および $\boldsymbol{\beta}_0 = \boldsymbol{0}$ とすると，

$$\boldsymbol{\beta}_* = (\boldsymbol{X}^{\mathsf{T}} \boldsymbol{X} + \tau_0 \boldsymbol{I})^{-1} \boldsymbol{X}^{\mathsf{T}} \boldsymbol{y}, \quad (3.38)$$

となることから，回帰係数 $\boldsymbol{\beta}$ のベイズ点推定（平均，中央値，最頻値は全て同じ $\boldsymbol{\beta}_*$ である）はリッジ回帰と呼ばれる推定量に等しくなる．

以上の結果を踏まえて図 3.6 の人工データに基づき事後分布を導出しよう．ここでは次のような事前分布

$$\begin{bmatrix} \alpha \\ \beta \end{bmatrix} \bigg| \sigma^2 \sim \mathcal{N}\left(\begin{bmatrix} 0 \\ 0 \end{bmatrix}, \sigma^2 \begin{bmatrix} 0.2 & 0 \\ 0 & 0.2 \end{bmatrix}^{-1}\right), \quad \sigma^2 \sim \mathcal{G}a^{-1}\left(\frac{5}{2}, \frac{7}{2}\right),$$

表 3.3　回帰係数と誤差項の分散の事後統計量

	平均	中央値	最頻値	標準偏差	信用区間	HPD 区間
切片 α	0.9990	0.9990	0.9990	0.1082	[0.7861, 1.2119]	[0.7861, 1.2119]
傾き β	2.0032	2.0032	2.0032	0.1113	[1.7843, 2.2222]	[1.7843, 2.2222]
分散 σ^2	0.5872	0.5728	0.5460	0.1163	[0.4022, 0.8551]	[0.3815, 0.8203]

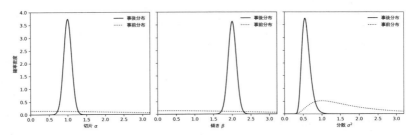

図 3.7　回帰係数と誤差項の分散の事後分布

を使用する．この事前分布は (3.38) 式で $\tau_0 = 0.2$ としたリッジ回帰を行うことを意味している．Python コード 3.3 で計算された回帰モデルの切片 α，傾き β，誤差項の分散 σ^2 の周辺事後分布は図 3.7 にプロットされている．そして，これらの周辺事後分布の事後統計量は表 3.3 にまとめられている．図 3.7 の分布の形状と表 3.3 の区間推定から周辺事後分布が真の値 $\alpha = 1$，$\beta = 2$，$\sigma^2 = 0.49$ の周りに集まっているのは明らかである．特に α と β の周辺事後分布はフラットな周辺事前分布と比べてかなり尖っている．α と β の点推定は真の値とほぼ一致している．σ^2 の点推定は少し大きめになっているが，これは事前分布に引きずられているためであろう．

▶ 回帰係数と誤差項の分散の事後分布と事後統計量

Python コード 3.3　pybayes_conjugate_regression.py

```python
# -*- coding: utf-8 -*-
#%% NumPyの読み込み
import numpy as np
#   SciPyのstatsモジュールの読み込み
import scipy.stats as st
#   SciPyのoptimizeモジュールの読み込み
import scipy.optimize as opt
#   SciPyのLinalgモジュールの読み込み
import scipy.linalg as la
#   Pandasの読み込み
import pandas as pd
#   MatplotlibのPyplotモジュールの読み込み
import matplotlib.pyplot as plt
#   日本語フォントの設定
from matplotlib.font_manager import FontProperties
import sys
if sys.platform.startswith('win'):
    FontPath = 'C:\\Windows\\Fonts\\meiryo.ttc'
elif sys.platform.startswith('darwin'):
    FontPath = '/System/Library/Fonts/ヒラギノ角ゴシック W4.ttc'
elif sys.platform.startswith('linux'):
    FontPath = '/usr/share/fonts/truetype/takao-gothic/TakaoPGothic.ttf'
else:
    print('このPythonコードが対応していないOSを使用しています．')
    sys.exit()
jpfont = FontProperties(fname=FontPath)
#%% 回帰モデルの係数と誤差項の分散に関するベイズ推論
#   逆ガンマ分布のHPD区間の計算
def invgamma_hpdi(hpdi0, alpha, beta, prob):
    """
        入力
        hpdi0:  HPD区間の初期値
        alpha:  逆ガンマ分布の形状パラメータ
        beta:   逆ガンマ分布の尺度パラメータ
        prob:   HPD区間の確率 (0 < prob < 1)
        出力
        HPD区間
```

```
    """
    def hpdi_conditions(v, a, b, p):
        """
        入力
            v:   HPD区間
            a:   逆ガンマ分布の形状パラメータ
            b:   逆ガンマ分布の尺度パラメータ
            p:   HPD区間の確率 (0 < p < 1)
        出力
            HPD区間の条件式の値
        """
        eq1 = st.invgamma.cdf(v[1], a, scale=b) \
            - st.invgamma.cdf(v[0], a, scale=b) - p
        eq2 = st.invgamma.pdf(v[1], a, scale=b) \
            - st.invgamma.pdf(v[0], a, scale=b)
        return np.hstack((eq1, eq2))
    return opt.root(hpdi_conditions, hpdi0, args=(alpha, beta, prob)).x
# 回帰モデルの係数と誤差項の分散の事後統計量の計算
def regression_stats(y, X, b0, A0, nu0, lam0, prob):
    """
    入力
        y:       被説明変数
        X:       説明変数
        b0:      回帰係数の条件付事前分布（多変量正規分布）の平均
        A0:      回帰係数の条件付事前分布（多変量正規分布）の精度行列
        nu0:     誤差項の分散の事前分布（逆ガンマ分布）の形状パラメータ
        lam0:    誤差項の分散の事前分布（逆ガンマ分布）の尺度パラメータ
        prob:    区間確率 (0 < prob < 1)
    出力
        results:  事後統計量のデータフレーム
        b_star:   回帰係数の条件付事後分布（多変量正規分布）の平均
        A_star:   回帰係数の条件付事後分布（多変量正規分布）の精度行列
        nu_star:  誤差項の分散の事後分布（逆ガンマ分布）の形状パラメータ
        lam_star: 誤差項の分散の事後分布（逆ガンマ分布）の尺度パラメータ
    """
    XX = X.T.dot(X)
    Xy = X.T.dot(y)
    b_ols = la.solve(XX, Xy)
    A_star = XX + A0
    b_star = la.solve(A_star, Xy + A0.dot(b0))
    C_star = la.inv(la.inv(XX) + la.inv(A0))
    nu_star = y.size + nu0
    lam_star =  np.square(y - X.dot(b_ols)).sum() \
              + (b0 - b_ols).T.dot(C_star).dot(b0 - b_ols) + lam0
    h_star = np.sqrt(lam_star / nu_star * np.diag(la.inv(A_star)))
    sd_b = st.t.std(nu_star, loc=b_star, scale=h_star)
    ci_b = np.vstack(st.t.interval(prob, nu_star, loc=b_star, scale=h_star))
    hpdi_b = ci_b
    stats_b = np.vstack((b_star, b_star, b_star, sd_b, ci_b, hpdi_b)).T
    mean_sigma2 = st.invgamma.mean(0.5*nu_star, scale=0.5*lam_star)
    median_sigma2 = st.invgamma.median(0.5*nu_star, scale=0.5*lam_star)
```

```python
    mode_sigma2 = lam_star / (nu_star + 2.0)
    sd_sigma2 = st.invgamma.std(0.5*nu_star, scale=0.5*lam_star)
    ci_sigma2 = st.invgamma.interval(prob, 0.5*nu_star, scale=0.5*lam_star)
    hpdi_sigma2 = invgamma_hpdi(ci_sigma2, 0.5*nu_star, 0.5*lam_star, prob)
    stats_sigma2 = np.hstack((mean_sigma2, median_sigma2, mode_sigma2,
                              sd_sigma2, ci_sigma2, hpdi_sigma2))
    stats = np.vstack((stats_b, stats_sigma2))
    stats_string = ['平均', '中央値', '最頻値', '標準偏差', '信用区間（下限）',
                    '信用区間（上限）', 'HPD区間（下限）', 'HPD区間（上限）']
    param_string = ['切片 $\\alpha$', '傾き $\\beta$', '分散 $\\sigma^2$']
    results = pd.DataFrame(stats, index=param_string, columns=stats_string)
    return results, b_star, h_star, nu_star, lam_star
#%% 回帰モデルからのデータの生成
n = 50
np.random.seed(99)
u = st.norm.rvs(scale=0.7, size=n)
x = st.uniform.rvs(loc=-np.sqrt(3.0), scale=2.0*np.sqrt(3.0), size=n)
y = 1.0 + 2.0 * x + u
X = np.stack((np.ones(n), x), axis=1)
fig1 = plt.figure(num=1, facecolor='w')
plt.scatter(x, y, color='0.5', marker='+', label='観測値')
x_range = (-np.sqrt(3.0), np.sqrt(3.0))
y_range = (1.0 - 2.0*np.sqrt(3.0), 1.0 + 2.0*np.sqrt(3.0))
plt.plot(x_range, y_range, 'k-', label='回帰直線')
plt.xlim(x_range)
plt.ylim(y_range[0] - 2.0, y_range[1] + 2.0)
plt.xlabel('x')
plt.ylabel('y')
plt.legend(loc='upper left', frameon=False, prop=jpfont)
plt.savefig('pybayes_fig_regression_scatter.png', dpi=300)
plt.show()
#%% 事後統計量の計算
b0 = np.zeros(2)
A0 = 0.2 * np.eye(2)
nu0 = 5.0
lam0 = 7.0
h0 = np.sqrt(np.diag(lam0 / nu0 * la.inv(A0)))
prob = 0.95
results, b_star, h, nu_star, lam_star = regression_stats(y, X, b0, A0, nu0,
                                                        lam0, prob)
print(results.to_string(float_format='{:,.4f}'.format))
#%% 事後分布のグラフの作成
labels = ['切片 $\\alpha$', '傾き $\\beta$', '分散 $\\sigma^2$']
fig2, ax2 = plt.subplots(1, 3, sharey='all', sharex='all',
                         num=2, figsize=(12, 4), facecolor='w')
x = np.linspace(0, 3.2, 250)
ax2[0].set_xlim(0, 3.2)
ax2[0].set_ylim(0, 4)
ax2[0].set_ylabel('確率密度', fontproperties=jpfont)
for index in range(3):
    if index < 2:
```

```
140            posterior = st.t.pdf(x, nu_star, loc=b_star[index], scale=h[index])
141            prior = st.t.pdf(x, nu0, loc=b0[index], scale=h0[index])
142        else:
143            posterior = st.invgamma.pdf(x, 0.5*nu_star, scale=0.5*lam_star)
144            prior = st.invgamma.pdf(x, 0.5*nu0, scale=0.5*lam0)
145        ax2[index].plot(x, posterior, 'k-', label='事後分布')
146        ax2[index].plot(x, prior, 'k:', label='事前分布')
147        ax2[index].set_xlabel(labels[index], fontproperties=jpfont)
148        ax2[index].legend(loc='best', frameon=False, prop=jpfont)
149  plt.tight_layout()
150  plt.savefig('pybayes_fig_regression_posterior.png', dpi=300)
151  plt.show()
```

それではコード 3.3 の説明を行おう．例によって前半部分の構造は大きく変わらないが 1 つ新しいモジュールを読み込んでいるので紹介する．

```
8  #   SciPyのLinalgモジュールの読み込み
9  import scipy.linalg as la
```

ここで読み込んでいる SciPy の linalg モジュールは "linear algbra"（線形代数）の略で文字通り行列演算などのための関数を多数提供するモジュールである．事後分布 (3.34) の数式を見てもわかるように行列演算が必要になってくるので，ここで linalg モジュールを読み込んでおく．

それでは回帰モデル (3.26) からデータを生成している部分を説明しよう．

```
101  #%% 回帰モデルからのデータの生成
102  n = 50
103  np.random.seed(99)
104  u = st.norm.rvs(scale=0.7, size=n)
105  x = st.uniform.rvs(loc=-np.sqrt(3.0), scale=2.0*np.sqrt(3.0), size=n)
106  y = 1.0 + 2.0 * x + u
107  X = np.stack((np.ones(n), x), axis=1)
```

第 104 行目で正規分布から誤差項を 50 個生成して NumPy 配列 u に格納している．第 105 行目で説明変数を区間 $[-\sqrt{3}, \sqrt{3}]$ 上の一様分布（こうすると一様分布の平均は 0, 分散は 1 となる）から生成して NumPy 配列 x に格納している．第 106 行目で被説明変数を回帰モデル (3.26) から生成し，NumPy 配列 y に格納している．第 107 行目で作成している X は

$$\boldsymbol{X} = \begin{bmatrix} 1 & x_1 \\ \vdots & \vdots \\ 1 & x_{50} \end{bmatrix},$$

という行列で，第 1 列は定数項で（NumPy 関数 np.ones() で作成），第 2 列には第 105 行目で一様分布から生成した説明変数が入っている．ここで np.stack(..., axis=1) は列方向に NumPy 配列をくっつけるというオプションである. 行方向にくっつけるときは axis=0 とする.

図 3.6 を作成している部分は特に説明することはないので飛ばし, 事後統計量を計算している部分の説明に移ろう.

```
120  #%% 事後統計量の計算
121  b0 = np.zeros(2)
122  A0 = 0.2 * np.eye(2)
123  nu0 = 5.0
124  lam0 = 7.0
125  h0 = np.sqrt(np.diag(lam0 / nu0 * la.inv(A0)))
126  prob = 0.95
127  results, b_star, h, nu_star, lam_star = regression_stats(y, X, b0, A0, nu0,
128                                                           lam0, prob)
129  print(results.to_string(float_format='{:,.4f}'.format))
```

第 121〜124 行目ではハイパーパラメータ

$$\boldsymbol{\beta}_0 = \begin{bmatrix} 0 \\ 0 \end{bmatrix}, \quad \boldsymbol{A}_0 = \begin{bmatrix} 0.2 & 0 \\ 0 & 0.2 \end{bmatrix}, \quad \nu_0 = 5, \quad \lambda_0 = 7,$$

を格納した NumPy 配列を作成している. $\boldsymbol{\beta}_0$ は 2 次元のゼロベクトルであるが, これは np.zeros(2) で作成できる. $\boldsymbol{A}_0$ は $0.2\boldsymbol{I}$ であるから, np.eye(2) で 2×2 の単位行列 (大文字の $\boldsymbol{I}$ が単位行列の表記として使われることが多いため英語で同じ発音の eye が関数名に使われている) を作成し, それに 0.2 をかけることで作成できる. 第 125 行目では $\boldsymbol{\beta}$ の周辺事前分布 (3.40) の $\boldsymbol{H}_0$ の対角要素を計算し NumPy 配列 h0 に格納している. np.diag() は行列の対角要素を取り出す関数, la.inv() は逆行列を計算する linalg モジュールの関数である. このように Python での行列演算は NumPy や linalg の関数を数式の通りに適用していくだけである.

第 127 行目の関数 regression_stats() は事後統計量を計算する関数である. その中身を見てみよう.

```
73      XX = X.T.dot(X)
74      Xy = X.T.dot(y)
75      b_ols = la.solve(XX, Xy)
76      A_star = XX + A0
77      b_star = la.solve(A_star, Xy + A0.dot(b0))
78      C_star = la.inv(la.inv(XX) + la.inv(A0))
79      nu_star = n + nu0
80      lam_star =  np.square(y - X.dot(b_ols)).sum() \
81                  + (b0 - b_ols).T.dot(C_star).dot(b0 - b_ols) + lam0
82      h_star = np.sqrt(lam_star / nu_star * np.diag(la.inv(A_star)))
```

ここでは何度も

- .T ─ 行列やベクトルの転置

- .dot() ── 行列やベクトルの積 [*1)]

というメソッドが使われている.また,第 75 行目の関数 la.solve() は線形連立方程式

$$Ax = b,$$

を解くための linalg モジュールの関数である.この線形連立方程式の解は

$$x = A^{-1}b,$$

であるから,la.solve(A, b) は la.inv(A).dot(b) と同値である.しかし,前者の方が計算の効率と精度がよいので la.solve() を使うようにしよう.したがって,第 75 行目の b_ols には $X^\mathsf{T} X b = X^\mathsf{T} y$ の解,つまり最小 2 乗推定値 $\hat{\beta} = (X^\mathsf{T} X)^{-1} X^\mathsf{T} y$ が格納される.第 80 行目の np.square(y - X.dot(b_ols)).sum() は残差 2 乗和 $(y - \hat{y})^\mathsf{T} (y - \hat{y})$ を計算している.np.square() は NumPy 配列の各要素を 2 乗する関数であるから,これで残差 y - X.dot(b_ols) の各要素の 2 乗を求めてからメソッド .sum() で要素の総和を求めると残差 2 乗和になる.ここでは概ね数式と同じ変数名を使っているので,事後分布 (3.34) の数式と見比べると何を計算しているのかがわかるだろう.その後の関数 regression_stats() での事後統計量の計算過程は,コード 3.2 の中の関数 gaussian_stats() とほぼ同じである.注意する点を以下に挙げておく.

- 第 84 行目の st.t.interval() は切片 α と傾き β の 2 つの信用区間を返すので np.vstack() でそれらを縦に積み上げた NumPy 配列を作成している.
- 第 86 行目では,まず計算した事後統計量を np.vstack() で縦に積み上げ 8×2 の NumPy 配列を作成し,それをメソッド .T で転置して 2×8 の NumPy 配列に変えている.

後半の図 3.7 を作成している部分はもう説明しなくてもわかると思う.

回帰モデルを使ったデータ分析では,回帰係数の有意性検定

$$\begin{cases} H_0: \beta_j = 0, \\ H_1: \beta_j \neq 0, \end{cases} \tag{3.39}$$

が必ずといってよいほど行われる.これは β_j のかかる説明変数 x_{ji} が回帰関数 (3.27) の中で影響力を保持しているかどうかを確認するための作業である.もし $\beta_j = 0$ という仮説が否定されないのであれば,x_{ji} は y_i の条件付期待値から排除されてしまうため,意味をなさない変数,つまり有意ではないということになる.既に第 2 章で説明したように (3.39) 式のようなタイプの仮説の比較は SDDR によって行うことができる.SDDR を計算するためには,(2.32) 式の定義に従い β_j の周辺事後分布と周辺

[*1)] Python 3.5 以降では "X.T.dot(X)" の計算を "X.T @ X" で行うことができるようになった.

事前分布の確率密度の比を $\beta_j = 0$ で評価すればよい．β_j の周辺事後分布は (3.37) 式で与えられているので，β_j の周辺事前分布を導出する必要がある．実は (3.35) 式の導出と全く同じ展開で事前分布 (3.32) においても σ^2 の影響を排除した $\boldsymbol{\beta}$ の事前分布 $p(\boldsymbol{\beta})$ を導出することができる．それは

$$\boldsymbol{\beta} \sim \mathcal{T}_k(\nu_0, \boldsymbol{\beta}_0, \boldsymbol{H}_0), \quad \boldsymbol{H}_0 = \frac{\lambda_0}{\nu_0} \boldsymbol{A}_0^{-1}, \tag{3.40}$$

として与えられる．さらに $\boldsymbol{\beta}_0$ の第 j 要素を β_{j0}，$\boldsymbol{H}_0$ の第 j 対角要素を h_{j0}^2 とすると，β_j の周辺事前分布は，

$$\beta_j \sim \mathcal{T}(\nu_0, \beta_{j0}, h_{j0}^2), \quad j = 1, \ldots, k, \tag{3.41}$$

となる．したがって，周辺事後分布 (3.37) と周辺事前分布 (3.41) の確率密度関数の比を $\beta_j = 0$ で計算するだけで SDDR の値が得られる．例えば IPython でコード 3.3 を

```
In [1]: %run pybayes_conjugate_regression.py
```

と実行し，続けて

```
In [2]: posterior_pdf = st.t.pdf(0.0, nu_star, loc=b_star, scale=h)

In [3]: prior_pdf = st.t.pdf(0.0, nu0, loc=b0, scale=h0)

In [4]: np.log10(posterior_pdf / prior_pdf)
Out[4]: array([-10.23883182, -22.45285177])
```

とコマンドをタイプすると切片 α と傾き β の SDDR が計算される．表 2.3 でいうと α も β も等級 5 であるから，$\alpha = 0$ も $\beta = 0$ も否定される．

最後に回帰モデルにおける予測分布を考えよう．事後分布の導出に使用した n 組のデータ以外に q 組の説明変数 $\tilde{\boldsymbol{x}}_1, \ldots, \tilde{\boldsymbol{x}}_q$ があるが，これら q 組の説明変数に対応する被説明変数 $\tilde{y}_1, \ldots, \tilde{y}_q$ は観測されていないと仮定する．分譲マンション価格を例にして考えると，

- $y_1, \ldots, y_n$ — 過去に取引されたマンションの売買価格
- $\boldsymbol{x}_1, \ldots, \boldsymbol{x}_n$ — 過去に取引されたマンションの特性 (広さ，間取り，階層など)
- $\tilde{\boldsymbol{x}}_1, \ldots, \tilde{\boldsymbol{x}}_q$ — これから売り出すマンションの特性 (広さ，間取り，階層など)
- $\tilde{y}_1, \ldots, \tilde{y}_q$ — これから売り出すマンションの売買価格

となる．マンションのデベロッパーにとって，最後の「これから売り出すマンションの売買価格」のみが未知の値である．デベロッパーとしては，できるだけ高く売りたいが売り値が高すぎて売れ残るのも困る．適正な値付けをするためには，過去のマンションの売買価格と特性の関係から売り出すマンションの特性に見合った「相場値」を見つけなければならない．これが過去のデータに基づく予測の目的の 1 つである．

q 組の被説明変数と説明変数を

$$\tilde{\boldsymbol{y}} = \begin{bmatrix} \tilde{y}_1 \\ \vdots \\ \tilde{y}_q \end{bmatrix}, \quad \tilde{\boldsymbol{X}} = \begin{bmatrix} \tilde{\boldsymbol{x}}_1^\mathsf{T} \\ \vdots \\ \tilde{\boldsymbol{x}}_q^\mathsf{T} \end{bmatrix},$$

という行列にまとめ，これらに対応する誤差項のベクトルを $\tilde{\boldsymbol{u}}$ とすると，予測のための回帰モデルは

$$\tilde{\boldsymbol{y}} = \tilde{\boldsymbol{X}}\boldsymbol{\beta} + \tilde{\boldsymbol{u}}, \quad \tilde{\boldsymbol{u}} \sim \mathcal{N}_q(\boldsymbol{0}, \sigma^2 \boldsymbol{I}), \tag{3.42}$$

となる．証明は本章の付録で与えられているが，結論を述べると $\tilde{\boldsymbol{y}}$ の予測分布は

$$\tilde{\boldsymbol{y}}|\tilde{\boldsymbol{X}}, D \sim \mathcal{T}_q(\nu_*, \tilde{\boldsymbol{X}}\boldsymbol{\beta}_*, \tilde{\boldsymbol{H}}_*), \quad \tilde{\boldsymbol{H}}_* = \frac{\lambda_*}{\nu_*}\left(\boldsymbol{I} + \tilde{\boldsymbol{X}}\boldsymbol{A}_*^{-1}\tilde{\boldsymbol{X}}^\mathsf{T}\right), \tag{3.43}$$

という多変量 t 分布である．したがって，多変量 t 分布の性質より $\tilde{y}_i$ ($i=1,\ldots,q$) の周辺予測分布は，1 変量の t 分布

$$\tilde{y}_i|\tilde{\boldsymbol{x}}_i, D \sim \mathcal{T}(\nu_*, \tilde{\boldsymbol{x}}_i^\mathsf{T}\boldsymbol{\beta}_*, \tilde{h}_{i*}^2), \quad i=1,\ldots,q, \tag{3.44}$$

となる．ここで $\tilde{h}_{i*}^2$ は $\tilde{\boldsymbol{H}}_*$ の第 i 対角要素である．パラメータの事後分布を使ってパラメータの点推定や区間推定を行ったように，(3.44) 式の予測分布を使って将来の被説明変数の値 $\tilde{y}_i$ の点予測や区間予測が可能である．予測分布が t 分布であることから点予測には $\boldsymbol{x}_i^\mathsf{T}\boldsymbol{\beta}_*$（これは平均，中央値，最頻値である）を使う．予測のための区間（予測区間）としては，予測分布の信用区間（HPD 区間でもある）を使えばよい．

3.4 付　　録

3.4.1　ポアソン分布に従う確率変数の予測分布の導出

予測分布 $p(\tilde{x}|D)$ は，(2.34) 式の定義で積分範囲を $(0,\infty)$ に替えて，積分公式 (3.19) を適用すると

$$\begin{aligned}
p(\tilde{x}|D) &= \int_0^\infty \frac{\lambda^{\tilde{x}} e^{-\lambda}}{\tilde{x}!} \frac{\beta_*^{\alpha_*}}{\Gamma(\alpha_*)} \lambda^{\alpha_*-1} e^{-\beta_*\lambda} d\lambda \\
&= \frac{\beta_*^{\alpha_*}}{\tilde{x}!\Gamma(\alpha_*)} \int_0^\infty \lambda^{\tilde{x}+\alpha_*-1} e^{-(\beta_*+1)\lambda} d\lambda \\
&= \frac{\Gamma(\tilde{x}+\alpha_*)}{\tilde{x}!\Gamma(\alpha_*)} \frac{\beta_*^{\alpha_*}}{(\beta_*+1)^{\tilde{x}+\alpha_*}},
\end{aligned}$$

と求まる．ここで自然数 n に対して

$$\Gamma(n) = (n-1)!,$$

となるというガンマ関数の性質を使うと，α_* が自然数である場合は

$$\frac{\Gamma(\tilde{x}+\alpha_*)}{\tilde{x}!\Gamma(\alpha_*)} = \frac{(\tilde{x}+\alpha_*-1)!}{\tilde{x}!(\alpha_*-1)!} = \binom{\tilde{x}+\alpha_*-1}{\alpha_*-1},$$

と書き直されるので，$p(\tilde{x}|D)$ は

$$p(\tilde{x}|D) = \binom{\tilde{x} + \alpha_* - 1}{\alpha_* - 1} \frac{\beta_*^{\alpha_*}}{(\beta_* + 1)^{\tilde{x} + \alpha_*}} = \binom{\tilde{x} + \alpha_* - 1}{\alpha_* - 1} \left(\frac{\beta_*}{\beta_* + 1}\right)^{\alpha_*} \left(\frac{1}{\beta_* + 1}\right)^{\tilde{x}},$$

とまとめられる．これで (3.8) 式が導出された．

3.4.2　正規分布に従う確率変数の予測分布の導出

予測分布 $p(\tilde{x}|D)$ は，(2.34) 式の定義を μ と σ^2 に関数する 2 重積分に替えることで

$$p(\tilde{x}|D) = \int_0^\infty \underbrace{\int_{-\infty}^\infty p(\tilde{x}|\mu, \sigma^2) p(\mu|\sigma^2, D) d\mu}_{g(\sigma^2)} \, p(\sigma^2|D) d\sigma^2, \tag{3.45}$$

として与えられる．まず (3.45) 式の内側の積分 $g(\sigma^2)$ を先に求めよう．

$$g(\sigma^2) = \int_{-\infty}^\infty \frac{1}{\sqrt{2\pi\sigma^2}} \exp\left[-\frac{(\tilde{x} - \mu)^2}{2\sigma^2}\right] \sqrt{\frac{n_*}{2\pi\sigma^2}} \exp\left[-\frac{n_*(\mu - \mu_*)^2}{2\sigma^2}\right] d\mu$$

$$= \frac{\sqrt{n_*}}{2\pi\sigma^2} \int_{-\infty}^\infty \exp\left[-\frac{(\tilde{x} - \mu)^2 + n_*(\mu - \mu_*)^2}{2\sigma^2}\right] d\mu,$$

に対して，平方完成の結果

$$(\tilde{x} - \mu)^2 + n_*(\mu - \mu_*)^2$$
$$= (1 + n_*)\mu^2 - 2(\tilde{x} + n_*\mu_*)\mu + \tilde{x}^2 + n_*\mu_*^2$$
$$= (1 + n_*)\left(\mu - \frac{\tilde{x} + n_*\mu_*}{1 + n_*}\right)^2 + \frac{n_*}{1 + n_*}(\tilde{x} - \mu_*)^2,$$

を適用すると，

$$g(\sigma^2) = \sqrt{\frac{n_*}{2\pi\sigma^2(1 + n_*)}} \exp\left[-\frac{n_*(\tilde{x} - \mu_*)^2}{2\sigma^2(1 + n_*)}\right]$$

$$\times \underbrace{\int_{-\infty}^\infty \sqrt{\frac{1 + n_*}{2\pi\sigma^2}} \exp\left[-\frac{1 + n_*}{2\sigma^2}\left(\mu - \frac{\tilde{x} + n_*\mu_*}{1 + n_*}\right)^2\right] d\mu}_{1}$$

$$= \sqrt{\frac{n_*}{2\pi\sigma^2(1 + n_*)}} \exp\left[-\frac{n_*(\tilde{x} - \mu_*)^2}{2\sigma^2(1 + n_*)}\right],$$

が求まる．これを (3.45) 式に代入すると，

$$p(\tilde{x}|D) = \sqrt{\frac{n_*}{2\pi(1 + n_*)}} \frac{\left(\frac{\lambda_*}{2}\right)^{\frac{\nu_*}{2}}}{\Gamma\left(\frac{\nu_*}{2}\right)}$$

$$\times \int_0^\infty (\sigma^2)^{-\left(\frac{\nu_* + 1}{2} + 1\right)} \exp\left[-\frac{\frac{n_*}{1 + n_*}(\tilde{x} - \mu_*)^2 + \lambda_*}{2\sigma^2}\right] d\sigma^2,$$

となる．最後に μ の周辺事後分布を導出したときに使った積分公式 (3.19) を適用すると，$\tilde{x}$ の予測分布は

$$p(\tilde{x}|D) = \frac{\Gamma\left(\frac{\nu_*+1}{2}\right)}{\Gamma\left(\frac{\nu_*}{2}\right)} \sqrt{\frac{n_*}{\pi\lambda_*(1+n_*)}} \left[1 + \frac{n_*(\tilde{x}-\mu_*)^2}{\lambda_*(1+n_*)}\right]^{-\frac{\nu_*+1}{2}}$$

$$= \frac{\Gamma\left(\frac{\nu_*+1}{2}\right)}{\Gamma\left(\frac{\nu_*}{2}\right)\sqrt{\pi\nu_*\tau_*^2(1+n_*)}} \left[1 + \frac{(\tilde{x}-\mu_*)^2}{\nu_*\tau_*^2(1+n_*)}\right]^{-\frac{\nu_*+1}{2}}, \quad \tau_*^2 = \frac{\lambda_*}{\nu_* n_*}, \quad (3.46)$$

が得られる.これは求める (3.23) 式の t 分布の確率密度関数である.

3.4.3 回帰係数と誤差項の分散の事後分布の導出

事前分布 (3.32) と尤度 (3.33) にベイズの定理を適用すると,事後分布は

$$\begin{aligned} p(\boldsymbol{\beta}, \sigma^2|D) &\propto p(\boldsymbol{y}|\boldsymbol{X}, \boldsymbol{\beta}, \sigma^2) p(\boldsymbol{\beta}|\sigma^2) p(\sigma^2) \\ &\propto (\sigma^2)^{-\left(\frac{n+k+\nu_0}{2}+1\right)} \\ &\quad \times \exp\left[-\frac{1}{2\sigma^2}\{(\boldsymbol{y}-\boldsymbol{X}\boldsymbol{\beta})^\mathsf{T}(\boldsymbol{y}-\boldsymbol{X}\boldsymbol{\beta}) \right. \\ &\quad \left. + (\boldsymbol{\beta}-\boldsymbol{\beta}_0)^\mathsf{T} \boldsymbol{A}_0(\boldsymbol{\beta}-\boldsymbol{\beta}_0) + \lambda_0\}\right], \quad (3.47) \end{aligned}$$

となる.これを整理して (3.34) 式を導出しよう.このために以下の公式を使用する.

---

2 次形式に対する平方完成の公式(その 1)

$\boldsymbol{A}$: $n \times n$, 正則; $\boldsymbol{B}$: $k \times k$, 正則; $\boldsymbol{X}, \boldsymbol{Z}$: $k \times m$; $\boldsymbol{Y}$: $n \times m$; $\boldsymbol{W}$: $n \times k$, $\mathrm{rank}(\boldsymbol{W}) = k$.

$$\begin{aligned} (\boldsymbol{Y} - \boldsymbol{W}\boldsymbol{X})^\mathsf{T} \boldsymbol{A}(\boldsymbol{Y} - \boldsymbol{W}\boldsymbol{X}) &+ (\boldsymbol{X} - \boldsymbol{Z})^\mathsf{T} \boldsymbol{B}(\boldsymbol{X} - \boldsymbol{Z}) \\ &= (\boldsymbol{X} - \boldsymbol{X}^*)^\mathsf{T} \hat{\boldsymbol{A}}(\boldsymbol{X} - \boldsymbol{X}^*) + (\boldsymbol{Y} - \hat{\boldsymbol{Y}})^\mathsf{T} \boldsymbol{A}(\boldsymbol{Y} - \hat{\boldsymbol{Y}}) \\ &\quad + (\boldsymbol{Z} - \hat{\boldsymbol{X}})^\mathsf{T} \hat{\boldsymbol{C}}(\boldsymbol{Z} - \hat{\boldsymbol{X}}), \end{aligned} \quad (3.48)$$

$\boldsymbol{X}^* = (\boldsymbol{W}^\mathsf{T}\boldsymbol{A}\boldsymbol{W} + \boldsymbol{B})^{-1}(\boldsymbol{W}^\mathsf{T}\boldsymbol{A}\boldsymbol{Y} + \boldsymbol{B}\boldsymbol{Z})$, $\hat{\boldsymbol{A}} = \boldsymbol{W}^\mathsf{T}\boldsymbol{A}\boldsymbol{W} + \boldsymbol{B}$, $\hat{\boldsymbol{Y}} = \boldsymbol{W}\hat{\boldsymbol{X}}$,
$\hat{\boldsymbol{X}} = (\boldsymbol{W}^\mathsf{T}\boldsymbol{A}\boldsymbol{W})^{-1}\boldsymbol{W}^\mathsf{T}\boldsymbol{A}\boldsymbol{Y}$, $\hat{\boldsymbol{C}} = ((\boldsymbol{W}^\mathsf{T}\boldsymbol{A}\boldsymbol{W})^{-1} + \boldsymbol{B}^{-1})^{-1}$.

すると

$$\begin{aligned} (\boldsymbol{y} - \boldsymbol{X}\boldsymbol{\beta})^\mathsf{T}(\boldsymbol{y} - \boldsymbol{X}\boldsymbol{\beta}) &+ (\boldsymbol{\beta} - \boldsymbol{\beta}_0)^\mathsf{T} \boldsymbol{A}_0(\boldsymbol{\beta} - \boldsymbol{\beta}_0) \\ &= (\boldsymbol{\beta} - \boldsymbol{\beta}_*)^\mathsf{T} \boldsymbol{A}_*(\boldsymbol{\beta} - \boldsymbol{\beta}_*) + (\boldsymbol{y} - \hat{\boldsymbol{y}})^\mathsf{T}(\boldsymbol{y} - \hat{\boldsymbol{y}}) \\ &\quad + (\boldsymbol{\beta}_0 - \hat{\boldsymbol{\beta}})^\mathsf{T} \boldsymbol{C}_*(\boldsymbol{\beta}_0 - \hat{\boldsymbol{\beta}}), \end{aligned}$$

が得られる.ここでは $\boldsymbol{\beta}_* = (\boldsymbol{X}^\mathsf{T}\boldsymbol{X} + \boldsymbol{A}_0)^{-1}(\boldsymbol{X}^\mathsf{T}\boldsymbol{y} + \boldsymbol{A}_0\boldsymbol{\beta}_0)$, $\boldsymbol{A}_* = \boldsymbol{X}^\mathsf{T}\boldsymbol{X} + \boldsymbol{A}_0$, $\hat{\boldsymbol{y}} = \boldsymbol{X}\hat{\boldsymbol{\beta}}$, $\hat{\boldsymbol{\beta}} = (\boldsymbol{X}^\mathsf{T}\boldsymbol{X})^{-1}\boldsymbol{X}^\mathsf{T}\boldsymbol{y}$, $\boldsymbol{C}_* = ((\boldsymbol{X}^\mathsf{T}\boldsymbol{X})^{-1} + \boldsymbol{A}_0^{-1})^{-1}$ と定義している.
これを (3.47) 式に代入すると,

$$p(\boldsymbol{\beta}, \sigma^2|D) \propto (\sigma^2)^{-\frac{k}{2}} \exp\left[-\frac{1}{2\sigma^2}(\boldsymbol{\beta}-\boldsymbol{\beta}_*)^{\mathsf{T}} \boldsymbol{A}_*(\boldsymbol{\beta}-\boldsymbol{\beta}_*)\right]$$
$$\times (\sigma^2)^{-(\frac{\nu_*}{2}+1)} \exp\left(-\frac{\lambda_*}{2\sigma^2}\right), \tag{3.49}$$

と書き直される．ここでは $\nu_* = n + \nu_0$, $\lambda_* = (\boldsymbol{y}-\hat{\boldsymbol{y}})^{\mathsf{T}}(\boldsymbol{y}-\hat{\boldsymbol{y}}) + (\boldsymbol{\beta}_0 - \hat{\boldsymbol{\beta}})^{\mathsf{T}} \boldsymbol{C}_*(\boldsymbol{\beta}_0 - \hat{\boldsymbol{\beta}}) + \lambda_0$ としている．したがって，(3.47) 式は，

$$\begin{aligned}
p(\boldsymbol{\beta}, \sigma^2|D) &= p(\boldsymbol{\beta}|\sigma^2, D) p(\sigma^2|D), \\
p(\boldsymbol{\beta}|\sigma^2, D) &= (2\pi\sigma^2)^{-\frac{k}{2}} |\boldsymbol{A}_*|^{\frac{1}{2}} \exp\left[-\frac{1}{2\sigma^2}(\boldsymbol{\beta}-\boldsymbol{\beta}_*)^{\mathsf{T}} \boldsymbol{A}_*(\boldsymbol{\beta}-\boldsymbol{\beta}_*)\right], \\
p(\sigma^2|D) &= \frac{\left(\frac{\lambda_*}{2}\right)^{\frac{\nu_*}{2}}}{\Gamma\left(\frac{\nu_*}{2}\right)} (\sigma^2)^{-(\frac{\nu_*}{2}+1)} \exp\left(-\frac{\lambda_*}{2\sigma^2}\right),
\end{aligned} \tag{3.50}$$

とまとめられる．これは求める事後分布 (3.34) の確率密度関数である．

次に $p(\boldsymbol{\beta}|D)$ を導出する．これは (3.50) 式の $p(\boldsymbol{\beta}|\sigma^2, D)$ から

$$p(\boldsymbol{\beta}|D) = \int_0^\infty p(\boldsymbol{\beta}|\sigma^2, D) p(\sigma^2|D) d\sigma^2,$$

と積分で σ^2 を消すことで得られる．積分公式 (3.19) を使うと

$$\int_0^\infty (\sigma^2)^{-(\frac{\nu_*+k}{2}+1)} \exp\left[-\frac{(\boldsymbol{\beta}-\boldsymbol{\beta}_*)^{\mathsf{T}} \boldsymbol{A}_*(\boldsymbol{\beta}-\boldsymbol{\beta}_*) + \lambda_*}{2\sigma^2}\right] d\sigma^2$$
$$= \left[\frac{(\boldsymbol{\beta}-\boldsymbol{\beta}_*)^{\mathsf{T}} \boldsymbol{A}_*(\boldsymbol{\beta}-\boldsymbol{\beta}_*) + \lambda_*}{2}\right]^{-\frac{\nu_*+k}{2}} \Gamma\left(\frac{\nu_*+k}{2}\right),$$

となる．したがって，$p(\boldsymbol{\beta}|D)$ は

$$\begin{aligned}
p(\boldsymbol{\beta}|D) &= \int_0^\infty p(\boldsymbol{\beta}|\sigma^2, D) p(\sigma^2|D) d\sigma^2 \\
&= \frac{\left(\frac{\lambda_*}{2}\right)^{\frac{\nu_*}{2}} (2\pi)^{-\frac{k}{2}} |\boldsymbol{A}_*|^{\frac{1}{2}}}{\Gamma\left(\frac{\nu_*}{2}\right)} \left[\frac{(\boldsymbol{\beta}-\boldsymbol{\beta}_*)^{\mathsf{T}} \boldsymbol{A}_*(\boldsymbol{\beta}-\boldsymbol{\beta}_*) + \lambda_*}{2}\right]^{-\frac{\nu_*+k}{2}} \Gamma\left(\frac{\nu_*+k}{2}\right) \\
&= \frac{\Gamma\left(\frac{\nu_*+k}{2}\right)}{\Gamma\left(\frac{\nu_*}{2}\right)(\pi\nu_*)^{\frac{k}{2}}} |\boldsymbol{H}_*|^{-\frac{1}{2}} \left[1 + \frac{1}{\nu_*}(\boldsymbol{\beta}-\boldsymbol{\beta}_*)^{\mathsf{T}} \boldsymbol{H}_*^{-1}(\boldsymbol{\beta}-\boldsymbol{\beta}_*)\right]^{-\frac{\nu_*+k}{2}},
\end{aligned} \tag{3.51}$$

$$\boldsymbol{H}_* = \frac{\lambda_*}{\nu_*} \boldsymbol{A}_*^{-1},$$

と求まる．

3.4.4　回帰モデルの予測分布の導出

$\tilde{\boldsymbol{y}}$ は多変量正規分布 $\mathcal{N}_q(\tilde{\boldsymbol{X}}\boldsymbol{\beta}, \sigma^2 \boldsymbol{I})$ に従うので，その確率密度関数は

$$p(\tilde{\boldsymbol{y}}|\tilde{\boldsymbol{X}}, \boldsymbol{\beta}, \sigma^2) = (2\pi\sigma^2)^{-\frac{q}{2}} \exp\left[-\frac{1}{2\sigma^2}(\tilde{\boldsymbol{y}} - \tilde{\boldsymbol{X}}\boldsymbol{\beta})^{\mathsf{T}}(\tilde{\boldsymbol{y}} - \tilde{\boldsymbol{X}}\boldsymbol{\beta})\right], \tag{3.52}$$

である．すると $\tilde{\boldsymbol{y}}$ の予測分布は，

$$p(\tilde{\boldsymbol{y}}|D) = \int_0^\infty \left\{ \int_{\mathbb{R}^q} p(\tilde{\boldsymbol{y}}|\tilde{\boldsymbol{X}}, \boldsymbol{\beta}, \sigma^2) p(\boldsymbol{\beta}|\sigma^2, D) d\boldsymbol{\beta} \right\} p(\sigma^2|D) d\sigma^2, \qquad (3.53)$$

と与えられる. $\mathbb{R}^q$ は q 次元のユークリッド空間である.

まず (3.53) 式の内側の積分から展開を始めよう.

$$p(\tilde{\boldsymbol{y}}|\tilde{\boldsymbol{X}}, \boldsymbol{\beta}, \sigma^2) p(\boldsymbol{\beta}|\sigma^2, D)$$
$$= (2\pi\sigma^2)^{-\frac{q+k}{2}} |\boldsymbol{A}_*|^{\frac{1}{2}} \exp\left[-\frac{1}{2\sigma^2}(\tilde{\boldsymbol{y}} - \tilde{\boldsymbol{X}}\boldsymbol{\beta})^\mathsf{T}(\tilde{\boldsymbol{y}} - \tilde{\boldsymbol{X}}\boldsymbol{\beta})\right]$$
$$\times \exp\left[-\frac{1}{2\sigma^2}(\boldsymbol{\beta} - \boldsymbol{\beta}_*)^\mathsf{T} \boldsymbol{A}_* (\boldsymbol{\beta} - \boldsymbol{\beta}_*)\right],$$

の指数関数の中の $(\tilde{\boldsymbol{y}} - \tilde{\boldsymbol{X}}\boldsymbol{\beta})^\mathsf{T}(\tilde{\boldsymbol{y}} - \tilde{\boldsymbol{X}}\boldsymbol{\beta}) + (\boldsymbol{\beta} - \boldsymbol{\beta}_*)^\mathsf{T} \boldsymbol{A}_* (\boldsymbol{\beta} - \boldsymbol{\beta}_*)$ に対して

---
2 次形式に対する平方完成の公式(その 2)

$\boldsymbol{A}$: $n \times n$, 正則; $\boldsymbol{B}$: $k \times k$, 正則; $\boldsymbol{X}, \boldsymbol{Z}$: $k \times m$; $\boldsymbol{Y}$: $n \times m$; $\boldsymbol{W}$: $n \times k$.

$$(\boldsymbol{Y} - \boldsymbol{W}\boldsymbol{X})^\mathsf{T} \boldsymbol{A} (\boldsymbol{Y} - \boldsymbol{W}\boldsymbol{X}) + (\boldsymbol{X} - \boldsymbol{Z})^\mathsf{T} \boldsymbol{B} (\boldsymbol{X} - \boldsymbol{Z})$$
$$= (\boldsymbol{Y} - \boldsymbol{W}\boldsymbol{Z})^\mathsf{T} \hat{\boldsymbol{B}} (\boldsymbol{Y} - \boldsymbol{W}\boldsymbol{Z}) + (\boldsymbol{X} - \boldsymbol{X}^*)^\mathsf{T} \hat{\boldsymbol{A}} (\boldsymbol{X} - \boldsymbol{X}^*), \qquad (3.54)$$

$\boldsymbol{X}^* = (\boldsymbol{W}^\mathsf{T} \boldsymbol{A} \boldsymbol{W} + \boldsymbol{B})^{-1} (\boldsymbol{W}^\mathsf{T} \boldsymbol{A} \boldsymbol{Y} + \boldsymbol{B}\boldsymbol{Z})$, $\hat{\boldsymbol{A}} = \boldsymbol{W}^\mathsf{T} \boldsymbol{A} \boldsymbol{W} + \boldsymbol{B}$, $\hat{\boldsymbol{B}} = (\boldsymbol{A}^{-1} + \boldsymbol{W}\boldsymbol{B}^{-1}\boldsymbol{W}^\mathsf{T})^{-1}$.

という公式を適用すると,

$$(\tilde{\boldsymbol{y}} - \tilde{\boldsymbol{X}}\boldsymbol{\beta})^\mathsf{T}(\tilde{\boldsymbol{y}} - \tilde{\boldsymbol{X}}\boldsymbol{\beta}) + (\boldsymbol{\beta} - \boldsymbol{\beta}_*)^\mathsf{T} \boldsymbol{A}_* (\boldsymbol{\beta} - \boldsymbol{\beta}_*)$$
$$= (\tilde{\boldsymbol{y}} - \tilde{\boldsymbol{X}}\boldsymbol{\beta}_*)^\mathsf{T} \boldsymbol{\Omega}_*^{-1} (\tilde{\boldsymbol{y}} - \tilde{\boldsymbol{X}}\boldsymbol{\beta}_*) + (\boldsymbol{\beta} - \bar{\boldsymbol{\beta}}_*)^\mathsf{T} (\tilde{\boldsymbol{X}}^\mathsf{T}\tilde{\boldsymbol{X}} + \boldsymbol{A}_*)(\boldsymbol{\beta} - \bar{\boldsymbol{\beta}}_*),$$

と展開される. ここで $\boldsymbol{\Omega}_* = \boldsymbol{I} + \tilde{\boldsymbol{X}} \boldsymbol{A}_*^{-1} \tilde{\boldsymbol{X}}^\mathsf{T}$, $\bar{\boldsymbol{\beta}}_* = (\tilde{\boldsymbol{X}}^\mathsf{T}\tilde{\boldsymbol{X}} + \boldsymbol{A}_*)^{-1}(\tilde{\boldsymbol{X}}^\mathsf{T}\tilde{\boldsymbol{y}} + \boldsymbol{A}_*\boldsymbol{\beta}_*)$ としている. よって

$$p(\tilde{\boldsymbol{y}}|\tilde{\boldsymbol{X}}, \boldsymbol{\beta}, \sigma^2) p(\boldsymbol{\beta}|\sigma^2, D)$$
$$= (2\pi\sigma^2)^{-\frac{q+k}{2}} |\boldsymbol{A}_*|^{\frac{1}{2}} \exp\left[-\frac{1}{2\sigma^2}(\tilde{\boldsymbol{y}} - \tilde{\boldsymbol{X}}\boldsymbol{\beta}_*)^\mathsf{T} \boldsymbol{\Omega}_*^{-1} (\tilde{\boldsymbol{y}} - \tilde{\boldsymbol{X}}\boldsymbol{\beta}_*)\right]$$
$$\times \exp\left[-\frac{1}{2\sigma^2}(\boldsymbol{\beta} - \bar{\boldsymbol{\beta}}_*)^\mathsf{T} (\tilde{\boldsymbol{X}}^\mathsf{T}\tilde{\boldsymbol{X}} + \boldsymbol{A}_*)(\boldsymbol{\beta} - \bar{\boldsymbol{\beta}}_*)\right],$$

と書き直される. さらに

$$\int_{\mathbb{R}^q} \exp\left[-\frac{1}{2\sigma^2}(\boldsymbol{\beta} - \bar{\boldsymbol{\beta}}_*)^\mathsf{T} (\tilde{\boldsymbol{X}}^\mathsf{T}\tilde{\boldsymbol{X}} + \boldsymbol{A}_*)(\boldsymbol{\beta} - \bar{\boldsymbol{\beta}}_*)\right] d\boldsymbol{\beta}$$
$$= (2\pi)^{\frac{k}{2}} |\sigma^{-2}(\tilde{\boldsymbol{X}}^\mathsf{T}\tilde{\boldsymbol{X}} + \boldsymbol{A}_*)|^{-\frac{1}{2}},$$

であるから,

$$\int_{\mathbb{R}^q} p(\tilde{\boldsymbol{y}}|\tilde{\boldsymbol{X}}, \boldsymbol{\beta}, \sigma^2)p(\boldsymbol{\beta}|\sigma^2, D)d\boldsymbol{\beta}$$
$$= (2\pi\sigma^2)^{-\frac{q+k}{2}}|\boldsymbol{A}_*|^{\frac{1}{2}} \exp\left[-\frac{1}{2\sigma^2}(\tilde{\boldsymbol{y}} - \tilde{\boldsymbol{X}}\boldsymbol{\beta}_*)^\mathsf{T}\boldsymbol{\Omega}_*^{-1}(\tilde{\boldsymbol{y}} - \tilde{\boldsymbol{X}}\boldsymbol{\beta}_*)\right]$$
$$\times (2\pi)^{\frac{k}{2}}|\sigma^{-2}(\tilde{\boldsymbol{X}}^\mathsf{T}\tilde{\boldsymbol{X}} + \boldsymbol{A}_*)|^{-\frac{1}{2}}$$
$$= (2\pi\sigma^2)^{-\frac{q}{2}}|\boldsymbol{\Omega}_*|^{-\frac{1}{2}} \exp\left[-\frac{1}{2\sigma^2}(\tilde{\boldsymbol{y}} - \tilde{\boldsymbol{X}}\boldsymbol{\beta}_*)^\mathsf{T}\boldsymbol{\Omega}_*^{-1}(\tilde{\boldsymbol{y}} - \tilde{\boldsymbol{X}}\boldsymbol{\beta}_*)\right], \quad (3.55)$$

が得られる．この展開には $|\boldsymbol{A}_*^{-1}||\tilde{\boldsymbol{X}}^\mathsf{T}\tilde{\boldsymbol{X}} + \boldsymbol{A}_*| = |\boldsymbol{I} + \tilde{\boldsymbol{X}}\boldsymbol{A}_*^{-1}\tilde{\boldsymbol{X}}^\mathsf{T}| = |\boldsymbol{\Omega}_*|$ という関係を使っている．(3.55) 式より，σ^2 が与えられた下での $\tilde{\boldsymbol{y}}$ の予測分布 $p(\tilde{\boldsymbol{y}}|\sigma^2, D)$ は

$$\tilde{\boldsymbol{y}}|\sigma^2, \tilde{\boldsymbol{X}}, D \sim \mathcal{N}_q(\tilde{\boldsymbol{X}}\boldsymbol{\beta}_*, \sigma^2\boldsymbol{\Omega}_*), \quad (3.56)$$

であることがわかる．

最後に (3.55) 式を (3.53) 式に代入し σ^2 に関して積分すると，予測分布は

$$p(\tilde{\boldsymbol{y}}|D)$$
$$= \int_0^\infty \left\{\int_{\mathbb{R}^q} p(\tilde{\boldsymbol{y}}|\tilde{\boldsymbol{X}}, \boldsymbol{\beta}, \sigma^2)p(\boldsymbol{\beta}|\sigma^2, D)d\boldsymbol{\beta}\right\} p(\sigma^2|D)d\sigma^2$$
$$= \int_0^\infty (2\pi\sigma^2)^{-\frac{q}{2}}|\boldsymbol{\Omega}_*|^{-\frac{1}{2}} \exp\left[-\frac{1}{2\sigma^2}(\tilde{\boldsymbol{y}} - \tilde{\boldsymbol{X}}\boldsymbol{\beta}_*)^\mathsf{T}\boldsymbol{\Omega}_*^{-1}(\tilde{\boldsymbol{y}} - \tilde{\boldsymbol{X}}\boldsymbol{\beta}_*)\right]$$
$$\times \frac{\left(\frac{\lambda_*}{2}\right)^{\frac{\nu_*}{2}}}{\Gamma\left(\frac{\nu_*}{2}\right)}(\sigma^2)^{-\left(\frac{\nu_*}{2}+1\right)} \exp\left(-\frac{\lambda_*}{2\sigma^2}\right) d\sigma^2$$
$$= \frac{\Gamma\left(\frac{\nu_*+q}{2}\right)}{\Gamma\left(\frac{\nu_*}{2}\right)\pi^{\frac{q}{2}}}|\lambda_*\boldsymbol{\Omega}_*|^{-\frac{1}{2}}\left[1 + \frac{1}{\lambda_*}(\tilde{\boldsymbol{y}} - \tilde{\boldsymbol{X}}\boldsymbol{\beta}_*)^\mathsf{T}\boldsymbol{\Omega}_*^{-1}(\tilde{\boldsymbol{y}} - \tilde{\boldsymbol{X}}\boldsymbol{\beta}_*)\right]^{-\frac{\nu_*+q}{2}}$$
$$= \frac{\Gamma\left(\frac{\nu_*+q}{2}\right)}{\Gamma\left(\frac{\nu_*}{2}\right)(\pi\nu_*)^{\frac{q}{2}}}|\tilde{\boldsymbol{H}}_*|^{-\frac{1}{2}}\left[1 + \frac{1}{\nu_*}(\tilde{\boldsymbol{y}} - \tilde{\boldsymbol{X}}\boldsymbol{\beta}_*)^\mathsf{T}\tilde{\boldsymbol{H}}_*^{-1}(\tilde{\boldsymbol{y}} - \tilde{\boldsymbol{X}}\boldsymbol{\beta}_*)\right]^{-\frac{\nu_*+q}{2}},$$
$$(3.57)$$

$$\tilde{\boldsymbol{H}}_* = \frac{\lambda_*}{\nu_*}\boldsymbol{\Omega}_* = \frac{\lambda_*}{\nu_*}\left(\boldsymbol{I} + \tilde{\boldsymbol{X}}\boldsymbol{A}_*^{-1}\tilde{\boldsymbol{X}}^\mathsf{T}\right),$$

と導出される．この導出では積分公式 (3.19) を適用すると

$$\int_0^\infty (\sigma^2)^{-\left(\frac{\nu_*+q}{2}+1\right)} \exp\left[-\frac{1}{2\sigma^2}\left\{(\tilde{\boldsymbol{y}} - \tilde{\boldsymbol{X}}\boldsymbol{\beta}_*)^\mathsf{T}\boldsymbol{\Omega}_*^{-1}(\tilde{\boldsymbol{y}} - \tilde{\boldsymbol{X}}\boldsymbol{\beta}_*) + \lambda_*\right\}\right] d\sigma^2$$
$$= \left[\frac{(\tilde{\boldsymbol{y}} - \tilde{\boldsymbol{X}}\boldsymbol{\beta}_*)^\mathsf{T}\boldsymbol{\Omega}_*^{-1}(\tilde{\boldsymbol{y}} - \tilde{\boldsymbol{X}}\boldsymbol{\beta}_*) + \lambda_*}{2}\right]^{-\frac{\nu_*+q}{2}} \Gamma\left(\frac{\nu_*+q}{2}\right)$$
$$= \left(\frac{\lambda_*}{2}\right)^{-\frac{\nu_*+q}{2}} \Gamma\left(\frac{\nu_*+q}{2}\right)\left[1 + \frac{1}{\lambda_*}(\tilde{\boldsymbol{y}} - \tilde{\boldsymbol{X}}\boldsymbol{\beta}_*)^\mathsf{T}\boldsymbol{\Omega}_*^{-1}(\tilde{\boldsymbol{y}} - \tilde{\boldsymbol{X}}\boldsymbol{\beta}_*)\right]^{-\frac{\nu_*+q}{2}},$$

となることを利用している．よって，(3.57) 式より，予測分布は

$$\tilde{y}|\tilde{X}, D \sim \mathcal{T}_q(\nu_*, \tilde{X}\beta_*, \tilde{H}_*),$$

という多変量 t 分布であることがわかる.

3.4.5 Pythonコード

ここでは図 3.1, 図 3.3, 図 3.4 を作成する際に使用したコード 3.4, コード 3.5, コード 3.6 を紹介する.

- .xticks() —— 横軸の目盛りを指定するメソッド
- marker —— プロットのための記号を指定する.plot() 内のオプション

などが新しく使われている機能である.

▶ ポアソン分布とガンマ分布の例

Python コード 3.4 pybayes_poisson_gamma.py

```python
# -*- coding: utf-8 -*-
#%% NumPyの読み込み
import numpy as np
#    SciPyのstatsモジュールの読み込み
import scipy.stats as st
#    MatplotlibのPyplotモジュールの読み込み
import matplotlib.pyplot as plt
#    日本語フォントの設定
from matplotlib.font_manager import FontProperties
import sys
if sys.platform.startswith('win'):
    FontPath = 'C:\\Windows\\Fonts\\meiryo.ttc'
elif sys.platform.startswith('darwin'):
    FontPath = '/System/Library/Fonts/ヒラギノ角ゴシック W4.ttc'
elif sys.platform.startswith('linux'):
    FontPath = '/usr/share/fonts/truetype/takao-gothic/TakaoPGothic.ttf'
else:
    print('このPythonコードが対応していないOSを使用しています. ')
    sys.exit()
jpfont = FontProperties(fname=FontPath)
#%% ポアソン分布とガンマ分布のグラフの作成
value_l = np.array([1.0, 3.0, 6.0])
value_a = np.array([1.0, 2.0, 2.0, 6.0])
value_t = np.array([2.0, 1.0, 2.0, 1.0])
styles = ['-', '--', '-.', ':']
markers = ['o', '^', 's']
fig, ax = plt.subplots(1, 2, num=1, figsize=(8, 4), facecolor='w')
#    ポアソン分布のグラフの作成
x1 = np.linspace(0, 12, 13)
for index in range(value_l.size):
    l_i = value_l[index]
    plot_label = '$\\lambda$ = {0:3.1f}'.format(l_i)
    ax[0].plot(x1, st.poisson.pmf(x1, l_i),
               color='k', marker=markers[index],
               linestyle='-', linewidth=0.5, label=plot_label)
```

```
36  ax[0].set_xlim(-0.2, 12.2)
37  ax[0].set_xticks((0, 5, 10))
38  ax[0].set_xlabel('確率変数の値', fontproperties=jpfont)
39  ax[0].set_ylabel('確率', fontproperties=jpfont)
40  ax[0].legend(loc='upper right', frameon=False, prop=jpfont)
41  #   ガンマ分布のグラフの作成
42  x2 = np.linspace(0, 13, 250)
43  for index in range(value_a.size):
44      a_i = value_a[index]
45      t_i = value_t[index]
46      plot_label = '$\\alpha$ = {0:3.1f}, $\\theta$ = {1:3.1f}' \
47                   .format(a_i, t_i)
48      ax[1].plot(x2, st.gamma.pdf(x2, a_i, scale=t_i), color='k',
49                 linestyle=styles[index], label=plot_label)
50  ax[1].set_xlim(0, 13)
51  ax[1].set_ylim(0, 0.55)
52  ax[1].set_xlabel('確率変数の値', fontproperties=jpfont)
53  ax[1].set_ylabel('確率密度', fontproperties=jpfont)
54  ax[1].legend(loc='upper right', frameon=False, prop=jpfont)
55  plt.tight_layout()
56  plt.savefig('pybayes_fig_poisson_gamma.png', dpi=300)
57  plt.show()
```

▶ 正規分布の例

Python コード 3.5 pybayes_gaussian_distribution.py

```
1   # -*- coding: utf-8 -*-
2   #%% NumPyの読み込み
3   import numpy as np
4   #   SciPyのstatsモジュールの読み込み
5   import scipy.stats as st
6   #   MatplotlibのPyplotモジュールの読み込み
7   import matplotlib.pyplot as plt
8   #   日本語フォントの設定
9   from matplotlib.font_manager import FontProperties
10  import sys
11  if sys.platform.startswith('win'):
12      FontPath = 'C:\\Windows\\Fonts\\meiryo.ttc'
13  elif sys.platform.startswith('darwin'):
14      FontPath = '/System/Library/Fonts/ヒラギノ角ゴシック W4.ttc'
15  elif sys.platform.startswith('linux'):
16      FontPath = '/usr/share/fonts/truetype/takao-gothic/TakaoPGothic.ttf'
17  else:
18      print('このPythonコードが対応していないOSを使用しています．')
19      sys.exit()
20  jpfont = FontProperties(fname=FontPath)
21  #%% 正規分布のグラフ
22  value_mu = np.array([0.0, 2.0, -2.0])
23  value_sigma = np.array([1.0, 0.5, 2.0])
24  styles = ['-', '--', '-.']
```

```python
x = np.linspace(-6, 6, 250)
fig, ax = plt.subplots(1, 2, sharex='row',
                       num=1,  figsize=(8, 4), facecolor='w')
ax[0].set_xlim(-6, 6)
ax[0].set_ylabel('確率密度', fontproperties=jpfont)
#    平均による分布の形状の変化
for index in range(value_mu.size):
    mu_i = value_mu[index]
    plot_label = '$\\mu$ = {0:< 3.1f}'.format(mu_i)
    ax[0].plot(x, st.norm.pdf(x, loc=mu_i), color='k',
               linestyle=styles[index], label=plot_label)
ax[0].set_ylim(0, 0.55)
ax[0].set_xlabel('確率変数の値', fontproperties=jpfont)
ax[0].legend(loc='upper right', frameon=False, prop=jpfont)
#    分散による分布の形状の変化
for index in range(value_mu.size):
    sigma_i = value_sigma[index]
    plot_label = '$\\sigma$ = {0:<3.1f}'.format(sigma_i)
    ax[1].plot(x, st.norm.pdf(x, scale=sigma_i), color='k',
               linestyle=styles[index], label=plot_label)
ax[1].set_ylim(0, 0.9)
ax[1].set_xlabel('確率変数の値', fontproperties=jpfont)
ax[1].legend(loc='upper right', frameon=False, prop=jpfont)
plt.tight_layout()
plt.savefig('pybayes_fig_gaussian_distribution.png', dpi=300)
plt.show()
```

▶ 逆ガンマ分布と t 分布の例

Python コード 3.6　pybayes_invgamma_t.py

```python
# -*- coding: utf-8 -*-
#%% NumPyの読み込み
import numpy as np
#    SciPyのstatsモジュールの読み込み
import scipy.stats as st
#    MatplotlibのPyplotモジュールの読み込み
import matplotlib.pyplot as plt
#    日本語フォントの設定
from matplotlib.font_manager import FontProperties
import sys
if sys.platform.startswith('win'):
    FontPath = 'C:\\Windows\\Fonts\\meiryo.ttc'
elif sys.platform.startswith('darwin'):
    FontPath = '/System/Library/Fonts/ヒラギノ角ゴシック W4.ttc'
elif sys.platform.startswith('linux'):
    FontPath = '/usr/share/fonts/truetype/takao-gothic/TakaoPGothic.ttf'
else:
    print('このPythonコードが対応していないOSを使用しています．')
    sys.exit()
jpfont = FontProperties(fname=FontPath)
```

```python
#%% 逆ガンマ分布とt分布のグラフの作成
value_a = np.array([1.0, 3.0, 5.0, 5.0])
value_b = np.array([2.0, 2.0, 2.0, 1.0])
value_n = np.array([1.0, 2.0, 5.0])
styles = ['-', '--', '-.', ':']
fig, ax = plt.subplots(1, 2, num=1, figsize=(8, 4), facecolor='w')
#     逆ガンマ分布のグラフの作成
x1 = np.linspace(0, 2.3, 250)
for index in range(value_a.size):
    a_i = value_a[index]
    b_i = value_b[index]
    plot_label = '$\\alpha$ = {0:3.1f}, $\\beta$ = {1:3.1f}' \
                 .format(a_i, b_i)
    ax[0].plot(x1, st.invgamma.pdf(x1, a_i, scale=b_i), color='k',
               linestyle=styles[index], label=plot_label)
ax[0].set_xlim(0, 2.3)
ax[0].set_ylim(0, 5)
ax[0].set_xlabel('確率変数の値', fontproperties=jpfont)
ax[0].set_ylabel('確率密度', fontproperties=jpfont)
ax[0].legend(loc='upper right', frameon=False, prop=jpfont)
#     t分布のグラフの作成
x2 = np.linspace(-6.5, 6.5, 250)
for index in range(value_n.size):
    n_i = value_n[index]
    plot_label = '$\\nu$ = {0:3.1f}'.format(n_i)
    ax[1].plot(x2, st.t.pdf(x2, n_i), color='k',
               linestyle=styles[index], label=plot_label)
ax[1].plot(x2, st.norm.pdf(x2), color='k',
           linestyle=styles[-1], label='$\\nu = \\infty$')
ax[1].set_xlim(-6.5, 6.5)
ax[1].set_ylim(0, 0.42)
ax[1].set_xlabel('確率変数の値', fontproperties=jpfont)
ax[1].set_ylabel('確率密度', fontproperties=jpfont)
ax[1].legend(loc='upper right', frameon=False, prop=jpfont)
plt.tight_layout()
plt.savefig('pybayes_fig_invgamma_t.png', dpi=300)
plt.show()
```

4 PyMCによるベイズ分析

　第2章と第3章では特定の事前分布（自然共役事前分布）と尤度の組み合わせで綺麗に事後分布を導出できる場合のみを扱った．しかし，これができるのは極めて限られたモデルに対してのみである．現実のデータが自然共役事前分布が存在する簡単なモデルだけで全て説明がつくはずもないので，はっきりいうと実際には「使えないモデル」といえる．そのようなオモチャのモデル (toy model) を紹介したのは，いきなり複雑なモデルを出すと初学者がついてこれないという教育的配慮もあるが，歴史的にベイズ統計学が抱えてきた問題を先に紹介しておいた方が今後の議論を進める上でも参考になると考えたからでもある．本章では，自然共役事前分布の呪縛からベイズ統計学を解放してくれたマルコフ連鎖モンテカルロ法を紹介するとともに PyMC という便利な Python パッケージの使い方を解説する．本章での解説は PyMC で数値例を実行するための Python コードの読解に限定し，マルコフ連鎖モンテカルロ法の高度な数学的・技術的側面の解説は第6章へ後回しにしている．初学者の段階で第6章を読む必要はないが，ベイズ統計学の専門家を目指すのであればぜひ第6章を読み進めてもらいたい．

4.1 ベイズ統計学とモンテカルロ法

　自然共役事前分布は美しい結果をもたらしてくれる．第2章や第3章で見てきたように，事後分布の数式は基準化定数まで含めて綺麗に求まるし，事後統計量も予測分布もきちんと導出される．しかし，自然共役事前分布が全ての確率分布に存在しているわけではない．(3.28) 式のような回帰モデルであれば，既に3.3節で解説したように回帰係数 $\beta_1, \ldots, \beta_k$ や誤差項の分散 σ^2 に対する自然共役事前分布は (3.32) 式であることが知られている．しかし，これは回帰関数が線形関数であり誤差項が正規分布に従うという仮定に依っている．例えば，以下のような回帰関数が線形関数ではないという意味での非線形回帰モデル

$$y_i = e^{\alpha + \beta x_i} + u_i, \quad u_i \sim \mathcal{N}(0, \sigma^2), \tag{4.1}$$

に対しては自然共役事前分布は存在しない．なぜなら尤度が

$$p(D|\alpha,\beta) = (2\pi\sigma^2)^{-\frac{n}{2}} \exp\left[-\frac{1}{2\sigma^2}\sum_{i=1}^{n}\left(y_i - e^{\alpha+\beta x_i}\right)^2\right],$$

という複雑な形になり，ベイズの定理

$$p(\alpha,\beta|D) \propto p(D|\alpha,\beta)p(\alpha,\beta),$$

による事後分布の導出が困難だからである（どのような $p(\alpha,\beta)$ を使うと綺麗に $p(\alpha,\beta|D)$ が求まるだろうか）．また，誤差項の分布を正規分布から t 分布に置き換えた回帰モデル

$$y_i = \alpha + \beta x_i + u_i, \quad u_i \sim \mathcal{T}(\nu, 0, \sigma^2), \tag{4.2}$$

に対しても自然共役事前分布は存在しない．このモデルの尤度も

$$p(D|\alpha,\beta) = \frac{\Gamma\left(\frac{\nu+1}{2}\right)^n}{\Gamma\left(\frac{\nu}{2}\right)^n (\pi\nu\sigma^2)^{\frac{n}{2}}} \prod_{i=1}^{n}\left[1 + \frac{(y_i - \alpha - \beta x_i)^2}{2\nu\sigma^2}\right]^{-\frac{\nu+1}{2}},$$

という複雑な形になり，事後分布を綺麗に導出できるとは思えない．(4.1) 式は被説明変数の条件付期待値が説明変数の指数関数になっているという仮定であり，(4.2) 式は被説明変数の条件付分布が正規分布よりも裾の厚い分布 (t 分布) に従うという仮定である．特に後者は株価収益率などの金融市場のデータで見られる性質である．もし現実のデータがこれらの特性を有しているならば，当然モデルに組み込むべきであろう．しかし，モデルを現実に近づけようとして複雑にしていけばいくほど自然共役事前分布を使った事後分布の導出は不可能になってしまうのである．

自然共役事前分布の問題点は尤度の複雑な関数形に由来するものばかりではない．基本的な回帰モデルであっても必ずしも自然共役事前分布が最善の選択肢であるとはいえない．3.3 節で使用した (3.32) 式の自然共役事前分布

$$\boldsymbol{\beta}|\sigma^2 \sim \mathcal{N}_k\left(\boldsymbol{\beta}_0, \sigma^2 \boldsymbol{A}_0^{-1}\right), \quad \sigma^2 \sim \mathcal{G}a^{-1}\left(\frac{\nu_0}{2}, \frac{\lambda_0}{2}\right),$$

では $\boldsymbol{\beta}$ と σ^2 は互いに依存し合う関係にあった．しかし，この依存関係は本当に必要であろうか．推定したい被説明変数の条件付期待値 $\mathrm{E}[y_i|\boldsymbol{x}_i]$ と説明変数 $\boldsymbol{x}_i$ の関係を決める $\boldsymbol{\beta}$ の不確実性と誤差項の分散 σ^2 の不確実性の間に特定の関係が存在していると考えるのは少し強すぎる仮定ではなかろうか．もし $\boldsymbol{\beta}$ と σ^2 の関連性に関する事前情報が特にないのであれば，

$$\boldsymbol{\beta} \sim \mathcal{N}_k\left(\boldsymbol{\beta}_0, \boldsymbol{A}_0^{-1}\right), \quad \sigma^2 \sim \mathcal{G}a^{-1}\left(\frac{\nu_0}{2}, \frac{\lambda_0}{2}\right), \quad \boldsymbol{\beta} \perp \sigma^2, \tag{4.3}$$

と両者が独立であると仮定した方がよいのではないだろうか．こうすると $\boldsymbol{\beta}$ と σ^2 の関連性は尤度によってのみ決まることになる．しかし，(4.3) 式の事前分布はもはや (3.33) 式の回帰モデルの尤度と自然共役の関係を有さない．したがって，(4.3) 式の事前分布を使用すると事後分布を基準化定数まで含めて綺麗に求めることはできないのである．だが，単に事後分布の数式が求められないという理由だけで (3.32) 式の自

然共役事前分布を使い続けるのは果たして本当に望ましい行為であろうか．事後分布の形状が事前分布に影響される以上，その選択を計算の利便性だけで機械的に決めてしまうのはベイズ統計学の本筋から離れる行為ではなかろうか．

そうはいうものの事後分布の導出できなければ分析の進めようのないのがベイズ統計学である．自然共役事前分布を越えて議論を先に進める前に，ベイズ統計学の実践で何が障害になっているかを振り返ってみよう．以下では説明を一般化するために次のように表記を統一する．

- $\boldsymbol{\theta}$ — 未知のパラメータ（m 次元ベクトル）
- D — データ
- $p(x|\boldsymbol{\theta})$ — 確率分布
- $p(\boldsymbol{\theta})$ — 事前分布
- $p(D|\boldsymbol{\theta})$ — 尤度
- $p(\boldsymbol{\theta}|D)$ — 事後分布

すると，ベイズの定理は

$$p(\boldsymbol{\theta}|D) = \frac{p(D|\boldsymbol{\theta})p(\boldsymbol{\theta})}{\int_{\mathbb{R}^m} p(D|\boldsymbol{\theta})p(\boldsymbol{\theta})d\boldsymbol{\theta}}, \tag{4.4}$$

として与えられる．多くの応用で尤度や事前分布の関数形はわかっている．したがって，(4.4) 式の分子の評価は簡単である．しかし，分母の基準化定数

$$\mathcal{K} = \int_{\mathbb{R}^m} p(D|\boldsymbol{\theta})p(\boldsymbol{\theta})d\boldsymbol{\theta}, \tag{4.5}$$

を求めるには多重積分 $\int_{\mathbb{R}^m}(\cdot)d\boldsymbol{\theta}$ を評価することが要求される．自然共役事前分布が存在する場合には (3.19) 式などの積分公式を利用して基準化定数を求められるが，全ての尤度や事前分布に対して都合よく利用可能な積分公式が見つかる保証もない．同様の問題は

- 周辺事後分布: $p(\theta_j|D) = \int_{\mathbb{R}^{m-1}} p(\boldsymbol{\theta}|D)d\boldsymbol{\theta}_{-j}$.
- 平均: $\mathrm{E}_{\boldsymbol{\theta}}[\theta_j|D] = \int_{-\infty}^{\infty} \theta_j p(\theta_j|D)d\theta_j$.
- 分散: $\mathrm{Var}_{\boldsymbol{\theta}}[\theta_j|D] = \int_{-\infty}^{\infty} (\theta_j - \mathrm{E}_{\boldsymbol{\theta}}[\theta_j|D])^2 p(\theta_j|D)d\theta_j$.
- 中央値: $\int_{-\infty}^{\mathrm{Median}_{\theta_j}} p(\theta_j|D)d\theta_j = \frac{1}{2}$.
- 事後確率: $\mathrm{Pr}\{a \leq \theta_j \leq b|D\} = \int_a^b p(\theta_j|D)d\theta_j$.
- 予測分布: $p(\tilde{x}|D) = \int_{\mathbb{R}^m} p(\tilde{x}|\boldsymbol{\theta})p(\boldsymbol{\theta}|D)d\boldsymbol{\theta}$.

などの評価でも発生する（ここで $\boldsymbol{\theta}_{-j}$ は $\boldsymbol{\theta}$ から θ_j を除いたものである）．

なお今まで説明してきた事後統計量の中で唯一の例外が最頻値

$$\mathrm{Mode}_{\boldsymbol{\theta}} = \arg\max_{\boldsymbol{\theta}\in\mathbb{R}^m} p(\boldsymbol{\theta}|D),$$

である．(4.4) 式の左辺の最大点は右辺の分子の最大点と一致するから（分母の基準化定数は $\boldsymbol{\theta}$ に依存していないため），最頻値は

$$\mathrm{MAP}_{\boldsymbol{\theta}} = \arg\max_{\boldsymbol{\theta}\in\mathbb{R}^m} p(D|\boldsymbol{\theta})p(\boldsymbol{\theta}), \tag{4.6}$$

という最大化問題の解と同値である．この最大化問題は多重積分を評価することなく解けるので，他の事後統計量よりは扱いやすい．(4.6) 式の点推定は **MAP (maximum a posteriori)** 推定と呼ばれ，機械学習などの分野で多用されている．しかし，2.3 節でも言及したように最頻値は必ずしも事後分布の中心付近にある保証はなく，事後分布が多峰形をしていると解釈が難しくなるという問題点がある．できれば MAP 推定のみに頼るのではなく，他の点推定や区間推定，ベイズ・ファクターなどの結果に基づいて総合的に判断を下すべきであろう．

多重積分を解析的に求めることができないのであれば数値的に求めるしかない．数値積分の方法は多数提案されているが，本書ではベイズ統計学における中心的な数値積分法であるモンテカルロ法を解説する．モンテカルロ法では，ベイズ統計学で使う事後統計量の多くが

$$\mathrm{E}_{\boldsymbol{\theta}}[h(\boldsymbol{\theta})] = \int_{\mathbb{R}^m} h(\boldsymbol{\theta})p(\boldsymbol{\theta}|D)d\boldsymbol{\theta}, \tag{4.7}$$

という期待値の形をしていることを利用する．例を挙げると

- 平均 $\mathrm{E}_{\boldsymbol{\theta}}[\theta_j|D]$: $h(\boldsymbol{\theta}) = \theta_j$.
- 分散 $\mathrm{Var}_{\boldsymbol{\theta}}[\theta_j|D]$: $h(\boldsymbol{\theta}) = (\theta_j - \mathrm{E}_{\boldsymbol{\theta}}[\theta_j|D])^2$.
- 事後確率 $\mathrm{Pr}\{a \leq \theta_j \leq b|D\}$: $h(\boldsymbol{\theta}) = \mathbf{1}_{[a,b]}(\theta_j)$.
- 予測分布 $p(\tilde{x}|D)$: $h(\boldsymbol{\theta}) = p(\tilde{x}|\boldsymbol{\theta})$.

となっている（周辺事後分布と中央値は違うがモンテカルロ法で評価することができる）．ここで事後分布 $p(\boldsymbol{\theta}|D)$ からパラメータ $\boldsymbol{\theta}$ の乱数を生成することができると仮定し，独立に生成した T 個の乱数（モンテカルロ標本）を $\{\boldsymbol{\theta}^{(1)}, \ldots, \boldsymbol{\theta}^{(T)}\}$ とする．これを用いて

$$\hat{h} = \frac{1}{T}\sum_{t=1}^{T} h(\boldsymbol{\theta}^{(t)}), \tag{4.8}$$

を計算すると，大数の法則によりモンテカルロ標本の大きさ T が無限大になるにつれて，$\hat{h}$ が $\mathrm{E}_{\boldsymbol{\theta}}[h(\boldsymbol{\theta})]$ に収束することが知られている．つまり，T を十分大きくすれば，$\hat{h}$ によって $\mathrm{E}_{\boldsymbol{\theta}}[h(\boldsymbol{\theta})]$ を近似できるのである．これがモンテカルロ法の基本原理である．

事後分布の平均，分散，事後確率，予測分布のモンテカルロ法による近似は，

- 平均: $\hat{\mathrm{E}}_{\boldsymbol{\theta}}[\theta_j|D] = \frac{1}{T}\sum_{t=1}^{T}\theta_j^{(t)}$.
- 分散: $\widehat{\mathrm{Var}}_{\boldsymbol{\theta}}[\theta_j|D] = \frac{1}{T}\sum_{t=1}^{T}\left(\theta_j^{(t)} - \hat{\mathrm{E}}_{\boldsymbol{\theta}}[\theta_j|D]\right)^2$.
- 事後確率: $\widehat{\mathrm{Pr}}\{a \leq \theta_j \leq b|D\} = \frac{1}{T}\sum_{t=1}^{T}\mathbf{1}_{[a,b]}(\theta_j^{(t)})$.
- 予測分布: $\hat{p}(\tilde{x}|D) = \frac{1}{T}\sum_{t=1}^{T}p(\tilde{x}|\boldsymbol{\theta}^{(t)})$.

である．平均と分散のモンテカルロ近似は事後分布より生成したモンテカルロ標本の標本平均と標本分散にすぎず，事後確率のモンテカルロ近似は単に区間 $[a,b]$ 内

に入ったものの割合を計算しているだけである．予測分布のモンテカルロ近似も予測分布の確率（密度）を評価したい点 $x = \tilde{x}$ での確率（密度）のモンテカルロ標本 $\{p(\tilde{x}|\boldsymbol{\theta}^{(1)}), \ldots, p(\tilde{x}|\boldsymbol{\theta}^{(T)})\}$ の標本平均を求めているだけである．モンテカルロ法で得られる $\hat{h}$ は $\mathrm{E}_{\boldsymbol{\theta}}[h(\boldsymbol{\theta})]$ の近似にすぎないため，必ず近似の誤差を含んでいる．$\hat{h}$ の近似誤差の目安として，

$$\mathrm{SE}[\hat{h}] = \sqrt{\frac{1}{T(T-1)} \sum_{t=1}^{T} \left(h(\boldsymbol{\theta}^{(t)}) - \hat{h}\right)^2}, \tag{4.9}$$

が広く使われる．これは統計学では標準誤差と呼ばれる統計量である．

事後分布 $p(\boldsymbol{\theta}|D)$ から生成したモンテカルロ標本 $\{\boldsymbol{\theta}^{(1)}, \ldots, \boldsymbol{\theta}^{(T)}\}$ から θ_j の部分 $\{\theta_j^{(1)}, \ldots, \theta_j^{(T)}\}$ を取り出すと，これは既に $p(\theta_j|D)$ から生成されたモンテカルロ標本になっている．そのため別途 $p(\theta_j|D)$ を評価する必要はない．ただ $p(\boldsymbol{\theta}|D)$ からモンテカルロ標本を生成することに注力すればよい．$p(\theta_j|D)$ の確率密度関数を求めたいときはカーネル密度推定法を使う．

$$\hat{p}(\theta_j) = \frac{1}{Tw} \sum_{t=1}^{T} K\left(\frac{\theta_j - \theta_j^{(t)}}{w}\right). \tag{4.10}$$

ここで $K(\cdot)$ はカーネルと呼ばれる関数で標準正規分布の確率密度関数（ガウシアン・カーネルとも呼ばれる）

$$K(x) = \frac{1}{\sqrt{2\pi}} e^{-\frac{x^2}{2}}, \tag{4.11}$$

などが使われる．w はバンド幅と呼ばれ，推定された確率密度関数の滑らかさを決めるパラメータである．後で Python コードの説明するときに SciPy の stats モジュールにおけるカーネル密度推定の関数を紹介する．

最後に中央値，信用区間，HPD 区間のモンテカルロ近似を説明しよう．事後分布に限らないが確率分布において

$$\Pr\{\theta_j \leqq \theta_j^{[q]} | D\} = q, \quad 0 < q < 1, \tag{4.12}$$

を満たす $\theta_j^{[q]}$ を $100q\%$ 分位点と呼ぶ．特に $q = 0.5$ のときの $\theta_j^{[0.5]}$ は中央値である．そして，$100(1-q)\%$ 信用区間は

$$\left[\theta_j^{\left[\frac{q}{2}\right]}, \theta_j^{\left[1-\frac{q}{2}\right]}\right],$$

となる．分位点は平均などとは異なり $\mathrm{E}_{\boldsymbol{\theta}}[h(\boldsymbol{\theta})]$ という期待値の形にならない．しかし，モンテカルロ標本の順序統計量をうまく使うとモンテカルロ法によって近似することが可能である．最も単純な分位点の近似法は，モンテカルロ標本の標本分位点を使う方法である．一般的にモンテカルロ標本の $100q\%$ 標本分位点 $\hat{\theta}_j^{[q]}$ は，$\theta_j^{(t)} \leqq \hat{\theta}_j^{[q]}$ となる $\theta_j^{(t)}$ の数のモンテカルロ標本全体に対する割合が q 以上とならない最大の値，つまり，

$$\hat{\theta}_j^{[q]} = \max_{1 \leq t \leq T} \theta_j^{(t)} \quad \text{s.t.} \quad \frac{1}{T} \sum_{s=1}^{T} \mathbf{1}_{\left(-\infty, \theta_j^{(t)}\right]} \left(\theta_j^{(s)}\right) \leq q, \tag{4.13}$$

と定義される．ここで "s.t." は "subject to" の略で最大化問題の制約式を意味している．例えば $T = 10,000$ の場合，同点になるケースを無視すると 5%標本分位点 $\hat{\theta}_j^{[0.05]}$ は，$\theta_j^{(1)} \leq \cdots \leq \theta_j^{(10,000)}$ と昇順に並べ替えて下から 500 番目の値 $\theta_j^{(500)}$ を使えばよいことになる．

この標本分位点を使うと事後分布の中央値，信用区間，HPD 区間は以下のように近似される．

- 中央値: $\text{Median}_{\theta_j} = \hat{\theta}_j^{[0.5]}$.
- $100(1-q)$%信用区間: $100\left(\frac{q}{2}\right)$%標本分位点と $100\left(1-\frac{q}{2}\right)$%標本分位点に挟まれた区間

$$\left[\hat{\theta}_j^{\left[\frac{q}{2}\right]},\ \hat{\theta}_j^{\left[1-\frac{q}{2}\right]}\right]. \tag{4.14}$$

- $100(1-q)$%HPD 区間: $100(1-q)$% 区間

$$\left[\hat{\theta}_j^{\left[\frac{t}{T}\right]},\ \hat{\theta}_j^{\left[1-q+\frac{t}{T}\right]}\right], \quad 1 \leq t \leq qT, \tag{4.15}$$

の中で区間の幅が最小になるもの．つまり (4.15) 式の t を以下の t^* で置き換えた区間．

$$t^* = \arg\min_{1 \leq t \leq qT} \left|\hat{\theta}_j^{\left[\frac{t}{T}\right]} - \hat{\theta}_j^{\left[1-q+\frac{t}{T}\right]}\right|. \tag{4.16}$$

(4.16) 式の証明は Chen and Shao (1999) を参照．

4.2 PyMC による回帰モデルのベイズ分析

4.1 節でのモンテカルロ法の説明はモンテカルロ標本が手元にあるという前提で進められてきた．しかし，事後分布の基準化定数も計算できない，ましてや事後分布が何の分布かさっぱりわからない状態で乱数を生成することは可能なのだろうか．これを可能にする手法がマルコフ連鎖サンプリング法である．そして，これを活用したモンテカルロ法をマルコフ連鎖モンテカルロ法，略して **MCMC (Markov chain Monte Carlo)** 法と呼ぶ．MCMC 法は数学的に扱いが難しいことに加え，MCMC 法を実装するためのプログラムの作成もかなり面倒である．そのため高度な知識を持つ専門家にしか使いこなせない状況が続いてきたが，PyMC や Stan などの登場によって初学者であっも比較的簡単なモデルであれば手軽に MCMC 法によるベイズ分析を応用できるようになった．本章では難しいことは抜きにして PyMC で MCMC 法を実践する方法を解説しよう．実は PyMC を使うと拍子抜けするぐらい簡単に

- 事前分布の設定

- 尤度の設定
- 事後分布からのモンテカルロ標本の生成
- 事後統計量の計算
- 事後分布の作図

を行うことができる．一度事後分布からモンテカルロ標本を生成してしまえば，あとは 4.1 節で説明した手法を活用するだけであるから，細かく初期設定を変えないのであれば MCMC 法とは何かということを特に気にする必要もないくらいである．それでは本書のもう 1 つのメインテーマである PyMC の説明に入ろう．

▶ 回帰モデルのベイズ分析（自然共役事前分布）

Python コード 4.1 pybayes_mcmc_reg_ex1.py

```python
# -*- coding: utf-8 -*-
#%% NumPyの読み込み
import numpy as np
#   SciPyのstatsモジュールの読み込み
import scipy.stats as st
#   SciPyのLinalgモジュールの読み込み
import scipy.linalg as la
#   PyMCの読み込み
import pymc3 as pm
#   MatplotlibのPyplotモジュールの読み込み
import matplotlib.pyplot as plt
#   日本語フォントの設定
from matplotlib.font_manager import FontProperties
import sys
if sys.platform.startswith('win'):
    FontPath = 'C:\\Windows\\Fonts\\meiryo.ttc'
elif sys.platform.startswith('darwin'):
    FontPath = '/System/Library/Fonts/ヒラギノ角ゴシック W4.ttc'
elif sys.platform.startswith('linux'):
    FontPath = '/usr/share/fonts/truetype/takao-gothic/TakaoPGothic.ttf'
else:
    print('このPythonコードが対応していないOSを使用しています．')
    sys.exit()
jpfont = FontProperties(fname=FontPath)
#%% 回帰モデルからのデータ生成
n = 50
np.random.seed(99)
u = st.norm.rvs(scale=0.7, size=n)
x = st.uniform.rvs(loc=-np.sqrt(3.0), scale=2.0*np.sqrt(3.0), size=n)
y = 1.0 + 2.0 * x + u
#%% 回帰モデルの係数と誤差項の分散の事後分布の設定（自然共役事前分布）
b0 = np.zeros(2)
A0 = 0.2 * np.eye(2)
nu0 = 5.0
lam0 = 7.0
h0 = np.sqrt(np.diag(lam0 / nu0 * la.inv(A0)))
sd0 = np.sqrt(np.diag(la.inv(A0)))
```

```python
regression_conjugate = pm.Model()
with regression_conjugate:
    sigma2 = pm.InverseGamma('sigma2', alpha=0.5*nu0, beta=0.5*lam0)
    sigma = pm.math.sqrt(sigma2)
    a = pm.Normal('a', mu=b0[0], sd=sigma*sd0[0])
    b = pm.Normal('b', mu=b0[1], sd=sigma*sd0[1])
    y_hat = a + b * x
    likelihood = pm.Normal('y', mu=y_hat, sd=sigma, observed=y)
#%% 事後分布からのサンプリング
n_draws = 5000
n_chains = 4
n_tune = 1000
with regression_conjugate:
    trace = pm.sample(draws=n_draws, chains=n_chains, tune=n_tune,
                      random_seed=123)
print(pm.summary(trace))
#%% 事後分布のグラフの作成
k = b0.size
param_names = ['a', 'b', 'sigma2']
labels = ['$\\alpha$', '$\\beta$', '$\\sigma^2$']
fig, ax = plt.subplots(k+1, 2, num=1, figsize=(8, 1.5*(k+1)), facecolor='w')
for index in range(k+1):
    mc_trace = trace[param_names[index]]
    if index < k:
        x_min = mc_trace.min() - 0.2 * np.abs(mc_trace.min())
        x_max = mc_trace.max() + 0.2 * np.abs(mc_trace.max())
        x = np.linspace(x_min, x_max, 250)
        prior = st.norm.pdf(x, loc=b0[index], scale=sd0[index])
    else:
        x_min = 0.0
        x_max = mc_trace.max() + 0.2 * np.abs(mc_trace.max())
        x = np.linspace(x_min, x_max, 250)
        prior = st.invgamma.pdf(x, 0.5*nu0, scale=0.5*lam0)
        ax[index, 0].set_xlabel('乱数系列', fontproperties=jpfont)
        ax[index, 1].set_xlabel('パラメータの分布', fontproperties=jpfont)
    ax[index, 0].plot(mc_trace, 'k-', linewidth=0.1)
    ax[index, 0].set_xlim(1, n_draws*n_chains)
    ax[index, 0].set_ylabel(labels[index], fontproperties=jpfont)
    posterior = st.gaussian_kde(mc_trace).evaluate(x)
    ax[index, 1].plot(x, posterior, 'k-', label='事後分布')
    ax[index, 1].plot(x, prior, 'k:', label='事前分布')
    ax[index, 1].set_xlim(x_min, x_max)
    ax[index, 1].set_ylim(0, 1.1*posterior.max())
    ax[index, 1].set_ylabel('確率密度', fontproperties=jpfont)
    ax[index, 1].legend(loc='best', frameon=False, prop=jpfont)
plt.tight_layout()
plt.savefig('pybayes_fig_mcmc_reg_ex1.png', dpi=300)
plt.show()
```

まず手始めに 3.3 節で扱った自然共役事前分布 (3.32) を使った場合の回帰モデルを

例として取り上げ，このベイズ分析を PyMC によって実行する方法を説明する．コード 3.3 のように自然共役事前分布を使えばモンテカルロ法に頼る必要はないが，モンテカルロ法でも同じ結果を再現できることを確認しておくのも重要である．コード 4.1 の第 9 行目で PyMC を読み込んでいる．

```
8  #    PyMCの読み込み
9  import pymc3 as pm
```

入手可能な PyMC には pymc（バージョン 2）と pymc3（バージョン 3）があることに注意しよう．本書の執筆段階で開発者によって維持管理されているのはバージョン 3 の方である．本書ではバージョン 3 の使用を前提に PyMC の解説を行う．他のパッケージを読み込んだり回帰モデルから人工データの生成を生成している箇所に関しては，コード 3.3 とコード 4.1 の間で大きな差はない．

```
31  #%% 回帰モデルの係数と誤差項の分散の事後分布の設定（自然共役事前分布）
32  b0 = np.zeros(2)
33  A0 = 0.2 * np.eye(2)
34  nu0 = 5.0
35  lam0 = 7.0
36  h0 = np.sqrt(np.diag(lam0 / nu0 * la.inv(A0)))
37  sd0 = np.sqrt(np.diag(la.inv(A0)))
38  regression_conjugate = pm.Model()
39  with regression_conjugate:
40      sigma2 = pm.InverseGamma('sigma2', alpha=0.5*nu0, beta=0.5*lam0)
41      sigma = pm.math.sqrt(sigma2)
42      a = pm.Normal('a', mu=b0[0], sd=sigma*sd0[0])
43      b = pm.Normal('b', mu=b0[1], sd=sigma*sd0[1])
44      y_hat = a + b * x
45      likelihood = pm.Normal('y', mu=y_hat, sd=sigma, observed=y)
```

第 32〜36 行目もハイパーパラメータを設定しているだけであるが（変数名はコード 3.3 と同じ），後で使うので sd0（これに σ を乗じたものが α と β の事前分布における標準偏差である）を第 37 行目で作成している．続く第 38 行目で PyMC 関数 pm.Model() を使って確率モデルのオブジェクト regressoin_conjugate を作成している．この段階では regressoin_conjugate は空っぽの箱のようなものであるが，第 39 行目以降の with 文のブロックで確率モデルの詳細な設定を行うことになる．一般に PyMC において with で始まる文に続くブロックの中では

```
with 確率モデルのオブジェクト:
      事前分布の設定
      尤度の設定
      事後分布からのモンテカルロ標本の生成
```

という手順で事後分布の設定と乱数生成を行う．コード 4.1 では with 文が 2 回使われている．最初は第 39〜45 行目で事前分布と尤度の設定のみを行っている．細かく

いうと，第 40〜43 行目で事前分布を設定し，第 44〜45 行目で尤度を設定している．

それでは第 39〜45 行目での作業を詳しく見ていこう．まず事前分布を設定している箇所では，

- 第 40 行目で sigma2（誤差項の分散 σ^2 に対応）が逆ガンマ分布に従う確率変数である．
- 第 41 行目で sigma が sigma2 の平方根（誤差項の標準偏差）である．
- 第 42 行目で a（切片 α に対応）が正規分布に従う確率変数である．
- 第 43 行目で b（傾き β に対応）が正規分布に従う確率変数である．

と定義している．PyMC での確率分布の関数の使い方は stats モジュールのものとは少し異なる．逆ガンマ分布と正規分布は

```
pm.InverseGammma(変数名の文字列, alpha=形状パラメータ, beta=尺度パラメータ)
pm.Normal(変数名の文字列, mu=平均, sd=標準偏差)
```

と指定する．「変数名の文字列」は後で事後統計量を出力したり事後分布のグラフを作図したりするときに使われる．ここでは説明のためパラメータの変数と同じ名前にしているが，必ずしも変数名と同じにする必要はない．一般に確率変数の分布を指定したいときは

```
変数 = pm.確率分布名(変数名の文字列, 確率分布のパラメータ)
```

とすればよい．通常の Python の構文では等号 (=) は「代入」を意味するが，with 文のブロックの中では等号は「定義式」を意味する．等号の右辺が確率分布であるならば左辺は確率変数となり，右辺が非確率的な数式（あるいは関数）であれば左辺は変換された変数となる．例えば第 40 行目によって sigma2 は逆ガンマ分布に従う確率変数と定義され，第 41 行目によって sigma は PyMC 関数 pm.math.sqrt() で平方根をとることで sigma2 から変換された確率変数と定義される [*1]．sigma2 は確率変数なので変換後の sigma も確率変数になることに注意しよう．さらに定義した確率変数を別の確率分布の中で利用することも可能である．例えば第 42 行目と第 43 行目では正規分布の標準偏差が sigma に依存するようになっている．このようにすれば自然共役事前分布 (3.32) のようなパラメータ間の依存関係をそのまま表現できる．次に尤度を設定している箇所では，

- 第 44 行目で y_hat が a + b * x という回帰直線である．
- 第 45 行目で likelihood が平均 y_hat，標準偏差 sigma の正規分布からデータ y が生成されたという想定の下での尤度である．

[*1] 著者が確認した限りでは NumPy 関数 np.sqrt() を代わりに使ってもコード 4.1 は動く．しかし，PyMC の公式ウェブサイトの説明 (http://docs.pymc.io/api/math.html) では PyMC で定義した確率変数の変換には NumPy 関数ではなく PyMC 関数の使用を推奨している．

と定義している．オプション observed でデータを指定している点が第 40，42，43 行目の確率分布の指定との違いである．with 文のブロック内での事前分布と尤度の設定の流れは，

Step 1. 事前分布を確率分布の種類，パラメータの変換，パラメータ間の依存関係などを数式の通りに PyMC の形式に書き下す．

Step 2. 最後に観測されたデータとパラメータに依存する形でデータを生成した確率分布で尤度を指定する．

ということになる．

次の第 50 行目の with 文のブロックで事後分布から乱数を生成している．

```
46  #%% 事後分布からのサンプリング
47  n_draws = 5000
48  n_chains = 4
49  n_tune = 1000
50  with regression_conjugate:
51      trace = pm.sample(draws=n_draws, chains=n_chains, tune=n_tune,
52                        random_seed=123)
53  print(pm.summary(trace))
```

事後分布からの乱数生成に使う関数が pm.sample() であり，この用法は

```
pm.sample(draws=生成回数，chains=乱数系列の数，tune=調整用の試行回数，
          random_seed=乱数の初期値)
```

である．draws は 1 つの系列で乱数を生成する回数を指定するオプションであり，chains は生成する乱数系列の数を指定するオプションである．マルチコア・メニーコアの CPU が普及し並列処理を比較的容易に実行できる環境が整いつつあるから，読者が普段使っているシステムにおいても複数の乱数系列を並列して生成すれば並列演算能力を最大限に活用できるだろう．第 51 行目の pm.sample() では 4 つの乱数系列を並列して走らせつつ各系列で乱数を 5,000 回生成するように設定されている．したがって，pm.sample() を実行すると各パラメータに対して $4 \times 5,000 = 20,000$ 個の乱数からなるモンテカルロ標本を得ることができる．tune は乱数生成器の調整のための試行回数を指定するオプションである．内容が高度になるため本書では詳しく説明はしないが，効率的に事後分布から乱数を生成するためには前もって乱数生成器の中のパラメータを調整しておく必要がある．この前処理のために何回乱数生成を試行するかを指定するのが tune の役割である．初期設定では 500 回だが，ここでは多めにして 1,000 回としている．オプション random_seed は 2.3 節で説明した np.random.seed() と同じく擬似乱数の再現性を保証するためのものである．

この関数 pm.sample() が返すオブジェクト trace は事後分布から生成した乱数系列を格納した「辞書」型のデータである．リストやタプルにおける要素のインデックス

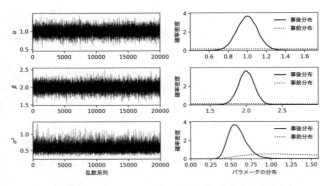

図 4.1 回帰係数と誤差項の分散の事後分布 (自然共役事前分布)

は 0 から始まる整数であった．これに対し Python の辞書では各要素に「キー」と呼ばれる文字列が割り当てられている．そして，このキーがリストやタプルにおけるインデックスのように辞書の要素を取り出すときに使われるのである．ここでは第 39 行目の with 文のブロックの中でパラメータの事前分布を指定したときに付けた「変数名の文字列」が辞書のキーになる．例えば trace['a'] とすると a（切片 α）の 20,000 個の乱数からなるモンテカルロ標本を取り出すことができる．

第 51 行目の pm.sample() で生成された α, β, σ^2 のモンテカルロ標本のプロットが図 4.1 の左列の 3 つのサブプロットに示されている．これらは 4 つの乱数系列を繋ぎ合わせたものであり，生成回数が 1〜5,000 の部分が第 1 の系列，5,001〜10,000 の部分が第 2 の系列，10,001〜15,000 の部分が第 3 の系列，そして最後の 15,001〜20,000 の部分が第 4 の系列である．このようなプロットを作成する目的は，乱数系列が事後分布から適切に生成されているかを確認するためである．もしプロットに段差や傾き（これは系列間の平均の差を示唆する）あるいは振れ幅の変動（これは系列間の分散の差を示唆する）があると事後分布からの乱数生成がうまくいっていないことを示しているので，先ほどの tune を増やすなりモデルを見直すなりしなければならない．しかし，図 4.1 の左列のサブプロットを見る限りは平均や分散に目に見えるような差はない．したがって，事後分布からの乱数生成はうまくいったといえよう．

第 53 行目では PyMC 関数 pm.summary() を用いて trace の中のモンテカルロ標本から事後統計量を計算し画面に出力している．例えば IPython で実行すると以下のような出力が得られる．

```
In [1]: %run pybayes_mcmc_reg_ex1.py
  (中略)
        mean        sd    mc_error   hpd_2.5   hpd_97.5      n_eff      Rhat
a    0.999617  0.109078  0.000720   0.776804  1.205208   25281.723834  0.999936
b    2.003047  0.111611  0.000677   1.781344  2.219448   29998.193275  0.999964
```

```
sigma2  0.586452  0.115902  0.000810  0.386211  0.822897  22965.863589  1.000025
```

出力された事後統計量は
- `mean` — 平均
- `sd` — 標準偏差
- `mc_error` — 平均の近似誤差
- `hpd_2.5` — 95%HPD 区間の下限
- `hpd_97.5` — 95%HPD 区間の上限
- `n_eff` — 実効標本数
- `Rhat` — Gelman–Rubin の収束判定

である.最後の 2 つを除けば既にモンテカルロ法による計算手順を説明したものばかりである.コード 4.1 の出力と表 3.3 を見比べると似通っている.同じ事後分布の事後統計量であるから当たり前ではあるが,標本数が 20,000 個と比較的少ないことから,精度の面では事後統計量を解析的に求めている表 3.3 の数値の方が正確である.

それでは関数 `pm.summary()` によって事後統計量と一緒に出力されている実効標本数と Gelman–Rubin の収束判定 (Gelman and Rubin (1992)) の定義と使用方法を説明しよう.そのために以下の表記を導入する.
- n — 1 つの乱数系列での生成回数
- m — 乱数系列の数
- θ_{ij} — 第 j 系列で i 番目に生成された乱数 $(i = 1, \ldots, n,\ j = 1, \ldots, m)$
- $\{\theta_1, \ldots, \theta_T\}$ — 全ての系列をまとめたモンテカルロ標本 $T = m \times n$

単一系列 $\{\theta_1, \ldots, \theta_T\}$ におけるラグ s の標本自己相関を $\hat{\rho}_s$ とすると,これは

$$\hat{\rho}_s = \frac{\hat{\gamma}_s}{\hat{\gamma}_0}, \quad \hat{\gamma}_s = \frac{1}{T} \sum_{t=s+1}^{T} (\theta_t - \bar{\theta})(\theta_{t-s} - \bar{\theta}), \quad \bar{\theta} = \frac{1}{T} \sum_{t=1}^{T} \theta_t, \tag{4.17}$$

として求められる.すると**実効標本数**は次のように定義される.

$$\hat{T}_e = \frac{T}{1 + 2 \sum_{s=1}^{S} \hat{\rho}_s}, \tag{4.18}$$

PyMC では最大ラグ S は $\hat{\rho}_{S+1} + \hat{\rho}_{S+2} < 0$ となる最初の奇数としている.後述するようにマルコフ連鎖サンプリング法で生成される乱数は互いに独立でなく,場合によっては正の強い自己相関を持つことがある.すると (4.18) 式の左辺の分母は 1 よりも大きくなるため $\hat{T}_e < T$ となる.この不等式の意味を説明しよう.モンテカルロ標本 $\{\theta_1, \ldots, \theta_T\}$ が自己相関を持つ場合には標本平均 $\bar{\theta}$ の近似誤差は (4.9) 式ではなく

$$\mathrm{SE}_S[\bar{\theta}] = \sqrt{\frac{1}{T}\left(\hat{\gamma}_0 + 2\sum_{s=1}^{S} \hat{\gamma}_s\right)} = \sqrt{\frac{\hat{\gamma}_0}{T}\left(1 + 2\sum_{s=1}^{S} \hat{\rho}_s\right)}, \tag{4.19}$$

で評価しなければならないことが知られている.T が十分大きいときには $\hat{\gamma}_0$ は標本

分散 $\frac{1}{T-1}\sum_{t=1}^{T}(\theta_t - \hat{\theta})^2$ とほぼ同じになるから，(4.19) 式は

$$\text{SE}_S[\bar{\theta}] \approx \text{SE}[\bar{\theta}]\sqrt{1 + 2\sum_{s=1}^{S}\hat{\rho}_s} = \text{SE}[\bar{\theta}]\sqrt{\frac{T}{\hat{T}_e}},$$

を意味する．ここで $\text{SE}[\bar{\theta}]$ は (4.9) 式の近似誤差である．このことから実効標本数 $\hat{T}_e$ が標本数 T よりも小さくなればなるほど近似誤差 $\text{SE}_S[\bar{\theta}]$ が大きくなることがわかる．逆に $\hat{T}_e$ が T と大差のない値であれば，互いに独立な標本と比べても近似誤差は遜色ないといえる．これが $\hat{T}_e$ を確認する理由である．

次に Gelman–Rubin の収束判定を説明しよう．ここで

$$\hat{B} = \frac{n}{m-1}\sum_{j=1}^{m}(\bar{\theta}_{.j} - \bar{\theta})^2, \quad \bar{\theta}_{.j} = \frac{1}{n}\sum_{i=1}^{n}\theta_{ij},$$

$$\hat{W} = \frac{1}{m}\sum_{j=1}^{m}s_j^2, \quad s_j^2 = \frac{1}{n-1}\sum_{i=1}^{n}(\theta_{ij} - \bar{\theta}_{.j})^2,$$

と定義する．$\hat{B}$ は系列間の平均のばらつきの程度を見ている．一方，$\hat{W}$ は各系列内の分散の平均である．統計学では $\hat{B}$ は級間分散，$\hat{W}$ は級内分散と呼ばれる．さらに

$$\hat{V} = \frac{n-1}{n}\hat{W} + \frac{1}{n}\hat{B}, \tag{4.20}$$

を考えよう．もし系列間に平均の差がなければ $n \to \infty$ で右辺第 2 項は消滅し，右辺第 1 項は $\hat{W}$ に収束する．しかし，系列間の平均に著しい差が存在するならば右辺第 2 項は消えずに残る．したがって，$\hat{V}$ と $\hat{W}$ の比の平方根

$$\hat{R} = \sqrt{\frac{\hat{V}}{\hat{W}}}, \tag{4.21}$$

を考えると，系列間に平均の差がないときに $\hat{R}$ は 1 に近い値をとり，系列間の平均に著しい差があるときに $\hat{R}$ は 1 を大きく超える値をとることになる．この (4.21) 式の $\hat{R}$ が **Gelman–Rubin** の収束判定の規準である．コード 4.1 の実行結果を見ると，$\hat{T}_e$ が $T = 20{,}000$ から小さいわけでもなく（ここでは全てのパラメータで $\hat{T}_e > T$ となっているので乱数系列の自己相関の総和は負である），$\hat{R}$ が大きく 1 を上回るわけでもないので，事後分布からの乱数生成は適切に行われていると判断できよう．

図 4.1 の右列の 3 つのサブプロットは事前分布と事後分布の比較を行っている．これは 3.3 節の図 3.7 と同じ趣旨のものである．この図 4.1 の作図を行っているのがコード 4.1 の第 55〜85 行目である．ここで使用している新しい関数は，事後分布の確率密度関数をカーネル密度推定で求めるために第 76 行目に現れる st.gaussian_kde() である．st.gaussian_kde() は SciPy の stats モジュールで提供される関数で (4.11) 式のガウシアン・カーネルを使って (4.10) 式のカーネル密度推定を行う．第 76 行目では，まず st.gaussian_kde(mc_trace) でカーネル密度推定のためのオブジェクト

を作成し，続いてメソッド.evaluate(x)を呼び出すことでグリッドxの各点で事後分布の確率密度関数の値を推定している．

コード4.1の第55行目以降では，Pythonの作図用パッケージMatplotlibの機能を駆使して図4.1のような乱数系列traceに関するグラフを作成している．しかし，PyMCには手軽に乱数系列に関する図を作成する関数が幾つか用意されている．それを紹介しておこう．

- pm.traceplot() ── 図4.1のように乱数系列のプロットとカーネル密度推定で求めた周辺事後分布を表示する関数である．例えばコード4.1の第58行目以降を

```
fig1, ax1 = plt.subplots(k+1, 2, num=1, figsize=(8, 1.5*(k+1)),
                         facecolor='w')
pm.traceplot(trace, ax=ax1, combined=True)
plt.show()
```

で置き換えると，図4.1と同様の図を作成できる．pm.traceplot()の中のax=ax1はplt.subplots()で作成したサブプロット用の枠ax1に描画するように指示を与えるオプションである[*2]．一方，オプションcombined=Trueを省略すると，複数の乱数系列を1つに結合せず個別に系列プロットと周辺事後分布のグラフを作成する．こうすると系列間に差があるかどうかの視認ができるようになる．

- pm.plot_posterior() ── 周辺事後分布，点推定，HPD区間をまとめて表示する関数である．例えばコード4.1の末尾に

```
fig2, ax2 = plt.subplots(1, k+1, num=2, figsize=(3*(k+1), 3),
                         facecolor='w')
pm.plot_posterior(trace, ax=ax2, point_estimate='mean', kde_plot=True)
plt.show()
```

を追加して実行すると，a，b，sigma2の周辺事後分布のグラフが描画されるとともに，それに重ねて点推定（平均）とHPD区間が表示される．オプションpoint_estimateを'median'とすると中央値，'mode'とすると最頻値が代わりに示される．そして，kde_plot=Trueを省略すると滑らかなカーネル推定の代わりにヒストグラムが描かれる．

さらに乱数系列の収束判定のための作図関数として

- pm.forestplot() ── 各系列の信用区間とGelman–Rubinの収束判定規準を表示する関数

[*2] バージョン3.7より仕様が変更されてpm.traceplot()はオプションaxを受け付けなくなった．したがって，バージョン3.7以降のPyMCを使用する際には最初のplt.subplots()の部分を削除し，続くpm.traceplot()内のax=ax1も削除しなければならない．

- `pm.autocorrplot()` — 各系列の標本自己相関関数(コレログラム)を表示する関数

も用意されている.

▶ 回帰モデルのベイズ分析(正規分布+逆ガンマ分布)

Python コード 4.2　pybayes_mcmc_reg_ex2.py

```python
# -*- coding: utf-8 -*-
#%% NumPyの読み込み
import numpy as np
#    SciPyのstatsモジュールの読み込み
import scipy.stats as st
#    SciPyのLinalgモジュールの読み込み
import scipy.linalg as la
#    PyMCの読み込み
import pymc3 as pm
#    MatplotlibのPyplotモジュールの読み込み
import matplotlib.pyplot as plt
#    日本語フォントの設定
from matplotlib.font_manager import FontProperties
import sys
if sys.platform.startswith('win'):
    FontPath = 'C:\\Windows\\Fonts\\meiryo.ttc'
elif sys.platform.startswith('darwin'):
    FontPath = '/System/Library/Fonts/ヒラギノ角ゴシック W4.ttc'
elif sys.platform.startswith('linux'):
    FontPath = '/usr/share/fonts/truetype/takao-gothic/TakaoPGothic.ttf'
else:
    print('このPythonコードが対応していないOSを使用しています. ')
    sys.exit()
jpfont = FontProperties(fname=FontPath)
#%% 回帰モデルからのデータ生成
n = 50
np.random.seed(99)
u = st.norm.rvs(scale=0.7, size=n)
x = st.uniform.rvs(loc=-np.sqrt(3.0), scale=2.0*np.sqrt(3.0), size=n)
y = 1.0 + 2.0 * x + u
#%% 回帰モデルの係数と誤差項の分散の事後分布の設定(正規分布+逆ガンマ分布)
b0 = np.zeros(2)
A0 = 0.2 * np.eye(2)
nu0 = 5.0
lam0 = 7.0
sd0 = np.sqrt(np.diag(la.inv(A0)))
regresssion_normal_invgamma = pm.Model()
with regresssion_normal_invgamma:
    sigma2 = pm.InverseGamma('sigma2', alpha=0.5*nu0, beta=0.5*lam0)
    a = pm.Normal('a', mu=0.0, sd=sd0[0])
    b = pm.Normal('b', mu=0.0, sd=sd0[1])
    y_hat = a + b * x
    likelihood = pm.Normal('y', mu=y_hat, sd=pm.math.sqrt(sigma2),
                           observed=y)
```

4.2 PyMC による回帰モデルのベイズ分析

```python
#%% 事後分布からのサンプリング
n_draws = 5000
n_chains = 4
n_tune = 1000
with regresssion_normal_invgamma:
    trace = pm.sample(draws=n_draws, chains=n_chains, tune=n_tune,
                      random_seed=123)
print(pm.summary(trace))
#%% 事後分布のグラフの作成
k = b0.size
param_names = ['a', 'b', 'sigma2']
labels = ['$\\alpha$', '$\\beta$', '$\\sigma^2$']
fig, ax = plt.subplots(k+1, 2, num=1, figsize=(8, 1.5*(k+1)), facecolor='w')
for index in range(k+1):
    mc_trace = trace[param_names[index]]
    if index < k:
        x_min = mc_trace.min() - 0.2 * np.abs(mc_trace.min())
        x_max = mc_trace.max() + 0.2 * np.abs(mc_trace.max())
        x = np.linspace(x_min, x_max, 250)
        prior = st.norm.pdf(x, loc=b0[index], scale=sd0[index])
    else:
        x_min = 0.0
        x_max = mc_trace.max() + 0.2 * np.abs(mc_trace.max())
        x = np.linspace(x_min, x_max, 250)
        prior = st.invgamma.pdf(x, 0.5*nu0, scale=0.5*lam0)
        ax[index, 0].set_xlabel('乱数系列', fontproperties=jpfont)
        ax[index, 1].set_xlabel('パラメータの分布', fontproperties=jpfont)
    ax[index, 0].plot(mc_trace, 'k-', linewidth=0.1)
    ax[index, 0].set_xlim(1, n_draws*n_chains)
    ax[index, 0].set_ylabel(labels[index], fontproperties=jpfont)
    posterior = st.gaussian_kde(mc_trace).evaluate(x)
    ax[index, 1].plot(x, posterior, 'k-', label='事後分布')
    ax[index, 1].plot(x, prior, 'k:', label='事前分布')
    ax[index, 1].set_xlim(x_min, x_max)
    ax[index, 1].set_ylim(0, 1.1*posterior.max())
    ax[index, 1].set_ylabel('確率密度', fontproperties=jpfont)
    ax[index, 1].legend(loc='best', frameon=False, prop=jpfont)
plt.tight_layout()
plt.savefig('pybayes_fig_mcmc_reg_ex2.png', dpi=300)
plt.show()
```

コード 4.1 では自然共役事前分布を想定したが，この場合は無理に MCMC 法を使うまでもなくコード 3.3 のように解析的に処理することができる．しかし，(4.3) 式の事前分布に対しては事後分布を綺麗に積分を残さない形で求めることはできない．そこで MCMC 法が必要となる．MCMC 法によって (4.3) 式の事前分布を使った回帰モデルのベイズ分析を PyMC で実行しているのがコード 4.2 である．事前分布の設定など細かいところを除くと，コード 4.1 とコード 4.2 の差は，以下の部分のみである．

```
regresssion_normal_invgamma = pm.Model()
with regresssion_normal_invgamma:
    sigma2 = pm.InverseGamma('sigma2', alpha=0.5*nu0, beta=0.5*lam0)
    a = pm.Normal('a', mu=0.0, sd=sd0[0])
    b = pm.Normal('b', mu=0.0, sd=sd0[1])
    y_hat = a + b * x
    likelihood = pm.Normal('y', mu=y_hat, sd=pm.math.sqrt(sigma2),
                           observed=y)
```

第 40〜41 行目の a と b の事前分布の尺度パラメータは sigma に依存していない. たったこれだけの変化で (4.3) 式の事前分布を使った回帰モデルを設定できるのである. この簡単さが PyMC の売りである. 第 43 行目の尤度を設定している箇所では, 確率変数 sigma を定義する代わりに sd=pm.math.sqrt(sigma2) と誤差項の標準偏差 σ を直接指定している. IPython での実行結果が以下に示されている.

```
In [2]: %run pybayes_mcmc_reg_ex2.py
(中略)

           mean        sd    mc_error   hpd_2.5    hpd_97.5       n_eff       Rhat
a       1.000663  0.108672   0.000684  0.795398   1.220851   26497.904871  0.999912
b       2.005976  0.112264   0.000614  1.780879   2.224867   30246.222980  0.999929
sigma2  0.590454  0.118843   0.000725  0.378668   0.827172   25499.443757  1.000021
```

α と β の点推定は真の値 ($\alpha = 1$, $\beta = 2$) に近く, 95%HPD 区間は真の値を含んでいる. σ^2 の点推定は真の値 $\sigma^2 = 0.49$ よりもやや大きいが, 95%HPD 区間は真の値を含んでいる. 実効標本数と Gelman–Rubin の収束判定の数値も良好であるからモンテカルロ標本は適切に事後分布から生成されているといえよう. また, 図 4.2 に α, β, σ^2 の乱数系列 (左列) と周辺事後分布 (右列) が示されているが, 乱数系列に目立った段差, 傾き, 振れ幅の変動は見られない. 周辺事後分布も真の値の周りで確率

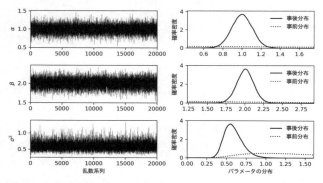

図 4.2 回帰係数と誤差項の分散の事後分布 (正規分布+逆ガンマ分布)

4.2 PyMCによる回帰モデルのベイズ分析

密度が高くなっている.

▶ 回帰モデルのベイズ分析（重回帰モデル）

Python コード 4.3　pybayes_mcmc_reg_ex3.py

```python
# -*- coding: utf-8 -*-
#%% NumPyの読み込み
import numpy as np
#   SciPyのstatsモジュールの読み込み
import scipy.stats as st
#   SciPyのLinalgモジュールの読み込み
import scipy.linalg as la
#   PyMCの読み込み
import pymc3 as pm
#   MatplotlibのPyplotモジュールの読み込み
import matplotlib.pyplot as plt
#   日本語フォントの設定
from matplotlib.font_manager import FontProperties
import sys
if sys.platform.startswith('win'):
    FontPath = 'C:\\Windows\\Fonts\\meiryo.ttc'
elif sys.platform.startswith('darwin'):
    FontPath = '/System/Library/Fonts/ヒラギノ角ゴシック W4.ttc'
elif sys.platform.startswith('linux'):
    FontPath = '/usr/share/fonts/truetype/takao-gothic/TakaoPGothic.ttf'
else:
    print('このPythonコードが対応していないOSを使用しています.')
    sys.exit()
jpfont = FontProperties(fname=FontPath)
#%% 回帰モデルからのデータ生成
n = 50
np.random.seed(99)
u = st.norm.rvs(scale=0.7, size=n)
x1 = st.uniform.rvs(loc=-np.sqrt(3.0), scale=2.0*np.sqrt(3.0), size=n)
x2 = st.uniform.rvs(loc=-np.sqrt(3.0), scale=2.0*np.sqrt(3.0), size=n)
y = 1.0 + 2.0 * x1 - x2 + u
X = np.stack((np.ones(n), x1, x2), axis=1)
#%% 回帰モデルの係数と誤差項の分散の事後分布の設定
k = X.shape[1]
b0 = np.zeros(k)
A0 = 0.2 * np.eye(k)
nu0 = 5.0
lam0 = 7.0
sd0 = np.sqrt(np.diag(la.inv(A0)))
multiple_regression = pm.Model()
with multiple_regression:
    sigma2 = pm.InverseGamma('sigma2', alpha=0.5*nu0, beta=0.5*lam0)
    b = pm.MvNormal('b', mu=b0, tau=A0, shape=k)
    y_hat = pm.math.dot(X, b)
    likelihood = pm.Normal('y', mu=y_hat, sd=pm.math.sqrt(sigma2),
                           observed=y)
#%% 事後分布からのサンプリング
```

```
48  n_draws = 5000
49  n_chains = 4
50  n_tune = 1000
51  with multiple_regression:
52      trace = pm.sample(draws=n_draws, chains=n_chains, tune=n_tune,
53                        random_seed=123)
54  print(pm.summary(trace))
55  #%% 事後分布のグラフの作成
56  fig, ax = plt.subplots(k+1, 2, num=1, figsize=(8, 1.5*(k+1)), facecolor='w')
57  for index in range(k+1):
58      if index < k:
59          mc_trace = trace['b'][:, index]
60          x_min = mc_trace.min() - 0.2 * np.abs(mc_trace.min())
61          x_max = mc_trace.max() + 0.2 * np.abs(mc_trace.max())
62          x = np.linspace(x_min, x_max, 250)
63          prior = st.norm.pdf(x, loc=b0[index], scale=sd0[index])
64          y_label = '$\\beta_{:<d}$'.format(index+1)
65      else:
66          mc_trace = trace['sigma2']
67          x_min = 0.0
68          x_max = mc_trace.max() + 0.2 * np.abs(mc_trace.max())
69          x = np.linspace(x_min, x_max, 250)
70          prior = st.invgamma.pdf(x, 0.5*nu0, scale=0.5*lam0)
71          y_label = '$\\sigma^2$'
72          ax[index, 0].set_xlabel('乱数系列', fontproperties=jpfont)
73          ax[index, 1].set_xlabel('パラメータの分布', fontproperties=jpfont)
74      ax[index, 0].plot(mc_trace, 'k-', linewidth=0.1)
75      ax[index, 0].set_xlim(1, n_draws*n_chains)
76      ax[index, 0].set_ylabel(y_label, fontproperties=jpfont)
77      posterior = st.gaussian_kde(mc_trace).evaluate(x)
78      ax[index, 1].plot(x, posterior, 'k-', label='事後分布')
79      ax[index, 1].plot(x, prior, 'k:', label='事前分布')
80      ax[index, 1].set_xlim(x_min, x_max)
81      ax[index, 1].set_ylim(0, 1.1*posterior.max())
82      ax[index, 1].set_ylabel('確率密度', fontproperties=jpfont)
83      ax[index, 1].legend(loc='best', frameon=False, prop=jpfont)
84  plt.tight_layout()
85  plt.savefig('pybayes_fig_mcmc_reg_ex3.png', dpi=300)
86  plt.show()
```

コード 4.2 は，説明変数 1 つしかない単回帰モデルを分析の対象としているが，一般に回帰モデルは (3.28) 式のように複数の説明変数を含む．このような回帰モデルは単回帰モデルと区別するために重回帰モデルとも呼ばれる．コード 4.2 を重回帰モデル用に変更したものがコード 4.3 である．コード 4.3 では

$$y_i = 1 + 2x_{1i} - x_{2i} + u_i, \quad u_i \sim \mathcal{N}(0, 0.49), \quad i = 1, \ldots, 50,$$

という重回帰モデルから生成されたデータに基づき，

$$\begin{bmatrix} \beta_1 \\ \beta_2 \\ \beta_3 \end{bmatrix} \sim \mathcal{N}\left(\begin{bmatrix} 0 \\ 0 \\ 0 \end{bmatrix}, \begin{bmatrix} 0.2 & 0 & 0 \\ 0 & 0.2 & 0 \\ 0 & 0 & 0.2 \end{bmatrix}^{-1} \right), \quad \sigma^2 \sim \mathcal{G}a^{-1}\left(\frac{5}{2}, \frac{7}{2} \right),$$

という事前分布を使ってベイズ分析を行っている．データの生成過程や事前分布の設定を行っている部分を除くコード 4.2 からの主な変更点は，

- 第 43 行目で PyMC 関数 pm.MvNormal() を使って b（回帰係数 β に対応）の事前分布に多変量正規分布 $\mathcal{N}(\boldsymbol{\beta}_0, \boldsymbol{A}_0)$ を指定している．ここで tau は分散共分散行列の逆行列（精度行列と呼ばれる）を指定するオプションであり，shape は次元を指定するオプションである．
- 第 44 行目の pm.math.dot(X, b) で重回帰モデルにおける回帰関数 $\boldsymbol{X}^\top \boldsymbol{\beta}$ を計算している．with 文のブロックの中では NumPy や SciPy の行列演算関数は使えないことに注意しよう．したがって，ここで y_hat = X.dot(b) とするのは不可である．

である．

コード 4.3 による事後統計量の出力結果は以下の通りである．

```
In [3]: %run pybayes_mcmc_reg_ex3.py

(中略)

           mean        sd    mc_error   hpd_2.5   hpd_97.5        n_eff      Rhat
b__0    0.974828  0.111384  0.000725   0.756803   1.197379   25003.965031  0.999933
b__1    2.021097  0.112784  0.000693   1.797657   2.243947   24094.129282  1.000010
b__2   -0.868173  0.112613  0.000694  -1.087537  -0.643694   25179.023642  1.000007
sigma2  0.586448  0.119556  0.000759   0.372321   0.820283   22724.134654  1.000032
```

事後統計量の出力結果の b__0, b__1, b__2 は，それぞれ β_1, β_2, β_3 である．図 4.3 にコード 4.3 で生成されたモンテカルロ標本と各パラメータの分布がプロットされている．出力結果を見ると，β_1, β_2, β_3, σ^2 の点推定は真の値に近く，HPD 区間は真の値を含んでいる．実効標本数と Gelman–Rubin の収束判定，そして図 4.3 の左列のプロットを見てもモンテカルロ標本は問題なく事後分布から生成されているといえるだろう．また，図 4.3 の右列の β_1, β_2, β_3, σ^2 の周辺事後分布も真の値の周りに集まった形になっている．

▶ 回帰モデルのベイズ分析（ラプラス分布＋半コーシー分布）

Python コード 4.4　pybayes_mcmc_reg_ex4.py

```python
# -*- coding: utf-8 -*-
#%% NumPyの読み込み
import numpy as np
#   SciPyのstatsモジュールの読み込み
import scipy.stats as st
```

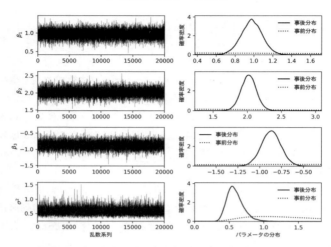

図 4.3　回帰係数と誤差項の分散の事後分布（重回帰モデル）

```
6  #    PyMCの読み込み
7  import pymc3 as pm
8  #    MatplotlibのPyplotモジュールの読み込み
9  import matplotlib.pyplot as plt
10 #    日本語フォントの設定
11 from matplotlib.font_manager import FontProperties
12 import sys
13 if sys.platform.startswith('win'):
14     FontPath = 'C:\\Windows\\Fonts\\meiryo.ttc'
15 elif sys.platform.startswith('darwin'):
16     FontPath = '/System/Library/Fonts/ヒラギノ角ゴシック W4.ttc'
17 elif sys.platform.startswith('linux'):
18     FontPath = '/usr/share/fonts/truetype/takao-gothic/TakaoPGothic.ttf'
19 else:
20     print('このPythonコードが対応していないOSを使用しています．')
21     sys.exit()
22 jpfont = FontProperties(fname=FontPath)
23 #%% 回帰モデルからのデータ生成
24 n = 50
25 np.random.seed(99)
26 u = st.norm.rvs(scale=0.7, size=n)
27 x = st.uniform.rvs(loc=-np.sqrt(3.0), scale=2.0*np.sqrt(3.0), size=n)
28 y = 1.0 + 2.0 * x + u
29 #%% 回帰モデルの係数と誤差項の分散の事後分布の設定(ラプラス＋半コーシー分布)
30 b0 = np.zeros(2)
31 tau_coef = np.ones(2)
32 tau_sigma = 1.0
33 regression_laplace_halfcauchy = pm.Model()
34 with regression_laplace_halfcauchy:
35     sigma = pm.HalfCauchy('sigma', beta=tau_sigma)
```

```python
    a = pm.Laplace('a', mu=b0[0], b=tau_coef[0])
    b = pm.Laplace('b', mu=b0[1], b=tau_coef[1])
    y_hat = a + b * x
    likelihood = pm.Normal('y', mu=y_hat, sd=sigma, observed=y)
#%% 事後分布からのサンプリング
n_draws = 5000
n_chains = 4
n_tune = 1000
with regression_laplace_halfcauchy:
    trace = pm.sample(draws=n_draws, chains=n_chains, tune=n_tune,
                      random_seed=123)
print(pm.summary(trace))
#%% 事後分布のグラフの作成
k = b0.size
param_names = ['a', 'b', 'sigma']
labels = ['$\\alpha$', '$\\beta$', '$\\sigma$']
fig, ax = plt.subplots(k+1, 2, num=1, figsize=(8, 1.5*(k+1)), facecolor='w')
for index in range(k+1):
    mc_trace = trace[param_names[index]]
    if index < k:
        x_min = mc_trace.min() - 0.2 * np.abs(mc_trace.min())
        x_max = mc_trace.max() + 0.2 * np.abs(mc_trace.max())
        x = np.linspace(x_min, x_max, 250)
        prior = st.laplace.pdf(x, loc=b0[index], scale=tau_coef[index])
    else:
        x_min = 0.0
        x_max = mc_trace.max() + 0.2 * np.abs(mc_trace.max())
        x = np.linspace(x_min, x_max, 250)
        prior = st.halfcauchy.pdf(x, scale=tau_sigma)
        ax[index, 0].set_xlabel('乱数系列', fontproperties=jpfont)
        ax[index, 1].set_xlabel('パラメータの分布', fontproperties=jpfont)
    ax[index, 0].plot(mc_trace, 'k-', linewidth=0.1)
    ax[index, 0].set_xlim(1, n_draws*n_chains)
    ax[index, 0].set_ylabel(labels[index], fontproperties=jpfont)
    posterior = st.gaussian_kde(mc_trace).evaluate(x)
    ax[index, 1].plot(x, posterior, 'k-', label='事後分布')
    ax[index, 1].plot(x, prior, 'k:', label='事前分布')
    ax[index, 1].set_xlim(x_min, x_max)
    ax[index, 1].set_ylim(0, 1.1*posterior.max())
    ax[index, 1].set_ylabel('確率密度', fontproperties=jpfont)
    ax[index, 1].legend(loc='best', frameon=False, prop=jpfont)
plt.tight_layout()
plt.savefig('pybayes_fig_mcmc_reg_ex4.png', dpi=300)
plt.show()
```

次は今までとは全く異なる確率分布を回帰モデルのパラメータの事前分布に試してみよう. ここで新しい分布としてラプラス分布

$$p(x|\mu, \sigma) = \frac{1}{2\sigma} \exp\left[-\frac{|x-\mu|}{\sigma}\right], \tag{4.22}$$

とコーシー分布

$$p(x|\mu,\sigma) = \frac{1}{\pi\sigma}\left[1 + \left(\frac{x-\mu}{\sigma}\right)^2\right]^{-1}, \qquad (4.23)$$

を導入する．いずれの分布でも

$$-\infty < x < \infty, \quad -\infty < \mu < \infty, \quad \sigma > 0,$$

である．以下では，(4.22) 式のラプラス分布を $\mathcal{L}a(\mu,\sigma)$，(4.23) 式のコーシー分布を $\mathcal{C}a(\mu,\sigma)$ と表記する．ちなみにコーシー分布 $\mathcal{C}a(\mu,\sigma)$ は自由度 1 の t 分布 $\mathcal{T}(1,\mu,\sigma^2)$ でもあり，平均も分散も存在しない．しかし，μ は中央値であると同時に最頻値でもあるから位置パラメータになっている．σ も標準偏差ではないが尺度パラメータである．

ラプラス分布は実直線上の全ての値をとるので回帰係数の事前分布として使える．コーシー分布も実直線上の全ての値をとるが，誤差項の標準偏差は正の値しかとらないので $\mu=0$ のコーシー分布から $x>0$ の領域のみを切り取った半コーシー分布

$$p(x|\sigma) = \frac{2}{\pi\sigma}\left(1 + \frac{x^2}{\sigma^2}\right)^{-1} = \frac{2\sigma}{\pi(x^2+\sigma^2)}, \quad x>0, \qquad (4.24)$$

を誤差項の標準偏差の事前分布とする．なお (4.24) 式に "2" が現れる理由はこうである．まず $\mu=0$ はコーシー分布の中央値であることを思い出そう．この中央値から下半分を切り捨ててしまったので，このままでは確率密度関数の下の面積は 1 にならない．したがって，(4.24) 式では 2 を乗ずることで確率密度関数に戻しているのである．このように分布を特定の領域（ここでは $x>0$）で切り取ることを統計学では**切断**という．以下では (4.24) 式の半コーシー分布を $\mathcal{C}a^+(\sigma)$ と表記する．まとめると，ラプラス分布と半コーシー分布に基づく事前分布は

$$\alpha \sim \mathcal{L}a(\alpha_0,\tau_\alpha), \quad \beta \sim \mathcal{L}a(\beta_0,\tau_\beta), \quad \sigma \sim \mathcal{C}a^+(\tau_\sigma), \qquad (4.25)$$

となる．

(4.25) 式の事前分布に基づいて回帰モデルのベイズ分析を行うための Python コードがコード 4.4 である．コード 4.4 によって生成されたモンテカルロ標本とパラメータの分布のプロットが図 4.4 に示されている．同じコードを実行して計算された事後統計量の出力結果は以下の通りである．

```
In [4]: %run pybayes_mcmc_reg_ex4.py

（中略）

          mean        sd    mc_error    hpd_2.5   hpd_97.5         n_eff       Rhat
a     0.992101  0.100575    0.000558   0.799678   1.194075  26362.011121   0.999960
b     2.000642  0.104571    0.000728   1.795034   2.209574  25723.003588   0.999977
sigma 0.708113  0.074731    0.000505   0.568470   0.856582  20854.407565   1.000062
```

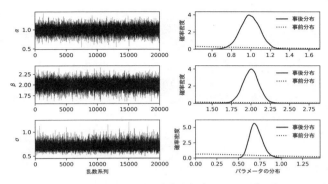

図 4.4 回帰係数と誤差項の標準偏差の事後分布（ラプラス分布＋半コーシー分布）

コード 4.4 の数値例では $\alpha_0 = \beta_0 = 0$, $\tau_\alpha = \tau_\beta = \tau_\sigma = 1$ としている．出力結果を見てもわかるように，α, β, σ の点推定は真の値に近く，HPD 区間は真の値を含んでいる．実効標本数と Gelman–Rubin の収束判定，図 4.4 の左列のプロットを見てもモンテカルロ標本は問題なく事後分布から生成されているといえよう．また，図 4.4 の α, β, σ の周辺事後分布も真の値の周りに集中した形状となっている．このコード 4.4 のコード 4.2 からの主な変更点は，

- 第 35 行目で sigma の事前分布を半コーシー分布 pm.HalfCauchy() に指定している．pm.HalfCauchy() では beta が尺度パラメータのオプションである．
- 第 36~37 行目で a と b の事前分布をラプラス分布 pm.Laplace() に指定している．pm.Laplace() では mu が位置パラメータ，b が尺度パラメータのオプションである．
- 第 59 行目で SciPy の stats モジュールの関数 st.laplace.pdf() をラプラス分布の確率密度関数の計算に使用している．
- 第 64 行目で SciPy の stats モジュールの関数 st.halfcauchy.pdf() を半コーシー分布の確率密度関数の計算に使用している．

くらいである．

一般に重回帰モデルにおける定数項 β_1 を除く回帰係数 β_j $(j = 2, \ldots, k)$ に対して $\beta_j \sim \mathcal{La}(0, \tau_\beta)$ を事前分布に使うと，事後分布は

$$p(\boldsymbol{\beta}|D) \propto \exp\left[-\frac{1}{2\sigma^2}\sum_{i=1}^n \left(y_i - \beta_1 - \sum_{j=2}^k \beta_j x_{ji}\right)^2 - \frac{1}{2\tau_\beta}\sum_{j=2}^k |\beta_j|\right], \quad (4.26)$$

として与えられる．ここでは話を簡単にするために β_1 の事前分布には一様分布を使い，σ^2 は既知と仮定する．このときの $\boldsymbol{\beta}$ の MAP 推定は

$$\hat{\boldsymbol{\beta}}_{MAP} = \arg\min_{\boldsymbol{\beta}} \sum_{i=1}^{n} \left(y_i - \beta_1 - \sum_{j=2}^{k} \beta_j x_{ji} \right)^2 + \lambda_\beta \sum_{j=2}^{k} |\beta_j|, \quad \lambda_\beta = \frac{\sigma^2}{\tau_\beta}, \quad (4.27)$$

と同値である．この (4.27) 式は Tibshirani (1996) によって提唱された **Lasso (least absolute shrinkage and selection operator)** と同じ形をしている．したがって，Lasso は各々の回帰係数に独立で同じラプラス分布を仮定したときの MAP 推定と解釈される．この発想に基づき Park and Casella (2008) はベイズ Lasso と呼ばれる手法を提案した．

4.3 一般化線形モデルのベイズ分析

今まで考察してきた回帰モデル

$$y_i = \beta_1 x_{1i} + \cdots + \beta_k x_{ki} + u_i, \quad i = 1, \ldots, n,$$

においては，暗に被説明変数 y_i が連続的な確率分布（例えば正規分布）に従い，その条件付期待値が

$$\mathrm{E}[y_i|\boldsymbol{x}_i] = \beta_1 x_{1i} + \cdots + \beta_k x_{ki} = \boldsymbol{x}_i^\mathsf{T} \boldsymbol{\beta}, \quad (4.28)$$

という説明変数 $\boldsymbol{x}_i = [x_{1i}; \cdots ; x_{ki}]$ の線形関数で与えられると仮定していた．一見，この仮定は特に問題になることがないように思えるかもしれない．しかし，状況によっては (4.28) 式の仮定が非現実的となる恐れがある．

ここで第 2 章で使用したベルヌーイ分布

$$p(y_i|q_i) = q_i^{y_i}(1-q_i)^{1-y_i}, \quad 0 \leq q_i \leq 1, \quad (4.29)$$

に y_i が従うと仮定しよう．ここで注意してほしいのは，(2.3) 式と異なり，確率 q_i が個体 i ($i = 1, \ldots, n$) によって変化することを許容している点である．このようなモデルの設定は消費者行動や企業の破綻リスクの分析などで出てくる．例えば顧客が特定ブランドの洗剤を何時購入したかを記録したデータがあるとする．顧客の購買行動に影響を与える要因としては顧客の性別，年齢などの属性に加え，洗剤の価格，前に購入してからの経過時間，特売などのプロモーションの有無，広告宣伝の有無，競合ブランドの価格やプロモーションなど様々なものが考えられる．したがって，全ての顧客に対して同じ確率を設定するのは非現実的である．これらの要因を説明変数 $\boldsymbol{x}_i$ として用いて顧客の購買確率 q_i を推測することで，顧客の個性にあったプロモーションを実施することが可能となるだろう．同じことは企業の破綻についてもいえる．企業によって破綻のリスクは同じではない．ある企業は安定した経営が行われ破綻の可能性は事実上 0 かもしれない．しかし，別の企業は財務が悪化していて今にも破綻してしまうかもしれない．個々の企業の破綻確率 q_i を企業の財務状況などを説明変数 $\boldsymbol{x}_i$

として評価するモデルはスコアリング・モデルと呼ばれる．(4.29) 式のベルヌーイ分布の期待値は $\mathrm{E}[y_i] = q_i$ であるから，ここで (4.28) 式をそのまま適用して，y_i の $\boldsymbol{x}_i$ が与えられた下での条件付期待値を

$$q_i = \mathrm{E}[y_i|\boldsymbol{x}_i] = \boldsymbol{x}_i^\mathsf{T}\boldsymbol{\beta}, \tag{4.30}$$

としたくなるかもしれない．しかし，確率は定義上 $0 \leqq q_i \leqq 1$ とならなければならないから，(4.30) 式のように q_i を定式化とすると q_i が負の値になったり 1 を超えたりする可能性が出てくる [*3]．そのような q_i を確率と解釈することはできない．

もう 1 つの例が計数データである．計数データとは，名前の示唆する通り $y_i = 0, 1, 2, \ldots$ と観測値が 0 以上の整数をとるデータを指す．計数データを生成する分布の代表例が 3.1 節で扱ったポアソン分布

$$p(y_i|\lambda_i) = \frac{\lambda_i^{y_i} e^{-\lambda_i}}{y_i!}, \quad y_i = 0, 1, 2, \ldots, \quad \lambda_i > 0, \tag{4.31}$$

である．ここでも (4.31) 式のポアソン分布の期待値が $\mathrm{E}[y_i] = \lambda_i$ であるから，y_i の $\boldsymbol{x}_i$ が与えられた下での条件付期待値を

$$\lambda_i = \mathrm{E}[y_i|\boldsymbol{x}_i] = \boldsymbol{x}_i^\mathsf{T}\boldsymbol{\beta}, \tag{4.32}$$

としても良さそうである．しかし，これでは λ_i が負の値になる可能性が残るため，通常の λ の解釈との整合性がとれなくなる（λ はポアソン分布の平均であるが，ポアソン分布は負の値をとらないため平均は必ず正となることを思い出そう）．

以上の論点を踏まえて線形回帰モデルの一般化を試みる．説明変数 $\boldsymbol{x}_i$ が与えられた下での y_i の条件付期待値を $\mu_i = \mathrm{E}[y_i|\boldsymbol{x}_i]$ とする．ベルヌーイ分布であれば $0 \leqq \mu_i \leqq 1$ であるし，ポアソン分布であれば $\mu_i > 0$ である．このままでは μ_i はとりうる値が制限されるので，μ_i を $-\infty < g(\mu_i) < \infty$ を満たす関数 $g(\cdot)$ で変換することを考える．そして，変換後の $g(\mu_i)$ が説明変数の線形関数，つまり

$$g(\mu_i) = \boldsymbol{x}_i^\mathsf{T}\boldsymbol{\beta}, \tag{4.33}$$

であると仮定する．このタイプの回帰モデルの一般化を**一般化線形モデル**という．一般化線形モデルは英語で "Generalized Linear Model" というので頭文字をとって **GLM** ということもある．すると確率分布の条件付期待値は，逆関数 $g^{-1}(\cdot)$ を使うと

$$\mu_i = g^{-1}(\boldsymbol{x}_i^\mathsf{T}\boldsymbol{\beta}), \tag{4.34}$$

と復元される．この $g(\cdot)$ は一般化線形モデルの文脈でリンク関数と呼ばれる．代表的なリンク関数には以下のようなものがある．

ロジット：

$$g(\mu_i) = \log\frac{\mu_i}{1-\mu_i} = \boldsymbol{x}_i^\mathsf{T}\boldsymbol{\beta} \quad\Leftrightarrow\quad \mu_i = \frac{1}{1+\exp(-\boldsymbol{x}_i^\mathsf{T}\boldsymbol{\beta})}. \tag{4.35}$$

[*3] このように不都合な側面があるものの推定が容易なので (4.30) 式を使った分析も行われることはある．そのとき (4.30) 式は線形確率モデルと呼ばれる．

プロビット: 標準正規分布 $\mathcal{N}(0,1)$ の累積分布関数を $\Phi(x) = \int_{-\infty}^{x} (1/\sqrt{2}) e^{-u^2/2} du$ とすると,

$$g(\mu_i) = \Phi^{-1}(\mu_i) = \boldsymbol{x}_i^\mathsf{T} \boldsymbol{\beta} \quad \Leftrightarrow \quad \mu_i = \Phi(\boldsymbol{x}_i^\mathsf{T} \boldsymbol{\beta}). \tag{4.36}$$

自然対数:

$$g(\mu_i) = \log \mu_i = \boldsymbol{x}_i^\mathsf{T} \boldsymbol{\beta} \quad \Leftrightarrow \quad \mu_i = \exp(\boldsymbol{x}_i^\mathsf{T} \boldsymbol{\beta}). \tag{4.37}$$

ロジット $\log(\mu/(1-\mu))$ とプロビット $\Phi^{-1}(\mu)$ は, μ_i が必ず 0 と 1 の間の値をとるように変換するので, ベルヌーイ分布 (4.29) で使われる. ロジットをリンク関数としたベルヌーイ分布モデルをロジット・モデル, プロビットをリンク関数としたベルヌーイ分布モデルをプロビット・モデルと呼ぶ. この場合の尤度は

$$\begin{aligned} p(D|\boldsymbol{\beta}) &= \prod_{i=1}^{n} q_i^{y_i} (1-q_i)^{1-y_i}, \\ q_i &= \begin{cases} \dfrac{1}{1+\exp(-\boldsymbol{x}_i^\mathsf{T}\boldsymbol{\beta})}, & (\text{ロジット・モデル}), \\ \Phi(\boldsymbol{x}_i^\mathsf{T}\boldsymbol{\beta}), & (\text{プロビット・モデル}), \end{cases} \end{aligned} \tag{4.38}$$

となる. 一方, 自然対数をリンク関数とすると, μ_i は必ず正の値をとるように変換されるから, ポアソン分布 (4.31) で使われる. このときの一般化線形モデルはポアソン回帰モデルと呼ばれる. この場合の尤度は

$$p(D|\boldsymbol{\beta}) = \prod_{i=1}^{n} \dfrac{\lambda_i^{y_i} e^{-\lambda_i}}{y_i!}, \quad \lambda_i = \exp(\boldsymbol{x}_i^\mathsf{T}\boldsymbol{\beta}), \tag{4.39}$$

である.

以下では, PyMC の機能を活用してロジット・モデル, プロビット・モデル, ポアソン回帰モデルのベイズ分析を行う Python コードを紹介する.

▶ ロジット・モデルのベイズ分析

Python コード 4.5 pybayes_mcmc_logit.py

```python
# -*- coding: utf-8 -*-
#%% NumPyの読み込み
import numpy as np
#   SciPyのstatsモジュールの読み込み
import scipy.stats as st
#   PyMCの読み込み
import pymc3 as pm
#   MatplotlibのPyplotモジュールの読み込み
import matplotlib.pyplot as plt
#   日本語フォントの設定
from matplotlib.font_manager import FontProperties
import sys
if sys.platform.startswith('win'):
    FontPath = 'C:\\Windows\\Fonts\\meiryo.ttc'
elif sys.platform.startswith('darwin'):
```

```
        FontPath = '/System/Library/Fonts/ヒラギノ角ゴシック W4.ttc'
elif sys.platform.startswith('linux'):
        FontPath = '/usr/share/fonts/truetype/takao-gothic/TakaoPGothic.ttf'
else:
    print('このPythonコードが対応していないOSを使用しています．')
    sys.exit()
jpfont = FontProperties(fname=FontPath)
#%% ロジット・モデルからのデータ生成
n = 500
np.random.seed(99)
x1 = st.uniform.rvs(loc=-np.sqrt(3.0), scale=2.0*np.sqrt(3.0), size=n)
x2 = st.uniform.rvs(loc=-np.sqrt(3.0), scale=2.0*np.sqrt(3.0), size=n)
q = st.logistic.cdf(0.5*x1 - 0.5*x2)
y = st.bernoulli.rvs(q)
X = np.stack((np.ones(n), x1, x2), axis=1)
#%% ロジット・モデルの係数の事後分布の設定
n, k = X.shape
b0 = np.zeros(k)
A0 = 0.01 * np.eye(k)
logit_model = pm.Model()
with logit_model:
    b = pm.MvNormal('b', mu=b0, tau=A0, shape=k)
    idx = pm.math.dot(X, b)
    likelihood = pm.Bernoulli('y', logit_p=idx, observed=y)
#%% 事後分布からのサンプリング
n_draws = 5000
n_chains = 4
n_tune = 1000
with logit_model:
    trace = pm.sample(draws=n_draws, chains=n_chains, tune=n_tune,
                      random_seed=123)
print(pm.summary(trace))
#%% 事後分布のグラフの作成
fig, ax = plt.subplots(k, 2, num=1, figsize=(8, 1.5*k), facecolor='w')
for index in range(k):
    mc_trace = trace['b'][:, index]
    x_min = mc_trace.min() - 0.2 * np.abs(mc_trace.min())
    x_max =  mc_trace.max() + 0.2 * np.abs(mc_trace.max())
    x = np.linspace(x_min, x_max, 250)
    posterior = st.gaussian_kde(mc_trace).evaluate(x)
    ax[index, 0].plot(mc_trace, 'k-', linewidth=0.1)
    ax[index, 0].set_xlim(1, n_draws*n_chains)
    ax[index, 0].set_ylabel('$\\beta_{:d}$'.format(index+1),
                            fontproperties=jpfont)
    ax[index, 1].plot(x, posterior, 'k-')
    ax[index, 1].set_xlim(x_min, x_max)
    ax[index, 1].set_ylim(0, 1.1*posterior.max())
    ax[index, 1].set_ylabel('確率密度', fontproperties=jpfont)
ax[k-1, 0].set_xlabel('乱数系列', fontproperties=jpfont)
ax[k-1, 1].set_xlabel('周辺事後分布', fontproperties=jpfont)
plt.tight_layout()
```

```
67  plt.savefig('pybayes_fig_mcmc_logit.png', dpi=300)
68  plt.show()
```

コード 4.5 では，以下の部分でロジット・モデルから人工データを生成している．

```
23  #%% ロジット・モデルからのデータ生成
24  n = 500
25  np.random.seed(99)
26  x1 = st.uniform.rvs(loc=-np.sqrt(3.0), scale=2.0*np.sqrt(3.0), size=n)
27  x2 = st.uniform.rvs(loc=-np.sqrt(3.0), scale=2.0*np.sqrt(3.0), size=n)
28  q = st.logistic.cdf(0.5*x1 - 0.5*x2)
29  y = st.bernoulli.rvs(q)
```

データ生成に使用しているモデルは
$$p(y_i|q_i) = q_i^{y_i}(1-q_i)^{1-y_i}, \quad q_i = \frac{1}{1 + \exp\left(\frac{1}{2}x_{1i} - \frac{1}{2}x_{2i}\right)}, \quad i = 1, \ldots, 500,$$
である．定数項の真の値は 0 であることに注意しよう．説明変数の生成手順はコード 4.3 で重回帰モデルの説明変数を生成したときと同じである．ロジット・モデルの確率 q_i はロジスティック分布の累積分布関数でもあるので，第 28 行目では (4.35) 式を直接使わずに SciPy の stats モジュールで提供されるロジスティック分布の累積分布関数 st.logistic.cdf() で q_i（第 28 行目では q）を計算している．第 29 行目ではコード 2.3 の第 85 行目と同じく st.bernoulli.rvs() でベルヌーイ分布から乱数を生成している．この st.bernoulli.rvs() の中では生成する乱数の数を明示的に指定していないが問題はない．st.bernoulli.rvs() は q の各要素を成功確率とするベルヌーイ分布から 1 個乱数を生成し（q の要素は 500 個あるので乱数も 500 個生成される），それを q と同じサイズの NumPy 配列 y に格納しているのである．

以下の部分でロジット・モデルの係数 β に対する事前分布と尤度を設定している．

```
31  #%% ロジット・モデルの係数の事後分布の設定
32  n, k = X.shape
33  b0 = np.zeros(k)
34  A0 = 0.01 * np.eye(k)
35  logit_model = pm.Model()
36  with logit_model:
37      b = pm.MvNormal('b', mu=b0, tau=A0, shape=k)
38      idx = pm.math.dot(X, b)
39      likelihood = pm.Bernoulli('y', logit_p=idx, observed=y)
```

この重回帰モデルのベイズ分析のためのコード 4.3 からの主な変更点は以下の通りである．

- β の事前分布は
$$\boldsymbol{\beta}_0 = \begin{bmatrix} 0 \\ 0 \\ 0 \end{bmatrix}, \quad \boldsymbol{A}_0 = \begin{bmatrix} 0.01 & 0 & 0 \\ 0 & 0.01 & 0 \\ 0 & 0 & 0.01 \end{bmatrix},$$

4.3 一般化線形モデルのベイズ分析

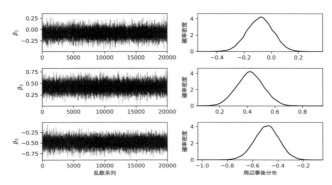

図 4.5 ロジット・モデルの係数の事後分布

とした多変量正規分布である.

- モデルには σ^2 が含まれないので,これに関する設定が一切削除されている.
- idx は $x_i^\top \beta$ ($i = 1, \ldots, 500$) を要素に持つベクトルである.(4.38) 式の尤度はベルヌーイ分布であるから,PyMC で提供されるベルヌーイ分布の確率関数 pm.Bernoulli() を使用して尤度の設定を行っている.logit_p はロジット・リンク関数 $\log(\mu/(1-\mu))$ を指定するオプションである.

その他の部分は既に説明したコード 4.3 とほとんど同じであるから説明を割愛する.

コード 4.5 を IPython で実行したときの事後統計量の出力結果は以下の通りである.

```
In [5]: %run pybayes_mcmc_logit.py

(中略)
       mean        sd    mc_error   hpd_2.5    hpd_97.5        n_eff         Rhat
b__0 -0.081701  0.095790  0.000634  -0.265342   0.106731   28119.995343   1.000108
b__1  0.421630  0.096928  0.000571   0.239198   0.619191   28176.310549   1.000002
b__2 -0.487295  0.097324  0.000576  -0.679199  -0.295141   26758.189299   0.999924
```

また,コード 4.5 で生成された係数 β の乱数系列のプロットとカーネル密度推定で求められた周辺事後分布が図 4.5 に示されている.これらの結果を見る限り,点推定や区間推定におかしなところは見られない.実効標本数や Gelman–Rubin の収束判定も良好である.

▶ プロビット・モデルのベイズ分析

Python コード 4.6 pybayes_mcmc_probit.py

```
1  # coding: utf-8
2  #%% NumPyの読み込み
3  import numpy as np
4  #   SciPyのstatsモジュールの読み込み
5  import scipy.stats as st
6  #   PyMCの読み込み
```

```python
import pymc3 as pm
#   MatplotlibのPyplotモジュールの読み込み
import matplotlib.pyplot as plt
#   日本語フォントの設定
from matplotlib.font_manager import FontProperties
import sys
if sys.platform.startswith('win'):
    FontPath = 'C:\\Windows\\Fonts\\meiryo.ttc'
elif sys.platform.startswith('darwin'):
    FontPath = '/System/Library/Fonts/ヒラギノ角ゴシック W4.ttc'
elif sys.platform.startswith('linux'):
    FontPath = '/usr/share/fonts/truetype/takao-gothic/TakaoPGothic.ttf'
else:
    print('このPythonコードが対応していないOSを使用しています．')
    sys.exit()
jpfont = FontProperties(fname=FontPath)
#%% 標準正規分布の累積分布関数
def normal_cdf(x):
    return 0.5 * (1.0 + pm.math.erf(x / pm.math.sqrt(2.0)))
#%% プロビット・モデルからのデータ生成
n = 500
np.random.seed(99)
x1 = st.uniform.rvs(loc=-np.sqrt(3.0), scale=2.0*np.sqrt(3.0), size=n)
x2 = st.uniform.rvs(loc=-np.sqrt(3.0), scale=2.0*np.sqrt(3.0), size=n)
q = st.norm.cdf(0.5*x1 - 0.5*x2)
y = st.bernoulli.rvs(q)
X = np.stack((np.ones(n), x1, x2), axis=1)
#%% プロビット・モデルの係数の事後分布の設定
n, k = X.shape
b0 = np.zeros(k)
A0 = 0.01 * np.eye(k)
probit_model = pm.Model()
with probit_model:
    b = pm.MvNormal('b', mu=b0, tau=A0, shape=k)
    idx = pm.math.dot(X, b)
    likelihood = pm.Bernoulli('y', p=normal_cdf(idx), observed=y)
#%% 事後分布からのサンプリング
n_draws = 5000
n_chains = 4
n_tune = 1000
with probit_model:
    trace = pm.sample(draws=n_draws, chains=n_chains, tune=n_tune,
                      random_seed=123)
print(pm.summary(trace))
#%% 事後分布のグラフの作成
fig, ax = plt.subplots(k, 2, num=1, figsize=(8, 1.5*k), facecolor='w')
for index in range(k):
    mc_trace = trace['b'][:, index]
    x_min = mc_trace.min() - 0.2 * np.abs(mc_trace.min())
    x_max = mc_trace.max() + 0.2 * np.abs(mc_trace.max())
    x = np.linspace(x_min, x_max, 250)
```

```
58      posterior = st.gaussian_kde(mc_trace).evaluate(x)
59      ax[index, 0].plot(mc_trace, 'k-', linewidth=0.1)
60      ax[index, 0].set_xlim(1, n_draws*n_chains)
61      ax[index, 0].set_ylabel('$\\beta_{:d}$'.format(index+1),
62                              fontproperties=jpfont)
63      ax[index, 1].plot(x, posterior, 'k-')
64      ax[index, 1].set_xlim(x_min, x_max)
65      ax[index, 1].set_ylim(0, 1.1*posterior.max())
66      ax[index, 1].set_ylabel('確率密度', fontproperties=jpfont)
67  ax[k-1, 0].set_xlabel('乱数系列', fontproperties=jpfont)
68  ax[k-1, 1].set_xlabel('周辺事後分布', fontproperties=jpfont)
69  plt.tight_layout()
70  plt.savefig('pybayes_fig_mcmc_probit.png', dpi=300)
71  plt.show()
```

PyMC にはプロビット・リンク関数が存在しないため，これをユーザーが前もって定義しておかなければならない．以下の部分では normal_cdf() という標準正規分布の累積分布関数 $\Phi(\cdot)$ を定義している．

```
23  #%% 標準正規分布の累積分布関数
24  def normal_cdf(x):
25      return 0.5 * (1.0 + pm.math.erf(x / pm.math.sqrt(2.0)))
```

この pm.math.erf() は誤差関数

$$\mathrm{erf}(x) = \frac{2}{\sqrt{\pi}} \int_0^x e^{-u^2} du,$$

である．誤差関数と標準正規分布の累積分布関数の間には

$$\Phi(x) = \frac{1}{2}\left(1 + \mathrm{erf}\left(\frac{x}{\sqrt{2}}\right)\right),$$

という関係があることが知られている．normal_cdf() ではこの公式を利用して $\Phi(\cdot)$ を計算している．

コード 4.5 からの主な変更点は以下の通りである．

- 第 31 行目で st.logistic.cdf() の代わりに st.norm.cdf() を使っている．これにより人工データを

$$p(y_i|q_i) = q_i^{y_i}(1-q_i)^{1-y_i}, \quad q_i = \Phi\left(\frac{1}{2}x_{1i} - \frac{1}{2}x_{2i}\right), \quad i=1,\ldots,500,$$

から生成することになる．

- 第 42 行目で先ほど定義した normal_cdf() でベルヌーイ分布の成功確率を指定している．

コード 4.6 を IPython で実行したときの事後統計量の出力結果は以下の通りである．

```
In [6]: %run pybayes_mcmc_probit.py

 (中略)
```

	mean	sd	mc_error	hpd_2.5	hpd_97.5	n_eff	Rhat
b__0	-0.055895	0.061071	0.000384	-0.173292	0.064779	27957.072581	0.999957
b__1	0.437187	0.062605	0.000387	0.318567	0.561233	26718.561453	0.999979
b__2	-0.468529	0.063547	0.000344	-0.596800	-0.346518	29731.839963	0.999989

そして，係数の乱数系列のプロットと周辺事後分布が図 4.6 に示されている．これらの結果を見る限り，点推定，区間推定，乱数系列の収束に問題はなさそうである．

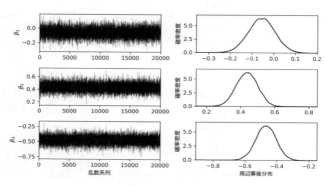

図 4.6　プロビット・モデルの係数の事後分布

▶　ポアソン回帰モデルのベイズ分析

Python コード 4.7　pybayes_mcmc_poisson.py

```python
# -*- coding: utf-8 -*-
#%% NumPyの読み込み
import numpy as np
#   SciPyのstatsモジュールの読み込み
import scipy.stats as st
#   PyMCの読み込み
import pymc3 as pm
#   MatplotlibのPyplotモジュールの読み込み
import matplotlib.pyplot as plt
#   日本語フォントの設定
from matplotlib.font_manager import FontProperties
import sys
if sys.platform.startswith('win'):
    FontPath = 'C:\\Windows\\Fonts\\meiryo.ttc'
elif sys.platform.startswith('darwin'):
    FontPath = '/System/Library/Fonts/ヒラギノ角ゴシック W4.ttc'
elif sys.platform.startswith('linux'):
    FontPath = '/usr/share/fonts/truetype/takao-gothic/TakaoPGothic.ttf'
else:
    print('このPythonコードが対応していないOSを使用しています．')
    sys.exit()
```

4.3 一般化線形モデルのベイズ分析

```
22  jpfont = FontProperties(fname=FontPath)
23  #%% ポアソン回帰モデルからのデータ生成
24  n = 500
25  np.random.seed(99)
26  x1 = st.uniform.rvs(loc=-np.sqrt(3.0), scale=2.0*np.sqrt(3.0), size=n)
27  x2 = st.uniform.rvs(loc=-np.sqrt(3.0), scale=2.0*np.sqrt(3.0), size=n)
28  lam = np.exp(0.5*x1 - 0.5*x2)
29  y = st.poisson.rvs(lam)
30  X = np.stack((np.ones(n), x1, x2), axis=1)
31  #%% ポアソン回帰モデルの係数の事後分布の設定
32  n, k = X.shape
33  b0 = np.zeros(k)
34  A0 = 0.01 * np.eye(k)
35  poisson_regression_model = pm.Model()
36  with poisson_regression_model:
37      b = pm.MvNormal('b', mu=b0, tau=A0, shape=k)
38      idx = pm.math.dot(X, b)
39      likelihood = pm.Poisson('y', mu=pm.math.exp(idx), observed=y)
40  #%% 事後分布からのサンプリング
41  n_draws = 5000
42  n_chains = 4
43  n_tune = 1000
44  with poisson_regression_model:
45      trace = pm.sample(draws=n_draws, chains=n_chains, tune=n_tune,
46                        random_seed=123)
47  print(pm.summary(trace))
48  #%% 事後分布のグラフの作成
49  fig, ax = plt.subplots(k, 2, num=1, figsize=(8, 1.5*k), facecolor='w')
50  for index in range(k):
51      mc_trace = trace['b'][:, index]
52      x_min = mc_trace.min() - 0.2 * np.abs(mc_trace.min())
53      x_max = mc_trace.max() + 0.2 * np.abs(mc_trace.max())
54      x = np.linspace(x_min, x_max, 250)
55      posterior = st.gaussian_kde(mc_trace).evaluate(x)
56      ax[index, 0].plot(mc_trace, 'k-', linewidth=0.1)
57      ax[index, 0].set_xlim(1, n_draws*n_chains)
58      ax[index, 0].set_ylabel('$\\beta_{:d}$'.format(index+1),
59                              fontproperties=jpfont)
60      ax[index, 1].plot(x, posterior, 'k-')
61      ax[index, 1].set_xlim(x_min, x_max)
62      ax[index, 1].set_ylim(0, 1.1*posterior.max())
63      ax[index, 1].set_ylabel('確率密度', fontproperties=jpfont)
64  ax[k-1, 0].set_xlabel('乱数系列', fontproperties=jpfont)
65  ax[k-1, 1].set_xlabel('周辺事後分布', fontproperties=jpfont)
66  plt.tight_layout()
67  plt.savefig('pybayes_fig_mcmc_poisson.png', dpi=300)
68  plt.show()
```

コード 4.7 でロジット・モデル用のコード 4.5 から変更された点は以下の通りである.

- 第 28 行目で真の λ_i ($i = 1, \ldots, 500$) を計算している.

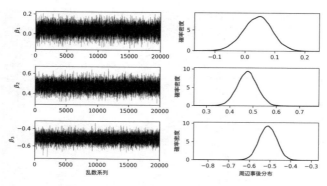

図 4.7 ポアソン回帰モデルの係数の事後分布

- 第 29 行目で st.poisson.rvs() を使い

$$p(y_i|\lambda_i) = \frac{\lambda_i^{y_i} e^{-\lambda_i}}{y_i!}, \quad \lambda_i = \exp\left(\frac{1}{2}x_{1i} - \frac{1}{2}x_{2i}\right), \quad i = 1, \ldots, 500,$$

というポアソン回帰モデルから人工データを生成している.
- 第 39 行目で pm.Poisson() で尤度を設定している.

コード 4.7 を IPython で実行したときの事後統計量の出力結果は以下の通りである.

```
In [7]: %run pybayes_mcmc_poisson.py

            mean        sd  mc_error    hpd_2.5   hpd_97.5           n_eff       Rhat
b__0    0.042096  0.047970  0.000419  -0.053448   0.135932    13248.641183   1.000060
b__1    0.475306  0.042850  0.000326   0.392282   0.560524    15647.355839   0.999984
b__2   -0.509982  0.041806  0.000316  -0.593663  -0.430680    15947.847006   1.000187
```

そして, 係数の乱数系列のプロットと周辺事後分布が図 4.7 に示されている. これらの結果を見る限り, 点推定, 区間推定, Gelman–Rubin の収束判定に問題はなさそうである. しかし, 実効標本数が実際の 20,000 よりも小さいので, 乱数系列には正の自己相関があることがわかる.

5 時系列データのベイズ分析

　時系列データとは時間の経過に従って観測されるデータである．身近な例としては，日々の気温，降水量，日照時間などの気象現象に関するデータを想起するとわかりやすいだろう．経済活動に目を転じると，時々刻々と変化する電力需要，スーパー・コンビニなどでの販売データ，金融市場で観測される株価や為替レートなどから，経済成長率，インフレ率，失業率などのマクロ経済指標も時系列データである．また，何らかの行為が行われた時点を記録したデータも時系列データになる．例えばウェブサイトへのアクセスや SNS への投稿の履歴なども時系列データである．さらに地震波や津波などの「波」の挙動・伝播に関するデータも時系列データである [*1]．本章では数ある時系列データの確率モデルの中でも「状態空間モデル」と呼ばれるものを取り扱う．状態空間モデルは柔軟で拡張性に富む時系列モデルであるため，ベイズ統計学に限らず時系列データの解析に広く応用されている．しかし，特にベイズ統計学と相性のよいモデルであるので 1 章を割いて解説したい．しかしながら紙数の制約のため，本章が扱うトピックは状態空間モデルによる時系列分析のほんの一部にすぎない．さらに学習を進めたい読者には巻末の参考文献に挙げている時系列分析の解説書を読むことを薦める．時系列分析全般を扱っている書籍としては，日本語であれば山本 (1988)，沖本 (2010)，英語であれば Hamilton (1994) などが有名である．状態空間モデルに特化した書籍としては，Harvey (1989), Prado and West (2010), Durbin and Koopman (2012) などがある．

5.1　時系列データと状態空間表現

　時系列データの大きな特徴は現在の観測値の分布が過去の観測値に依存することである．ここで時点 t の観測値を $\boldsymbol{y}_t$ $(t=1,\ldots,n)$ としよう（本章で扱う実例では観測値はスカラーであるが理論上はベクトルでも構わないので $\boldsymbol{y}_t$ とボールド体で表記する）．そして，数式を簡潔に表すため，$\boldsymbol{y}_{1:t}=(\boldsymbol{y}_1,\ldots,\boldsymbol{y}_t)$ とまとめて表記する．各々

[*1]　地震や津波は空間内を広がっていくので時空間データでもある．

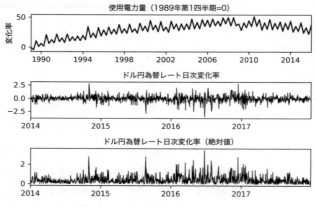

図 5.1 時系列データの例（使用電力量とドル円為替レート）

の y_t が互いに独立で同じ分布 $p(y_t|\theta)$ から生成されたのであれば（ここで θ は分布の挙動を決定するパラメータである），$y_{1:n}$ の同時分布は

$$p(y_{1:n}|\theta) = p(y_1|\theta)p(y_2|\theta) \times \cdots \times (y_n|\theta), \tag{5.1}$$

という各 y_t の周辺分布の積の形になる．しかし，現実の時系列データは互いに独立になることは稀である．

ここで実例として図 5.1 の 2 つの時系列データ（使用電力量 [*2] とドル円為替レート [*3] の日次変化率）を見てみよう（図 5.1 の作成に使用した Python コード 5.4 は章末の付録にある）．図 5.1 の上段の使用電力量は，1989 年の第 1 四半期を $t=1$ とし，元の使用電力量の数値を

$y_t = 100 \times$ (時点 t の使用電力量の自然対数値 − 時点 1 の使用電力量の自然対数値)，

と変換したものである．この値を図 5.1 では「変化率」と呼んでいる．この図を見ると，1990 年代から 2000 年代にかけて使用電力量は増え続け，最初の時点と比べて 50%近く増加している．しかし，2008 年の所謂リーマンショックの時期に落ち込み，2011 年の東日本大震災以降は右下がりになっている．このような長期にわたる増減の傾向を「トレンド」という．トレンドの存在する時系列データでは長期にわたって観測値が増え続けたり減り続けたりするため，観測値の間に強い相関が存在すること

[*2] このデータは電気事業連合会ウェブサイト・電力統計情報 (http://www.fepc.or.jp/library/data/tokei/index.html) より，電灯電力需要実績月報・用途別使用電力量・販売電力合計・10 社計として入手した月次データ（1989 年 1 月〜2016 年 3 月）を四半期データに変換したものである．

[*3] このデータは The Pacific Exchange Rate Service (http://fx.sauder.ubc.ca/data.html) より入手した．

になる．さらに図 5.1 の使用電力量のグラフにはギザギザのパターンが見られる．これは季節によって電力消費が変動するためと考えられる．例えば，夏（第 3 四半期）は冷房のため電力が大量に消費される．冬（第 1 四半期）も暖房のため電力消費は高めになる．しかし，春（第 2 四半期）と秋（第 4 四半期）は冷暖房を使うことが少なくなるので電力消費は低めになる．このような気温の変動と電力消費の関係性のため使用電力量の時系列データは周期的変動（**季節変動**と呼ばれる）を示すことになるが，このことは 4 期離れた（つまり同じ季節の）観測値の間で相関が強くなることを意味する．したがって，トレンドや季節変動を持つ時系列データに対して観測値の独立性を想定した (5.1) 式のような同時分布を使うのは非現実的である．

次に図 5.1 のもう 1 つの時系列データ，為替レートの日次変化率のグラフを見よう．図 5.1 の中段は，ドル円為替レートの日々の変化率を

$$y_t = 100 \times (時点\ t\ のドル円為替レートの自然対数値$$
$$- 時点\ t-1\ のドル円為替レートの自然対数値),$$

として計算してプロットしたものである．使用電力量と異なり，はっきりとしたトレンドも周期的変動も見られない．事実，前日との相関係数を計算してみると 0.0313 しかないので，一見すると観測値は独立であるように見えるかもしれない．しかし，図 5.1 の下段のように日次変化率の絶対値をプロットすると，変化の振れ幅の大きい日（外国為替市場が荒れた日）と小さい日（市場が落ち着いた日）がまとまって存在することがわかる．そして，この時系列データに対して前日との相関係数を求めると 0.1527 となる．図 5.1 の下段のようなパターンは**ボラティリティ・クラスタリング**と呼ばれ，異時点間の分散に正の相関があることを示唆しているとされる．この場合も観測値の独立性を想定した同時分布 (5.1) は適用できない．

$\boldsymbol{y}_t$ の分布が過去の観測値 $\boldsymbol{y}_{1:t-1}$ に依存すると仮定すると，各々の $\boldsymbol{y}_t$ は条件付分布 $p(\boldsymbol{y}_t|\boldsymbol{y}_{1:t-1},\boldsymbol{\theta})$ から生成されたことになり，$\boldsymbol{y}_{1:n}$ の同時分布は各時点の条件付分布の積

$$p(\boldsymbol{y}_{1:n}|\boldsymbol{\theta}) = p(\boldsymbol{y}_1|\boldsymbol{\theta})p(\boldsymbol{y}_2|\boldsymbol{y}_1,\boldsymbol{\theta}) \times \cdots \times (\boldsymbol{y}_n|\boldsymbol{y}_{1:n-1},\boldsymbol{\theta}), \tag{5.2}$$

になる．6.1 節で後述するように時系列データにマルコフ連鎖を仮定すると同時分布の形はもう少し簡潔になるが，いずれにしても時系列データのベイズ分析を進めるためには条件付分布 $p(\boldsymbol{y}_t|\boldsymbol{y}_{1:t-1},\boldsymbol{\theta})$ の関数形を特定しなければならない．通常は時系列モデルと呼ばれる確率モデルから時系列データが生成されたと仮定することによって $p(\boldsymbol{y}_t|\boldsymbol{y}_{1:t-1},\boldsymbol{\theta})$ の関数形を選択する．時系列データの変動を説明する目的で様々な時系列モデルが提案されているが，全ての時系列モデルのベイズ分析について説明することは紙数の制約上不可能である．よって，本章では**状態空間モデル**と呼ばれる時系列モデルのベイズ分析について詳しく解説する．

時系列データ $\boldsymbol{y}_{1:n}$ の挙動を説明する最も基礎的な状態空間モデルは,

$$\boldsymbol{y}_t = \boldsymbol{Z}_t \boldsymbol{\alpha}_t + \boldsymbol{\epsilon}_t, \tag{5.3}$$

$$\boldsymbol{\alpha}_{t+1} = \boldsymbol{T}_t \boldsymbol{\alpha}_t + \boldsymbol{\eta}_t, \tag{5.4}$$

という 2 本の式から構成される.(5.3) 式は観測方程式,(5.4) 式は状態方程式と呼ばれる.状態空間モデル内の $\boldsymbol{\alpha}_t$ は状態変数と呼ばれる観測されない確率変数である.この $\boldsymbol{\alpha}_t$ は名前の通り状態空間モデルで記述されるシステムの状態を決定する変数であり,観測される時系列データ $\boldsymbol{y}_t$ の背後に存在する隠れた構造を表していると解釈される.具体的には,$\boldsymbol{\alpha}_t$ 自体の時系列構造は状態方程式 (5.4) によって規定され,観測方程式 (5.3) を通して $\boldsymbol{\alpha}_t$ が $\boldsymbol{y}_t$ の挙動に影響を与えるというモデルの構造になっている.なお $t=1$ のときの状態変数 $\boldsymbol{\alpha}_1$ の分布は

$$\boldsymbol{\alpha}_1 \sim \mathcal{N}_r(\boldsymbol{T}_0 \boldsymbol{\alpha}_0, \boldsymbol{H}_0 \boldsymbol{H}_0^\mathsf{T}), \tag{5.5}$$

であると仮定する [*4].さらに観測方程式 (5.3) の誤差項 $\boldsymbol{\epsilon}_t$ と状態方程式 (5.4) の誤差項 $\boldsymbol{\eta}_t$ が

$$\boldsymbol{\epsilon}_t = \boldsymbol{G}_t \boldsymbol{u}_t, \quad \boldsymbol{\eta}_t = \boldsymbol{H}_t \boldsymbol{u}_t,$$

であると仮定する.ここで $\boldsymbol{u}_t$ $(t=1,\ldots,n)$ は観測されない確率変数であり,互いに独立で

$$\boldsymbol{u}_t \sim \mathcal{N}_\ell(\boldsymbol{0}, \boldsymbol{I}),$$

に従うと仮定する.まとめると状態空間モデルは

$$\begin{aligned} \boldsymbol{y}_t &= \boldsymbol{Z}_t \boldsymbol{\alpha}_t + \boldsymbol{G}_t \boldsymbol{u}_t, \\ \boldsymbol{\alpha}_{t+1} &= \boldsymbol{T}_t \boldsymbol{\alpha}_t + \boldsymbol{H}_t \boldsymbol{u}_t, \end{aligned} \tag{5.6}$$

と書き直される.状態空間モデル (5.6) の各変数の次元は,$\boldsymbol{y}_t$: $m \times 1$ ベクトル,$\boldsymbol{\alpha}_t$: $r \times 1$ ベクトル,$\boldsymbol{u}_t$: $\ell \times 1$ ベクトル,$\boldsymbol{Z}_t$: $m \times r$ 行列,$\boldsymbol{G}_t$: $m \times \ell$ 行列,$\boldsymbol{T}_t$: $r \times r$ 行列,$\boldsymbol{H}_t$: $r \times \ell$ 行列とする.当面は $\{\boldsymbol{Z}_t\}_{t=1}^n$, $\{\boldsymbol{G}_t\}_{t=1}^n$, $\{\boldsymbol{T}_t\}_{t=0}^n$, $\{\boldsymbol{H}_t\}_{t=0}^n$ および $\boldsymbol{\alpha}_0$ が全て既知であると仮定する.以上の仮定の下では,状態空間モデル (5.6) における $\boldsymbol{\alpha}_t$ が与えられた下での $\boldsymbol{y}_t$ と $\boldsymbol{\alpha}_{t+1}$ の同時分布は

$$\begin{bmatrix} \boldsymbol{y}_t \\ \boldsymbol{\alpha}_{t+1} \end{bmatrix} \bigg| \boldsymbol{\alpha}_t \sim \mathcal{N}_{m+r}\left(\begin{bmatrix} \boldsymbol{Z}_t \boldsymbol{\alpha}_t \\ \boldsymbol{T}_t \boldsymbol{\alpha}_t \end{bmatrix}, \begin{bmatrix} \boldsymbol{G}_t \boldsymbol{G}_t^\mathsf{T} & \boldsymbol{G}_t \boldsymbol{H}_t^\mathsf{T} \\ \boldsymbol{H}_t \boldsymbol{G}_t^\mathsf{T} & \boldsymbol{H}_t \boldsymbol{H}_t^\mathsf{T} \end{bmatrix} \right), \tag{5.7}$$

[*4] 特に $\boldsymbol{T}_t$ と $\boldsymbol{H}_t$ が時点に依存せず一定の値 ($\boldsymbol{T}$ と $\boldsymbol{H}$) をとり,(5.4) 式の確率過程が定常である場合には,$\mathrm{E}[\boldsymbol{\alpha}_t] = \boldsymbol{0}$ および

$$\mathrm{Var}[\boldsymbol{\alpha}_t] = \boldsymbol{T}\mathrm{Var}[\boldsymbol{\alpha}_t]\boldsymbol{T}^\mathsf{T} + \boldsymbol{H}\boldsymbol{H}^\mathsf{T} \Rightarrow \mathrm{vec}(\mathrm{Var}[\boldsymbol{\alpha}_t]) = (\boldsymbol{I} - (\boldsymbol{T} \otimes \boldsymbol{T}))^{-1} \mathrm{vec}(\boldsymbol{H}\boldsymbol{H}^\mathsf{T}),$$

が成り立つ (Harvey (1989) などを参照).ここで vec は行列のベクトル化,$\otimes$ はクロネッカー積である.この定常分布の平均ベクトル $\mathrm{E}[\boldsymbol{\alpha}_t]$ と分散共分散行列 $\mathrm{Var}[\boldsymbol{\alpha}_t]$ を (5.5) 式の初期分布で $\boldsymbol{T}_0 \boldsymbol{\alpha}_0$ と $\boldsymbol{H}_0 \boldsymbol{H}_0^\mathsf{T}$ の代わりに使うこともできる.

として与えられる．もし $G_t H_t^\mathsf{T} = 0$，つまり G_t と H_t の行ベクトルが直交していれば，ϵ_t と η_t は無相関になり，

$$y_t|\alpha \sim \mathcal{N}_m(Z_t\alpha_t, G_t G_t^\mathsf{T}), \quad \alpha_{t+1}|\alpha_t \sim \mathcal{N}_r(T_t\alpha_t, H_t H_t^\mathsf{T}), \quad y_t \perp \alpha_{t+1}|\alpha_t,$$

となる．この場合，状態空間モデル (5.6) における α_t と y_t の時系列構造は以下のような模式図にまとめられる．

$$
\begin{array}{c}
\mathcal{N}_r(T_0\alpha_0, H_0 H_0^\mathsf{T}) \\
\downarrow \\
\alpha_1 \quad \rightarrow \quad \mathcal{N}_m(Z_1\alpha_1, G_1 G_1^\mathsf{T}) \quad \rightarrow \quad y_1 \\
\downarrow \\
\mathcal{N}_r(T_1\alpha_1, H_1 H_1^\mathsf{T}) \\
\downarrow \\
\alpha_2 \quad \rightarrow \quad \mathcal{N}_m(Z_2\alpha_2, G_2 G_2^\mathsf{T}) \quad \rightarrow \quad y_2 \\
\downarrow \\
\vdots \\
\downarrow \\
\alpha_{t-1} \quad \rightarrow \quad \mathcal{N}_m(Z_{t-1}\alpha_{t-1}, G_{t-1} G_{t-1}^\mathsf{T}) \quad \rightarrow \quad y_{t-1} \\
\downarrow \\
\mathcal{N}_r(T_{t-1}\alpha_{t-1}, H_{t-1} H_{t-1}^\mathsf{T}) \\
\downarrow \\
\alpha_t \quad \rightarrow \quad \mathcal{N}_m(Z_t\alpha_t, G_t G_t^\mathsf{T}) \quad \rightarrow \quad y_t \\
\downarrow \\
\mathcal{N}_r(T_t\alpha_t, H_t H_t^\mathsf{T})
\end{array}
\quad (5.8)
$$

模式図 (5.8) の中の矢印（↓ や →）は影響の向きを示している．下向きの矢印の連鎖は状態方程式 (5.3) における状態変数の間の依存関係を表している．状態変数 α_t の分布の中に過去の状態変数 α_{t-1} の値が入っているため，α_{t-1} の値が変わるごとに α_t の分布の形状が変化するのである．一方，右向きの矢印は状態変数 α_t から観測値 y_t への影響を表している．y_t の分布の中に α_t が入っているので，その時々の α_t の値によって y_t の分布の形状が変化することになる．模式図 (5.8) で注意してほしい点は，個々の観測値 $y_1, \ldots, y_t$ の間には直接のリンクが存在しないことである．時系列の観測値は状態変数を通して間接的に連動しているにすぎないのである．この状態空間モデルの特徴は重要なので覚えておいてもらいたい．

状態空間モデル (5.6) は柔軟なモデルであり，多くの時系列モデルを特殊例として含むことが知られている．以下では幾つかの例を紹介しよう．

(i) トレンド除去と季節調整

図 5.1 の使用電力量の時系列データにはトレンドと季節変動が見られた. これを状態空間モデルの中で明示的に扱う方法を Kitagawa and Gersch (1984) が提案している. ここで時系列データ y_t が 3 つの要素, トレンド μ_t, 季節変動 c_t, ノイズ ϵ_t の和

$$y_t = \mu_t + c_t + \epsilon_t, \tag{5.9}$$

として表現されるとしよう. ノイズ ϵ_t は互いに独立で同じ正規分布 $\mathcal{N}(0, \sigma^2)$ に従う. トレンド μ_t については, この d 次差分

$$\Delta^d \mu_{t+1} = \eta_t, \quad \eta \sim \mathcal{N}(0, \tau^2), \tag{5.10}$$

がノイズ η_t に等しいと仮定する. 例えば $d = 1, 2, 3$ の場合の d 次差分は

- $d = 1$: $\Delta \mu_{t+1} = \mu_{t+1} - \mu_t$,
- $d = 2$: $\Delta^2 \mu_{t+1} = \mu_{t+1} - 2\mu_t + \mu_{t-1}$,
- $d = 3$: $\Delta^3 \mu_{t+1} = \mu_{t+1} - 3\mu_t + 3\mu_{t-1} - \mu_{t-2}$,

である. (5.10) 式は確率的トレンドと呼ばれる. 周期 s の季節変動 c_t については, s 期の変動をならすと概ね 0 になる, つまり

$$\sum_{j=0}^{s-1} c_{t+1-j} = v_t, \quad v_t \sim \mathcal{N}(0, \omega^2), \tag{5.11}$$

と仮定する. 例えば $d = 2$ (2 次確率的トレンド), $s = 4$ (四半期データ) とすると, (5.10) 式のトレンドと (5.11) 式の季節変動のモデルは, それぞれ

$$\begin{aligned}
\mu_{t+1} &= 2\mu_t - \mu_{t-1} + \eta_t, \\
c_{t+1} &= -c_t - c_{t-1} - c_{t-2} + v_t,
\end{aligned} \tag{5.12}$$

となる. これは

$$\begin{bmatrix} \mu_{t+1} \\ \mu_t \\ c_{t+1} \\ c_t \\ c_{t-1} \end{bmatrix} = \begin{bmatrix} 2 & -1 & 0 & 0 & 0 \\ 1 & 0 & 0 & 0 & 0 \\ 0 & 0 & -1 & -1 & -1 \\ 0 & 0 & 1 & 0 & 0 \\ 0 & 0 & 0 & 1 & 0 \end{bmatrix} \begin{bmatrix} \mu_t \\ \mu_{t-1} \\ c_t \\ c_{t-1} \\ c_{t-2} \end{bmatrix} + \begin{bmatrix} \eta_t \\ 0 \\ v_t \\ 0 \\ 0 \end{bmatrix},$$

という 1 つの状態方程式にまとめられる. さらに (5.9) 式は

$$y_t = \begin{bmatrix} 1 & 0 & 1 & 0 & 0 \end{bmatrix} \begin{bmatrix} \mu_t \\ \mu_{t-1} \\ c_t \\ c_{t-1} \\ c_{t-2} \end{bmatrix} + \epsilon_t,$$

という観測方程式になる. したがって,

$$\boldsymbol{\alpha}_t = \begin{bmatrix} \mu_t \\ \mu_{t-1} \\ c_t \\ c_{t-1} \\ c_{t-2} \end{bmatrix}, \ \boldsymbol{Z} = \begin{bmatrix} 1 \\ 0 \\ 1 \\ 0 \\ 0 \end{bmatrix}^{\mathsf{T}}, \ \boldsymbol{T} = \begin{bmatrix} 2 & -1 & 0 & 0 & 0 \\ 1 & 0 & 0 & 0 & 0 \\ 0 & 0 & -1 & -1 & -1 \\ 0 & 0 & 1 & 0 & 0 \\ 0 & 0 & 0 & 1 & 0 \end{bmatrix}, \ \boldsymbol{H} = \begin{bmatrix} 0 & \tau & 0 \\ 0 & 0 & 0 \\ 0 & 0 & \omega \\ 0 & 0 & 0 \\ 0 & 0 & 0 \end{bmatrix},$$

および $\boldsymbol{G} = [\sigma \ 0 \ 0]$ と定義すると,

$$\begin{aligned} y_t &= \boldsymbol{Z}\boldsymbol{\alpha}_t + \boldsymbol{G}\boldsymbol{u}, \\ \boldsymbol{\alpha}_{t+1} &= \boldsymbol{T}\boldsymbol{\alpha}_t + \boldsymbol{H}\boldsymbol{u}, \end{aligned} \tag{5.13}$$

という状態空間モデルが得られる.(5.13) 式は状態空間モデル (5.6) において $\boldsymbol{Z}_t, \boldsymbol{G}_t, \boldsymbol{T}_t, \boldsymbol{H}_t$ が一定であると仮定したモデルとなっている.

(ii) ARMA(p, q) 過程

時系列分析で広く使われる ARMA(p, q) 過程

$$y_t = \phi_1 y_{t-1} + \cdots + \phi_p y_{t-p} + \epsilon_t + \theta_1 \epsilon_{t-1} + \cdots + \theta_q \epsilon_{t-q}, \quad \epsilon_t \sim \mathcal{N}(0, \sigma^2), \tag{5.14}$$

も状態空間モデルに書き直すことができる.それは

$$\begin{aligned} y_t &= \underbrace{\begin{bmatrix} 1 & \theta_1 & \cdots & \theta_{r-1} \end{bmatrix}}_{\boldsymbol{Z}} \boldsymbol{\alpha}_t + \underbrace{\begin{bmatrix} 0 & 0 \end{bmatrix}}_{\boldsymbol{G}} \boldsymbol{u}_t, \\ \boldsymbol{\alpha}_{t+1} &= \underbrace{\begin{bmatrix} \phi_1 & \phi_2 & \cdots & \phi_{r-1} & \phi_r \\ 1 & 0 & \cdots & 0 & 0 \\ 0 & 1 & \cdots & 0 & 0 \\ \vdots & \vdots & \ddots & \vdots & \vdots \\ 0 & 0 & \cdots & 1 & 0 \end{bmatrix}}_{\boldsymbol{T}} \boldsymbol{\alpha}_t + \underbrace{\begin{bmatrix} 0 & \sigma \\ 0 & 0 \\ 0 & 0 \\ \vdots & \vdots \\ 0 & 0 \end{bmatrix}}_{\boldsymbol{H}} \boldsymbol{u}_t, \end{aligned} \tag{5.15}$$

($r = \max\{p, q+1\}$) である.$\boldsymbol{T}$ 内の AR 係数 ϕ_j は $j > p$ に対し $\phi_j = 0$ となり,$\boldsymbol{Z}$ 内の MA 係数 θ_j は $j > q$ に対し $\theta_j = 0$ となる.(5.15) 式は (5.13) 式の状態空間モデルと同じ形をしていることに注意しよう.さらに確率的トレンドと季節変動に加えて ARMA 過程を要素として (5.9) 式に含めることもできる.それは (5.15) 式の $(\boldsymbol{Z}, \boldsymbol{G}, \boldsymbol{T}, \boldsymbol{H})$ と (5.13) 式の $(\boldsymbol{Z}, \boldsymbol{G}, \boldsymbol{T}, \boldsymbol{H})$ を繋ぎ合わせて大きな次元の状態空間モデルを構築することで達成される(簡単なので導出は読者に委ねる).

(iii) 時変係数回帰モデル

時間の経過に従って観測されたデータという意味を示すために,3.3 節で紹介した回帰モデル (3.29) のインデックスを i から t に変えたものを考えよう.

$$y_t = \boldsymbol{x}_t^\mathsf{T} \boldsymbol{\beta} + \epsilon_t, \quad t = 1, \ldots, n. \tag{5.16}$$

本章での表記に合わせて誤差項は ϵ_t とする．今までは回帰係数 $\boldsymbol{\beta}$ は全ての観測値 $(y_t, \boldsymbol{x}_t)$ に対して一定と仮定してきたが，現実には回帰係数が時点によって異なる値をとる可能性がある．これを表現するため時系列データ y_t の回帰モデルにおいて回帰係数が時点 t ごとに全て異なると仮定し，$\boldsymbol{\beta}_t$ と添字 t をつけて区別することにする．このように回帰係数が時間の経過に伴って変動する回帰モデルを時変係数回帰モデルという．ただし各期の回帰係数が全く独立に変動するという仮定は強すぎるので，当期の回帰係数の分布が前期の実績値に依存するという時系列構造

$$\boldsymbol{\beta}_{t+1} | \boldsymbol{\beta}_t \sim \mathcal{N}_k(\boldsymbol{\beta}_t, \boldsymbol{\Omega}), \quad t = 0, 1, \ldots, n-1, \tag{5.17}$$

を想定することが多い．ベイズ統計学の文脈では，(5.17) 式はパラメータ $\boldsymbol{\beta}_{t+1}$ の事前分布が他のパラメータ $\boldsymbol{\beta}_t$ に依存していることを意味する．これはパラメータの事前分布の間に階層構造を導入することになるので，このタイプの事前分布は階層事前分布と呼ばれる．(5.17) 式は

$$\boldsymbol{\beta}_{t+1} = \boldsymbol{\beta}_t + \boldsymbol{\eta}_t, \quad \boldsymbol{\eta}_t \sim \mathcal{N}_k(\boldsymbol{0}, \boldsymbol{\Omega}),$$

を意味するので，時変係数回帰モデルは

$$\begin{aligned} y_t &= \boldsymbol{x}_t^\mathsf{T} \boldsymbol{\beta}_t + \epsilon_t, \\ \boldsymbol{\beta}_{t+1} &= \boldsymbol{\beta}_t + \boldsymbol{\eta}_t, \end{aligned} \quad \begin{bmatrix} \epsilon_t \\ \boldsymbol{\eta}_t \end{bmatrix} \sim \mathcal{N}_{k+1}\left(\begin{bmatrix} 0 \\ \boldsymbol{0} \end{bmatrix}, \begin{bmatrix} \sigma^2 & \boldsymbol{0}^\mathsf{T} \\ \boldsymbol{0} & \boldsymbol{\Omega} \end{bmatrix} \right), \tag{5.18}$$

とまとめられる．この時変係数回帰モデル (5.18) は，(5.3) 式と (5.4) 式で

$$\boldsymbol{\alpha}_t \Rightarrow \boldsymbol{\beta}_t, \ \boldsymbol{Z}_t \Rightarrow \boldsymbol{x}_t^\mathsf{T}, \ \boldsymbol{T}_t \Rightarrow \boldsymbol{I},$$

$$\boldsymbol{G}_t \Rightarrow \begin{bmatrix} \sigma & \boldsymbol{0}^\mathsf{T} \end{bmatrix}, \ \boldsymbol{H}_t \Rightarrow \begin{bmatrix} \boldsymbol{0} & \text{chol}(\boldsymbol{\Omega}) \end{bmatrix},$$

と置き換えた状態空間モデルに他ならない（chol$(\cdot)$ は正定符号行列をコレスキー分解したときの下三角行列を指している）．

(iv) 動的因子モデル

観測方程式 (5.3) の $\boldsymbol{y}_t$ の各要素 y_{jt} $(j = 1, \ldots, m)$ を時点 t における銘柄 j の株価収益率としよう．このとき (5.3) 式の第 j 式

$$y_{jt} = z_{1j} \alpha_{1t} + \cdots + z_{rj} \alpha_{rt} + \epsilon_{jt}, \tag{5.19}$$

は銘柄 j の株価収益率を説明するモデルと解釈される．(5.19) 式の $\alpha_{1t}, \ldots, \alpha_{rt}$ を各銘柄の株価収益率が影響を受けるマクロ経済や金融市場の状態（因子という）と解釈し，$z_{1j,t}, \ldots, z_{rj,t}$ を銘柄 j の各因子に対する感応度（因子負荷量という）と解釈すると，(5.19) 式は因子モデルと呼ばれる株価収益率のモデルとなる．心理学などにおける因子モデルの応用では因子 $\alpha_{1t}, \ldots, \alpha_{rt}$ は互いに独立と仮定されることが多い．しかし，ファイナンスや経済学での応用では異時

点間で因子が相関を持つと考える方が現実的である．なぜなら図 5.1 のドル円為替レートのプロットからもわかるように金融市場の状態が荒れる方向に振れると何日も持続する傾向が見られるからである．そこで因子の時系列構造が状態方程式 (5.4) で与えられると仮定しよう．すると状態空間モデル全体は**動的因子モデル**と呼ばれるモデルになる．動的因子モデルのもう 1 つの応用例として景気動向指数の作成がある．$\boldsymbol{y}_t$ を景気動向に関連する経済指標のベクトルとして因子数は 1 であるとする．このとき (5.19) 式を m 本まとめると

$$\begin{bmatrix} y_{1t} \\ \vdots \\ y_{mt} \end{bmatrix} = \begin{bmatrix} z_1 \\ \vdots \\ z_m \end{bmatrix} \alpha_t + \begin{bmatrix} \epsilon_{1t} \\ \vdots \\ \epsilon_{mt} \end{bmatrix}, \tag{5.20}$$

となる．(5.20) 式の α_t は個々の経済指標 y_{jt} $(j = 1, \ldots, m)$ を動かす共通の因子であり，景気動向指数と解釈される (Stock and Watson (1989) を参照)．

5.2 状態空間モデルに関する推論

工学を学んだ読者の中には状態空間モデルをシステムの最適制御の文脈で使用した人もいるだろう．しかし，状態空間モデル (5.6) のデータ分析における利用は必ずしも最適制御を目的としたものではない．その主な利用法としては以下のものが挙げられる．

(i) フィルタリング
   フィルタリングとは，時点 t の状態変数 $\boldsymbol{\alpha}_t$ の値を時点 t までの時系列データ $\boldsymbol{y}_{1:t}$ に基づき推測することである．言い換えると，フィルタリングの目的は現時点で入手可能なデータ $\boldsymbol{y}_{1:t}$ を使って現在のシステムの状態 $\boldsymbol{\alpha}_t$ を推測することであり，中身の見えないシステム（経済や機械など）の中で今起きていることを知るための手段であるといえる．(5.20) 式の景気動向指数の例でいうと，今の景気の状態である α_t を現時点が入手可能なデータ $\boldsymbol{y}_{1:t}$ から推測することがフィルタリングにあたる [*5]．

(ii) 予測
   状態空間モデルでの予測とは，将来の $\boldsymbol{\alpha}_s$ および $\boldsymbol{y}_s$ $(s > t)$ の値を時点 t までの時系列データ $\boldsymbol{y}_{1:t}$ に基づき推測することである．(5.9) 式でいうと，将来の

[*5] 経済指標の公表は期が終わってから暫く経って行われるのが通例である．公式発表に先立って現時点で入手可能なデータから当期の経済指標を推測する手法は，今 (now) を予測する (forecasting) という意味で「ナウキャスティング (nowcasting)」と呼ばれる．これも今起きていることを推測という意味でフィルタリングの応用の 1 つの例である．

y_s $(s>t)$ はトレンド μ_s と季節変動 c_s にノイズ ϵ_s を加えたものである. ϵ_s は本質的に予測できないため, 状態変数である μ_s と c_s を予測すれば, それらの和が y_s の予測値となる.

(iii) 平滑化(スムージング)

観測されなかった過去の状態変数 $\boldsymbol{\alpha}_t$ $(t=1,\ldots,n)$ の値を全標本期間のデータ $\boldsymbol{y}_{1:n}$ に基づき推測する. 平滑化は, フィルタリングや予測と異なり, 過去の一定期間 $1 \leq t \leq n$ に観測されたデータ $\boldsymbol{y}_{1:n}$ からその期間に何が起きていたかを推測することが目的である. (5.20) 式の景気動向指数の例でいうと, 過去の経済指標 $\boldsymbol{y}_{1:n}$ に基づく状態変数 α_t $(t=1,\ldots,n)$ の推定値が後から振り返って景気の山と谷を判定するための景気動向指数として使われることになる.

(iv) パラメータの推定

上記のフィルタリング, 予測, 平滑化は, 観測されない状態変数に関する推論の作業であるが, 状態空間モデル (5.6) 内の未知のパラメータ $\boldsymbol{\theta}$ に関する推論も必要になる場合がある. 今までは状態空間モデル (5.6) の $(\boldsymbol{Z}_t, \boldsymbol{G}_t, \boldsymbol{T}_t, \boldsymbol{H}_t)$ は既知と仮定してきたが, 実際にはそれら自体が未知のパラメータであることもあれば別のパラメータの関数であることもある. 時系列の要素分解の例では, (5.9) 式の誤差項 ϵ_t の分散 σ^2, (5.10) 式の誤差項 η_t の分散 τ^2, (5.11) 式の誤差項 v_t の分散 ω^2 が未知のパラメータである. これらの値をデータに基づき推定しない限り, フィルタリング, 予測, 平滑化の作業を行うことはできない.

ベイズ統計学では未知のパラメータ $\boldsymbol{\theta}$ の真の値に関する推論は事後分布に基づいて行われる. 状態変数 $\boldsymbol{\alpha}_t$ も未知の変数であるから, 今まで本書で学んできたように $\boldsymbol{\alpha}_t$ についても事後分布を導いて $\boldsymbol{\alpha}_t$ に関する推論を行うことになる. また, 将来の $\boldsymbol{y}_s$ $(s>t)$ の予測については予測分布を使えばよい.

まずフィルタリングのための事後分布を紹介しよう. これは数式で書くと $p(\boldsymbol{\alpha}_t|\boldsymbol{y}_{1:t})$ となる. 数式を簡潔にするため当面はパラメータ $\boldsymbol{\theta}$ への依存は無視する. ベイズの定理より,

$$p(\boldsymbol{\alpha}_t|\boldsymbol{y}_{1:t}) = p(\boldsymbol{\alpha}_t|\boldsymbol{y}_t, \boldsymbol{y}_{1:t-1}) = \frac{p(\boldsymbol{y}_t|\boldsymbol{\alpha}_t)p(\boldsymbol{\alpha}_t|\boldsymbol{y}_{1:t-1})}{p(\boldsymbol{y}_t|\boldsymbol{y}_{1:t-1})}, \tag{5.21}$$

$$p(\boldsymbol{y}_t|\boldsymbol{y}_{1:t-1}) = \int_{\mathcal{A}} p(\boldsymbol{y}_t|\boldsymbol{\alpha}_t)p(\boldsymbol{\alpha}_t|\boldsymbol{y}_{1:t-1})d\boldsymbol{\alpha}_t, \tag{5.22}$$

という関係が成り立つ(積分範囲 $\mathcal{A}$ は状態変数 $\boldsymbol{\alpha}_t$ がとりうる値の集合である). 今まで学んできた結果と照らし合わせると,

- $p(\boldsymbol{\alpha}_t|\boldsymbol{y}_{1:t-1})$ は時点 $t-1$ までのデータ $\boldsymbol{y}_{1:t-1}$ を事前情報と見なしたときの $\boldsymbol{\alpha}_t$ の事前分布,
- $p(\boldsymbol{y}_t|\boldsymbol{\alpha}_t)$ は時点 t で新しく観測された $\boldsymbol{y}_t$ に基づく $\boldsymbol{\alpha}_t$ の尤度,

5.2 状態空間モデルに関する推論

- $p(\boldsymbol{y}_t|\boldsymbol{y}_{1:t-1})$ は時点 $t-1$ までのデータ $\boldsymbol{y}_{1:t-1}$ に基づく $\boldsymbol{y}_t$ の予測分布,

と解釈することができる.特に $p(\boldsymbol{\alpha}_t|\boldsymbol{y}_{1:t-1})$ と $p(\boldsymbol{y}_t|\boldsymbol{y}_{1:t-1})$ は,それぞれ $\boldsymbol{\alpha}_t$ と $\boldsymbol{y}_t$ の 1 期先予測分布とも呼ばれる.さらに $p(\boldsymbol{\alpha}_t|\boldsymbol{y}_{1:t})$ と $p(\boldsymbol{\alpha}_{t+1}|\boldsymbol{y}_{1:t})$ の間には

$$p(\boldsymbol{\alpha}_{t+1}|\boldsymbol{y}_{1:t}) = \int_{\mathcal{A}} p(\boldsymbol{\alpha}_{t+1}|\boldsymbol{\alpha}_t, \boldsymbol{y}_{1:t}) p(\boldsymbol{\alpha}_t|\boldsymbol{y}_{1:t}) d\boldsymbol{\alpha}_t, \tag{5.23}$$

という関係が成り立つから,(5.23) 式を使うと時点 t における $\boldsymbol{\alpha}_t$ の事後分布 $p(\boldsymbol{\alpha}_t|\boldsymbol{y}_{1:t})$ から時点 $t+1$ における $\boldsymbol{\alpha}_{t+1}$ の事前分布 $p(\boldsymbol{\alpha}_{t+1}|\boldsymbol{y}_{1:t})$ を導出できる.(5.5) 式を $\boldsymbol{\alpha}_1$ の分布を $t=1$ における事前分布とすると,この $p(\boldsymbol{\alpha}_1)$ から出発して,(5.21)~(5.23) 式を繰り返し適用することで,逐次的に $p(\boldsymbol{\alpha}_t|\boldsymbol{y}_{1:t-1})$, $p(\boldsymbol{y}_t|\boldsymbol{y}_{1:t-1})$, $p(\boldsymbol{\alpha}_t|\boldsymbol{y}_{1:t})$ を求めることができる.これはベイズ・フィルターと呼ばれるアルゴリズムである.

特に $\boldsymbol{u}_t$ に正規分布を仮定している状態空間モデル (5.6) では,ベイズ・フィルターの (5.21) 式と (5.23) 式を解析的に評価することが可能である (Kalman (1960), Kalman and Bucy (1961), Meinhold and Singpurwalla (1983)).これはカルマン・フィルターと呼ばれ,以下のように与えられる(カルマン・フィルターの導出は本章の付録を参照).

カルマン・フィルター

$$\boldsymbol{\alpha}_t|\boldsymbol{y}_{1:t} \sim \mathcal{N}_r\left(\hat{\boldsymbol{\mu}}_t, \hat{\boldsymbol{\Sigma}}_t\right), \tag{5.24}$$

$$\hat{\boldsymbol{\mu}}_t = \hat{\boldsymbol{\alpha}}_t + \boldsymbol{P}_t \boldsymbol{Z}_t^\mathsf{T} \boldsymbol{D}_t^{-1} \boldsymbol{e}_t, \quad \hat{\boldsymbol{\Sigma}}_t = \boldsymbol{P}_t - \boldsymbol{P}_t \boldsymbol{Z}_t^\mathsf{T} \boldsymbol{D}_t^{-1} \boldsymbol{Z}_t \boldsymbol{P}_t,$$

$$\boldsymbol{y}_t|\boldsymbol{y}_{1:t-1} \sim \mathcal{N}_m\left(\boldsymbol{Z}_t \hat{\boldsymbol{\alpha}}_t, \boldsymbol{D}_t\right), \tag{5.25}$$

$$\boldsymbol{\alpha}_{t+1}|\boldsymbol{y}_{1:t} \sim \mathcal{N}_r\left(\hat{\boldsymbol{\alpha}}_{t+1}, \boldsymbol{P}_{t+1}\right), \tag{5.26}$$

$$\hat{\boldsymbol{\alpha}}_{t+1} = \begin{cases} \boldsymbol{T}_0 \boldsymbol{\alpha}_0, \\ \boldsymbol{T}_t \hat{\boldsymbol{\alpha}}_t + \boldsymbol{K}_t \boldsymbol{e}_t, \end{cases} \quad \boldsymbol{P}_{t+1} = \begin{cases} \boldsymbol{H}_0 \boldsymbol{H}_0^\mathsf{T}, & (t=0), \\ \boldsymbol{T}_t \boldsymbol{P}_t \boldsymbol{L}_t^\mathsf{T} + \boldsymbol{H}_t \boldsymbol{J}_t^\mathsf{T}, & (t \geq 1), \end{cases}$$

$$\boldsymbol{e}_t = \boldsymbol{y}_t - \boldsymbol{Z}_t \hat{\boldsymbol{\alpha}}_t, \; \boldsymbol{K}_t = \left(\boldsymbol{T}_t \boldsymbol{P}_t \boldsymbol{Z}_t^\mathsf{T} + \boldsymbol{H}_t \boldsymbol{G}_t^\mathsf{T}\right) \boldsymbol{D}_t^{-1}, \; \boldsymbol{D}_t = \boldsymbol{Z}_t \boldsymbol{P}_t \boldsymbol{Z}_t^\mathsf{T} + \boldsymbol{G}_t \boldsymbol{G}_t^\mathsf{T},$$

$$\boldsymbol{L}_t = \boldsymbol{T}_t - \boldsymbol{K}_t \boldsymbol{Z}_t, \; \boldsymbol{J}_t = \boldsymbol{H}_t - \boldsymbol{K}_t \boldsymbol{G}_t.$$

(5.24) 式は (5.21) 式のフィルタリングの分布である.一方,(5.25) 式はベイズ・フィルターにおける (5.22) 式の $\boldsymbol{y}_t$ の 1 期先予測分布である.そして,(5.26) 式はベイズ・フィルターでいうと (5.23) 式にあたる.

次に将来の $\boldsymbol{y}_{t+s}$ ($s \geq 1$) の値の予測について説明しよう.まず状態空間モデル (5.6) では $\boldsymbol{\alpha}_{t+s}$ が与えられると $\boldsymbol{y}_{t+s}$ と $\boldsymbol{y}_{1:t}$ が独立になることに注意しよう.これは (5.7) 式の条件付分布が $\boldsymbol{y}_t$ の時点 t より過去の値に依存しないことから明白である.よって,(2.33) 式の予測分布の定義に従うと

$$p(\boldsymbol{y}_{t+s}|\boldsymbol{y}_{1:t}) = \frac{\int_{\mathcal{A}} p(\boldsymbol{y}_{t+s}, \boldsymbol{y}_{1:t}|\boldsymbol{\alpha}_{t+s})p(\boldsymbol{\alpha}_{t+s})d\boldsymbol{\alpha}_{t+s}}{\int_{\mathcal{A}} p(\boldsymbol{y}_{1:t}|\boldsymbol{\alpha}_{t+s})p(\boldsymbol{\alpha}_{t+s})d\boldsymbol{\alpha}_{t+s}}$$

$$= \int_{\mathcal{A}} p(\boldsymbol{y}_{t+s}|\boldsymbol{\alpha}_{t+s})\frac{p(\boldsymbol{y}_{1:t}|\boldsymbol{\alpha}_{t+s})p(\boldsymbol{\alpha}_{t+s})}{\int_{\mathcal{A}} p(\boldsymbol{y}_{1:t}|\boldsymbol{\alpha}_{t+s})p(\boldsymbol{\alpha}_{t+s})d\boldsymbol{\alpha}_{t+s}}d\boldsymbol{\alpha}_{t+s}$$

$$= \int_{\mathcal{A}} p(\boldsymbol{y}_{t+s}|\boldsymbol{\alpha}_{t+s})p(\boldsymbol{\alpha}_{t+s}|\boldsymbol{y}_{1:t})d\boldsymbol{\alpha}_{t+s}, \tag{5.27}$$

となるから,$p(\boldsymbol{\alpha}_{t+s}|\boldsymbol{y}_{1:t})$ を求めておけば,(5.27) 式から $\boldsymbol{y}_{t+s}$ の予測分布 $p(\boldsymbol{y}_{t+s}|\boldsymbol{y}_{1:t})$ を評価できる.$p(\boldsymbol{\alpha}_{t+s}|\boldsymbol{y}_{1:t})$ は以下のように与えられる(証明は本章の付録を参照).

$$\boldsymbol{\alpha}_{t+s}|\boldsymbol{y}_{1:t} \sim \mathcal{N}_k(\hat{\boldsymbol{\alpha}}_t(s), \boldsymbol{P}_t(s)), \tag{5.28}$$

$$\hat{\boldsymbol{\alpha}}_t(s) = \begin{cases} \hat{\boldsymbol{\alpha}}_{t+1}, & (s=1), \\ \boldsymbol{T}_{t+s-1}\hat{\boldsymbol{\alpha}}_t(s-1), & (s \geqq 2), \end{cases}$$

$$\boldsymbol{P}_t(s) = \begin{cases} \boldsymbol{P}_{t+1}, & (s=1), \\ \boldsymbol{T}_{t+s-1}\boldsymbol{P}_t(s-1)\boldsymbol{T}_{t+s-1}^{\mathsf{T}} + \boldsymbol{H}_{t+s-1}\boldsymbol{H}_{t+s-1}^{\mathsf{T}}, & (s \geqq 2). \end{cases} \tag{5.29}$$

さらに (5.28) 式を使うと $\boldsymbol{y}_{t+s}$ の予測分布は以下のように導出される.

$$\boldsymbol{y}_{t+s}|\boldsymbol{y}_{1:t} \sim \mathcal{N}_m\left(\boldsymbol{Z}_{t+s}\hat{\boldsymbol{\alpha}}_t(s), \boldsymbol{Z}_{t+s}\boldsymbol{P}_t(s)\boldsymbol{Z}_{t+s}^{\mathsf{T}} + \boldsymbol{G}_{t+s}\boldsymbol{G}_{t+s}^{\mathsf{T}}\right). \tag{5.30}$$

続いて平滑化のための事後分布を考えよう.$p(\boldsymbol{\alpha}_t|\boldsymbol{y}_{1:n})$ と $p(\boldsymbol{\alpha}_{t+1}|\boldsymbol{y}_{1:n})$ の間には

$$p(\boldsymbol{\alpha}_t|\boldsymbol{y}_{1:n}) = \int_{\mathcal{A}} p(\boldsymbol{\alpha}_t|\boldsymbol{\alpha}_{t+1}, \boldsymbol{y}_{1:n})p(\boldsymbol{\alpha}_{t+1}|\boldsymbol{y}_{1:n})d\boldsymbol{\alpha}_{t+1}$$

$$= \int_{\mathcal{A}} p(\boldsymbol{\alpha}_t|\boldsymbol{\alpha}_{t+1}, \boldsymbol{y}_t)p(\boldsymbol{\alpha}_{t+1}|\boldsymbol{y}_{1:n})d\boldsymbol{\alpha}_{t+1}, \tag{5.31}$$

という関係が成り立つ.(5.31) 式で $p(\boldsymbol{\alpha}_t|\boldsymbol{\alpha}_{t+1}, \boldsymbol{y}_t)$ となっているのは,状態方程式 (5.4) の形より,$\boldsymbol{\alpha}_{t+1}$ が与えられた下では $\boldsymbol{\alpha}_t$ は $\boldsymbol{y}_{t+1}, \ldots, \boldsymbol{y}_n$ に依存しないからである.(5.31) 式より,$p(\boldsymbol{\alpha}_n|\boldsymbol{y}_{1:n})$ から始めて $t = n, n-1, \ldots$ と後ろ向きに (5.31) 式を適用していけば $p(\boldsymbol{\alpha}_t|\boldsymbol{y}_{1:n})$ が逐次的に求められることがわかる.状態空間モデル (5.6) では (5.31) 式を解析的に評価することができる(証明は本章の付録を参照).これはカルマン・スムーザーと呼ばれる.

5.2 状態空間モデルに関する推論

カルマン・スムーザー

$$\boldsymbol{\alpha}_t | \boldsymbol{y}_{1:n} \sim \mathcal{N}_r(\tilde{\boldsymbol{\alpha}}_t, \boldsymbol{Q}_t), \tag{5.32}$$

$$\tilde{\boldsymbol{\alpha}}_t = \begin{cases} \hat{\boldsymbol{\mu}}_n, & (t=n), \\ \hat{\boldsymbol{\mu}}_t + \boldsymbol{C}_t(\tilde{\boldsymbol{\alpha}}_{t+1} - \hat{\boldsymbol{\alpha}}_{t+1}), & (t \leqq n-1), \end{cases}$$

$$\boldsymbol{Q}_t = \begin{cases} \hat{\boldsymbol{\Sigma}}_n, & (t=n), \\ \hat{\boldsymbol{\Sigma}}_t + \boldsymbol{C}_t(\boldsymbol{Q}_{t+1} - \boldsymbol{P}_{t+1})\boldsymbol{C}_t^\mathsf{T}, & (t \leqq n-1), \end{cases}$$

$$\boldsymbol{C}_t = \boldsymbol{P}_t \boldsymbol{L}_t^\mathsf{T} \boldsymbol{P}_{t+1}^{-1}.$$

最後に状態空間モデル内の未知のパラメータに関する推論について解説しよう。パラメータ $\boldsymbol{\theta}$ の事前分布を $p(\boldsymbol{\theta})$ とする。状態空間モデル (5.6) の尤度を求めるには、時系列データ $\boldsymbol{y}_{1:n}$ と状態変数 $\boldsymbol{\alpha}_{1:n+1}$ の同時分布

$$p(\boldsymbol{y}_{1:n}, \boldsymbol{\alpha}_{1:n+1}|\boldsymbol{\theta}) = p(\boldsymbol{\alpha}_1) \prod_{t=1}^{n} p(\boldsymbol{y}_t, \boldsymbol{\alpha}_{t+1}|\boldsymbol{\alpha}_t, \boldsymbol{\theta}),$$

を考え、これから

$$\begin{aligned} p(\boldsymbol{y}_{1:t}|\boldsymbol{\theta}) &= \int_{\mathcal{A}} \cdots \int_{\mathcal{A}} p(\boldsymbol{y}_{1:n}, \boldsymbol{\alpha}_{1:n+1}|\boldsymbol{\theta}) d\boldsymbol{\alpha}_1 \ldots d\boldsymbol{\alpha}_{n+1} \\ &= \int_{\mathcal{A}} \cdots \int_{\mathcal{A}} p(\boldsymbol{\alpha}_1) \prod_{t=1}^{n} p(\boldsymbol{y}_t, \boldsymbol{\alpha}_{t+1}|\boldsymbol{\alpha}_t, \boldsymbol{\theta}) d\boldsymbol{\alpha}_1 \ldots d\boldsymbol{\alpha}_{n+1}, \end{aligned} \tag{5.33}$$

と $\boldsymbol{\alpha}_{1:n+1}$ を積分で消す必要がある。幸いなことにベイズ・フィルター (5.21)〜(5.23) を適用することで (5.33) 式の積分を評価できることが知られている。すると状態空間モデル (5.6) の尤度は

$$p(\boldsymbol{y}_{1:n}|\boldsymbol{\theta}) = p(\boldsymbol{y}_1|\boldsymbol{\theta}) \prod_{t=2}^{T} p(\boldsymbol{y}_t|\boldsymbol{y}_{1:t-1}, \boldsymbol{\theta}), \tag{5.34}$$

と (5.2) 式と同じ形になる。これにベイズの定理を適用すると、$\boldsymbol{\theta}$ の事後分布は

$$p(\boldsymbol{\theta}|\boldsymbol{y}_{1:n}) \propto p(\boldsymbol{y}_{1:n}|\boldsymbol{\theta}) p(\boldsymbol{\theta}), \tag{5.35}$$

として与えられる。一般の状態空間モデルではベイズ・フィルターに解析的な表現は存在しないため、尤度 (5.34) も事後分布 (5.35) も解析的に導出することは困難である。しかし、状態空間モデル (5.6) のように $\boldsymbol{u}_t$ が正規分布に従うときはカルマン・フィルターを適用でき、(5.34) 式の中の $p(\boldsymbol{y}_1|\boldsymbol{\theta})$ と $p(\boldsymbol{y}_t|\boldsymbol{y}_{1:t-1}, \boldsymbol{\theta})$ $(t=2,\ldots,n)$ はカルマン・フィルターの 1 期先予測分布 (5.25) で与えられる。したがって、尤度 $p(\boldsymbol{y}_{1:n}|\boldsymbol{\theta})$ は

$$p(\boldsymbol{y}_{1:n}|\boldsymbol{\theta}) \propto \prod_{t=1}^{n} |\boldsymbol{D}_t|^{-\frac{1}{2}} \exp\left[-\frac{1}{2}(\boldsymbol{y}_t - \boldsymbol{Z}_t\hat{\boldsymbol{\alpha}}_t)^{\mathsf{T}} \boldsymbol{D}_t^{-1}(\boldsymbol{y}_t - \boldsymbol{Z}_t\hat{\boldsymbol{\alpha}}_t)\right], \quad (5.36)$$

となる．これでかなり数式は簡単になったが，それでも $\hat{\boldsymbol{\alpha}}_t$ や $\boldsymbol{D}_t$ の中に $\boldsymbol{\theta}$ が複雑な形で入っていると $\boldsymbol{\theta}$ の事後分布 (5.35) を解析的に求めることはできない．ここでは自然共役事前分布が存在し $\boldsymbol{\theta}$ の事後分布が解析的に求まる例を 1 つ紹介しよう．状態空間モデル (5.6) で $\boldsymbol{u}_t$ が $\mathcal{N}_\ell(\boldsymbol{0}, \sigma^2 \boldsymbol{I})$ に従うと仮定する（$\sigma^2 = 1$ とすれば元の状態空間モデルに戻る）．この場合に対応するカルマン・フィルターは，元のカルマン・フィルターのアルゴリズムで $\boldsymbol{G}_t$ と $\boldsymbol{H}_t$ をそれぞれ $\sigma \boldsymbol{G}_t$ と $\sigma \boldsymbol{H}_t$ に置き換えるだけで得られる．よって，(5.36) 式で $\boldsymbol{D}_t$ の代わりに $\sigma^2 \boldsymbol{D}_t$ を使うだけで $\boldsymbol{u}_t \sim \mathcal{N}_\ell(\boldsymbol{0}, \sigma^2 \boldsymbol{I})$ の場合の状態空間モデルの尤度 $p(\boldsymbol{y}_{1:n}|\boldsymbol{\theta})$ が求まることになる．したがって，σ^2 の事前分布を逆ガンマ分布 $\mathcal{G}a^{-1}(\nu_0/2, \lambda_0/2)$ とすると，σ^2 の事後分布もまた逆ガンマ分布

$$\sigma^2 | \boldsymbol{y}_{1:n} \sim \mathcal{G}a^{-1}\left(\frac{mn + \nu_0}{2}, \frac{\sum_{t=1}^{n}(\boldsymbol{y}_t - \boldsymbol{Z}_t\hat{\boldsymbol{\alpha}}_t)^{\mathsf{T}} \boldsymbol{D}_t^{-1}(\boldsymbol{y}_t - \boldsymbol{Z}_t\hat{\boldsymbol{\alpha}}_t) + \lambda_0}{2}\right), \quad (5.37)$$

となる（この導出には 3.3 節で回帰モデルの誤差項の分散の事後分布を求めたときと同じ展開を使う）．

もちろん一般の状態空間モデルにおいては自然共役事前分布が存在するとは限らないため，(5.37) 式のように綺麗にパラメータの事後分布の解析的表現が求まる保証はない．そのため現実の応用では MCMC 法などの数値的手法に頼らなければパラメータに関する推論を行うことは不可能である．さらにいうと，一般のベイズ・フィルター (5.21)〜(5.23) や平滑化の公式 (5.31) には解析的表現が存在しないため，(5.36) 式のような形での尤度の評価は困難である．そのため実際の状態空間モデルのベイズ分析では，第 4 章で紹介した MCMC 法を用いて状態変数 $\boldsymbol{\alpha}_{1:n}$ とパラメータ $\boldsymbol{\theta}$ の事後統計量を数値的に求める方法が広く使われている．次節では MCMC 法による状態空間モデルにおける状態変数とパラメータのベイズ推論を PyMC で行う実例を幾つか紹介する．

5.3 PyMC による状態空間モデルのベイズ分析

まずは人工データを使った簡単な例から解説を始めよう．5.1 節で紹介した ARMA(p,q) 過程 (5.14) の最も簡単な例に AR(1) 過程

$$x_{t+1} = \rho x_t + \eta_t, \quad \eta_t \sim \mathcal{N}(0, \omega^2), \quad t = 1, \ldots, n-1, \quad (5.38)$$

がある．ここでは $|\rho| < 1$ と仮定し，$t = 1$ のときの x_1 の分布を

$$x_1 \sim \mathcal{N}\left(0, \frac{\omega^2}{1 - \rho^2}\right), \quad (5.39)$$

とする.これは AR(1) 過程の定常分布である *6).さらに真の値 x_t は観測されず,ノイズ ϵ_t を含んだ値 y_t のみが観測可能であるとしよう.つまり

$$y_t = x_t + \epsilon_t, \quad \epsilon_t \sim \mathcal{N}(0, \sigma^2), \tag{5.40}$$

と仮定する.よって,(5.40) 式を観測方程式,(5.38) 式を状態方程式とする状態空間モデルを考えることができる.模式図 (5.8) のような模式図をノイズを含む AR(1) 過程について書くと以下のようになる.

$$\begin{array}{c}
\mathcal{N}\left(0, \frac{\omega^2}{1-\rho^2}\right) \\
\downarrow \\
x_1 \quad \rightarrow \quad \mathcal{N}(x_1, \sigma^2) \quad \rightarrow \quad y_1 \\
\downarrow \\
\mathcal{N}(\rho x_1, \omega^2) \\
\downarrow \\
x_2 \quad \rightarrow \quad \mathcal{N}(x_2, \sigma^2) \quad \rightarrow \quad y_2 \\
\downarrow \\
\vdots \\
\downarrow \\
x_{t-1} \quad \rightarrow \quad \mathcal{N}(x_{t-1}, \sigma^2) \quad \rightarrow \quad y_{t-1} \\
\downarrow \\
\mathcal{N}(\rho x_{t-1}, \omega^2) \\
\downarrow \\
x_t \quad \rightarrow \quad \mathcal{N}(x_t, \sigma^2) \quad \rightarrow \quad y_t \\
\downarrow \\
\mathcal{N}(\rho x_t, \omega^2)
\end{array} \tag{5.41}$$

この模式図の一番左の列を無視すると,このモデルは単に「y_t の平均 x_t は時点ごとに変化する」としか述べていないことがわかる.つまり,これは定数項のみを説明変数とする最も簡単な時変係数回帰モデルなのである.そして,この解釈の下では状態方程式 (5.38) は時変平均 x_t の階層事前分布ということになる.「状態方程式は状態変数の階層事前分布である」というベイズ的解釈は状態空間モデルのベイズ分析の根幹にある考え方であるから覚えておいてもらいたい.

この状態空間モデルから人工データを生成し,モデルのベイズ推定を Python で実行する方法を解説しよう.この作業を実行する Python コードはコード 5.1 である.

---

*6) 定常分布の定義などの AR(1) 過程の性質については 6.1 節で説明されている.

▶ ノイズを含む AR(1) 過程

Python コード 5.1　pybayes_mcmc_ar1.py

```python
# -*- coding: utf-8 -*-
#%% NumPyの読み込み
import numpy as np
#    SciPyのstatsモジュールの読み込み
import scipy.stats as st
#    PyMCの読み込み
import pymc3 as pm
#    MatplotlibのPyplotモジュールの読み込み
import matplotlib.pyplot as plt
#    日本語フォントの設定
from matplotlib.font_manager import FontProperties
import sys
if sys.platform.startswith('win'):
    FontPath = 'C:\\Windows\\Fonts\\meiryo.ttc'
elif sys.platform.startswith('darwin' ):
    FontPath = '/System/Library/Fonts/ヒラギノ角ゴシック W4.ttc'
elif sys.platform.startswith('linux'):
    FontPath = '/usr/share/fonts/truetype/takao-gothic/TakaoPGothic.ttf'
else:
    sys.exit('このPythonコードが対応していないOSを使用しています．')
jpfont = FontProperties(fname=FontPath)
#%% ノイズを含むAR(1)過程からデータを生成
n = 500
np.random.seed(99)
x = np.empty(n)
x[0] = st.norm.rvs() # 定常分布の分散 = 0.19/(1 - 0.9**2) = 1.0
for t in range(1, n):
    x[t] = 0.9 * x[t-1] + st.norm.rvs(scale=np.sqrt(0.19))
y = x + st.norm.rvs(scale=0.5, size=n)
#%% 事後分布の設定
ar1_model = pm.Model()
with ar1_model:
    sigma = pm.HalfCauchy('sigma', beta=1.0)
    rho = pm.Uniform('rho', lower=-1.0, upper=1.0)
    omega = pm.HalfCauchy('omega', beta=1.0)
    ar1 = pm.AR('ar1', rho, sd=omega, shape=n,
                init=pm.Normal.dist(sd=omega/pm.math.sqrt(1 - rho**2)))
    observation = pm.Normal('y', mu=ar1, sd=sigma, observed=y)
#%% 事後分布からのサンプリング
n_draws = 5000
n_chains = 4
n_tune = 1000
with ar1_model:
    trace = pm.sample(draws=n_draws, chains=n_chains, tune=n_tune,
                      random_seed=123)
param_names = ['sigma', 'rho', 'omega']
print(pm.summary(trace, varnames=param_names))
#%% 事後分布のグラフの作成
```

```
49  labels = ['$\\sigma$', '$\\rho$', '$\\omega$']
50  k = len(labels)
51  fig, ax = plt.subplots(k, 2, num=1, figsize=(8, 1.5*k), facecolor='w')
52  for index in range(k):
53      mc_trace = trace[param_names[index]]
54      x_min = mc_trace.min() - 0.2 * np.abs(mc_trace.min())
55      x_max = mc_trace.max() + 0.2 * np.abs(mc_trace.max())
56      x = np.linspace(x_min, x_max, 250)
57      posterior = st.gaussian_kde(mc_trace).evaluate(x)
58      ax[index, 0].plot(mc_trace, 'k-', linewidth=0.1)
59      ax[index, 0].set_xlim(1, n_draws*n_chains)
60      ax[index, 0].set_ylabel(labels[index], fontproperties=jpfont)
61      ax[index, 1].plot(x, posterior, 'k-')
62      ax[index, 1].set_xlim(x_min, x_max)
63      ax[index, 1].set_ylim(0, 1.1*posterior.max())
64      ax[index, 1].set_ylabel('確率密度', fontproperties=jpfont)
65  ax[k-1, 0].set_xlabel('乱数系列', fontproperties=jpfont)
66  ax[k-1, 1].set_xlabel('周辺事後分布', fontproperties=jpfont)
67  plt.tight_layout()
68  plt.savefig('pybayes_fig_mcmc_ar1.png', dpi=300)
69  plt.show()
```

コード 5.1 の以下の部分で人工データを生成している. 真のモデルの設定は, $n = 500$, $\sigma^2 = 0.25$, $\rho = 0.9$, $\omega^2 = 0.19$ である.

```
22  #%% ノイズを含むAR(1)過程からデータを生成
23  n = 500
24  np.random.seed(99)
25  x = np.empty(n)
26  x[0] = st.norm.rvs() # 定常分布の分散 = 0.19/(1 - 0.9**2) = 1.0
27  for t in range(1, n):
28      x[t] = 0.9 * x[t-1] + st.norm.rvs(scale=np.sqrt(0.19))
29  y = x + st.norm.rvs(scale=0.5, size=n)
```

第 25 行目の np.empty(n) では生成した時系列データを格納するための NumPy 配列 x を用意している. np.zeros() や np.ones() と異なり, np.empty() は各要素の中身を特に指定しないことに注意しよう. しかし, 配列内の数値は後で全て上書きされるため, どれを使っても本質的な違いは生じない. 第 26 行目では AR(1) 過程の初期値 x_1 を標準正規分布から生成しているが, これは定常分布 (5.39) の分散が $0.19/(1-0.9^2) = 1$ だからである. 第 27 行目の for 文では x_2 から x_n までを AR(1) 過程から生成している. 最後に第 29 行目では $\mathcal{N}(0, 0.25)$ から生成したノイズを x に足して推定に使う時系列データ y を作っている.

続く以下の部分ではパラメータ (σ, ρ, ω) の事前分布と状態空間モデルの設定を行っている.

```
31  ar1_model = pm.Model()
```

```
32  with ar1_model:
33      sigma = pm.HalfCauchy('sigma', beta=1.0)
34      rho = pm.Uniform('rho', lower=-1.0, upper=1.0)
35      omega = pm.HalfCauchy('omega', beta=1.0)
36      ar1 = pm.AR('ar1', rho, sd=omega, shape=n,
37                  init=pm.Normal.dist(sd=omega/pm.math.sqrt(1 - rho**2)))
38      observation = pm.Normal('y', mu=ar1, sd=sigma, observed=y)
```

σ と ω は正の値をとる正規分布の標準偏差であるから，半コーシー分布 (4.24) を事前分布に使うように第 33 行目と第 35 行目において pm.HaflCauchy() を使って指定している．AR(1) 過程が定常である条件は $-1 < \rho < 1$ なので，第 34 行目の PyMC 関数 pm.Uniform() によって ρ の事前分布として区間 $(-1,1)$ 上の一様分布を使うようにしている．状態変数 ar1 が従う状態方程式 (5.38) の設定を行っているのが第 36 行目の PyMC 関数 pm.AR() である．rho は文字通り (5.38) 式の ρ である．ここで rho はスカラーであるが，これを p 次元ベクトルにすると AR(p) 過程になる．sd は誤差項の標準偏差（つまり ω），shape は生成する AR(1) 過程の配列の次元である．ここまでは必須のオプションであるが，次の init はなくても構わない．しかし，第 37 行目では明示的に AR(1) 過程の初期分布として定常分布 (5.39) を指定するために使用している．使い方はパラメータの事前分布の設定と同じで，初期分布にしたい分布の名前とパラメータを指定するだけである．既に第 4 章の内容を理解した読者にとっては pm.Normal.dist(sd=omega/pm.math.sqrt(1 - rho**2)) が定常分布 (5.39) を意味するのは明白であろう（".dist" は分布を単独で使うために必要である）．第 38 行目では観測方程式の設定を行っている．観測方程式 (5.40) は $y_t|x_t \sim \mathcal{N}(x_t, \sigma^2)$ を意味するから，第 38 行目の pm.Normal() の中で平均 mu を第 36 行目で設定した状態変数 ar1 とし，標準偏差 sd を sigma としている．この箇所は第 4 章での PyMC の応用事例では尤度を設定していた部分にあたる．第 4 章で説明した Python コードにおいては，with 文の中で先に乱数を生成するパラメータの事前分布を設定してからデータを生成した分布の中にこれらのパラメータを埋め込んで尤度を設定していた．これと同じことを第 38 行目でも行っているのである．要するに「状態方程式＝状態変数の事前分布」，「観測方程式＝尤度」と理解しておけばよいだろう．

コード 5.1 の以下の部分で事後分布からの乱数生成を行っている．

```
39  #%% 事後分布からのサンプリング
40  n_draws = 5000
41  n_chains = 4
42  n_tune = 1000
43  with ar1_model:
44      trace = pm.sample(draws=n_draws, chains=n_chains, tune=n_tune,
45                        random_seed=123)
46  param_names = ['sigma', 'rho', 'omega']
47  print(pm.summary(trace, varnames=param_names))
```

5.3 PyMC による状態空間モデルのベイズ分析

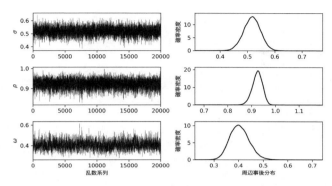

図 **5.2** ノイズを含む AR(1) 過程のパラメータの事後分布

pm.sample() の使い方は第 4 章で説明した Python コードと全く同じである．しかし，第 47 行目で事後統計量を計算する際に新たなオプション varnames を指定している．これは事後統計量を計算するパラメータを第 46 行目で作成した文字列の配列 param_names の中にある ['sigma', 'rho', 'omega'] に限定するためのオプションである．これを指定しておかないと，pm.summary() は全て状態変数 ar1（500 個もある）に対して事後統計量を計算してしまうので注意しよう．なおコード 5.1 の他の部分は既に何度も別のコードで現れている機能を使っているだけなので説明を省く．

コード 5.1 を IPython で実行したときの出力結果は以下の通りである．事後分布から生成した乱数系列のプロットと各パラメータの周辺事後分布は図 5.2 に示されている．事後平均は真の値（$\sigma = 0.5$，$\rho = 0.9$，$\omega = 0.4359$）に近く，95%HPD 区間は真の値を含んでいる．図 5.2 の周辺事後分布のグラフも真の値の周りに分布の山が集中している．乱数系列の収束にも問題はなさそうである．しかし，実効標本数は生成したモンテカルロ標本の大きさである 20,000 を大きく下回っている．これは乱数系列で正の自己相関が強いことを意味している．

```
In [1]: %run pybayes_mcmc_ar1.py

 (中略)

           mean        sd   mc_error     hpd_2.5    hpd_97.5         n_eff       Rhat
sigma  0.516418  0.030663   0.000600    0.452841    0.572939   2910.832801   1.001261
rho    0.924038  0.021173   0.000330    0.882400    0.964910   3961.367653   1.000802
omega  0.404737  0.039156   0.000967    0.330321    0.481307   1650.998049   1.003257
```

次は図 5.1 の上段の使用電力量の時系列データを使って (5.13) 式の状態空間モデルのパラメータをベイズ推定するとともに，使用電力量を 2 次確率的トレンド，四半期の季節変動，そしてノイズに分解するための Python コード 5.2 の説明を行う．

▶ 使用電力量のトレンドと季節変動

Python コード 5.2 pybayes_mcmc_decomp.py

```python
# -*- coding: utf-8 -*-
#%% NumPyの読み込み
import numpy as np
#   SciPyのstatsモジュールの読み込み
import scipy.stats as st
#   Pandasの読み込み
import pandas as pd
#   PyMCの読み込み
import pymc3 as pm
#   MatplotlibのPyplotモジュールの読み込み
import matplotlib.pyplot as plt
#   日本語フォントの設定
from matplotlib.font_manager import FontProperties
import sys
if sys.platform.startswith('win'):
    FontPath = 'C:\\Windows\\Fonts\\meiryo.ttc'
elif sys.platform.startswith('darwin'):
    FontPath = '/System/Library/Fonts/ヒラギノ角ゴシック W4.ttc'
elif sys.platform.startswith('linux'):
    FontPath = '/usr/share/fonts/truetype/takao-gothic/TakaoPGothic.ttf'
else:
    sys.exit('このPythonコードが対応していないOSを使用しています。')
jpfont = FontProperties(fname=FontPath)
#%% 使用電力量データの読み込み
"""
    電灯電力需要実績月報・用途別使用電力量・販売電力合計・10社計
    電気事業連合会ウェブサイト・電力統計情報より入手
    http://www.fepc.or.jp/library/data/tokei/index.html
"""
data = pd.read_csv('electricity.csv', index_col=0)
y0 = np.log(data.values.reshape((data.shape[0]//3, 3)).sum(axis=1))
y = 100 * (y0 - y0[0])
n = y.size
series_date = pd.date_range(start='1/1/1989', periods=n, freq='Q')
#%% 確率的トレンド+季節変動
trend_coef = np.array([2.0, -1.0])
seasonal_coef = np.array([-1.0, -1.0, -1.0])
timeseries_decomp = pm.Model()
with timeseries_decomp:
    sigma = pm.HalfCauchy('sigma', beta=1.0)
    tau = pm.HalfCauchy('tau', beta=1.0)
    omega = pm.HalfCauchy('omega', beta=1.0)
    trend = pm.AR('trend', trend_coef, sd=tau, shape=n)
    seasonal = pm.AR('seasonal', seasonal_coef, sd=omega, shape=n)
    observation = pm.Normal('y', mu=trend+seasonal, sd=sigma, observed=y)
#%% 事後分布からのサンプリング
n_draws = 5000
n_chains = 4
```

```
n_tune = 2000
with timeseries_decomp:
    trace = pm.sample(draws=n_draws, chains=n_chains, tune=n_tune,
                      random_seed=123,
                      nuts_kwargs=dict(target_accept=0.9))
param_names = ['sigma', 'tau', 'omega']
print(pm.summary(trace, varnames=param_names))
#%% 事後分布のグラフの作成
series_name = ['原系列', '平滑値', 'トレンド', '季節変動', 'ノイズ']
labels = ['$\\sigma$', '$\\tau$', '$\\omega$']
k = len(labels)
fig1, ax1 = plt.subplots(k, 2, num=1, figsize=(8, 1.5*k), facecolor='w')
for index in range(k):
    mc_trace = trace[param_names[index]]
    x_min = mc_trace.min() - 0.2 * np.abs(mc_trace.min())
    x_max =  mc_trace.max() + 0.2 * np.abs(mc_trace.max())
    x = np.linspace(x_min, x_max, 250)
    posterior = st.gaussian_kde(mc_trace).evaluate(x)
    ax1[index, 0].plot(mc_trace, 'k-', linewidth=0.1)
    ax1[index, 0].set_xlim(1, n_draws*n_chains)
    ax1[index, 0].set_ylabel(labels[index], fontproperties=jpfont)
    ax1[index, 1].plot(x, posterior, 'k-')
    ax1[index, 1].set_xlim(x_min, x_max)
    ax1[index, 1].set_ylim(0, 1.1*posterior.max())
    ax1[index, 1].set_ylabel('確率密度', fontproperties=jpfont)
ax1[k-1, 0].set_xlabel('乱数系列', fontproperties=jpfont)
ax1[k-1, 1].set_xlabel('周辺事後分布', fontproperties=jpfont)
plt.tight_layout()
plt.savefig('pybayes_fig_decomp_posterior.png', dpi=300)
plt.show()
#%% 時系列の分解
trend = trace['trend'].mean(axis=0)
seasonal = trace['seasonal'].mean(axis=0)
noise = y - trend - seasonal
series = np.vstack((y, trend + seasonal, trend, seasonal, noise)).T
results = pd.DataFrame(series, index=series_date, columns=series_name)
fig2, ax2 = plt.subplots(4, 1, sharex='col',
                         num=2, figsize=(8, 6), facecolor='w')
for index in range(4):
    ts_name = series_name[index+1]
    ax2[index].plot(results[ts_name], 'k-', label=ts_name)
    ax2[index].set_ylabel(ts_name, fontproperties=jpfont)
ax2[0].plot(results[series_name[0]], 'k:', label=series_name[0])
ax2[0].set_xlim(series_date[0], series_date[-1])
ax2[0].legend(loc='lower right', frameon=False, prop=jpfont)
plt.tight_layout()
plt.savefig('pybayes_fig_decomp_timeseries.png', dpi=300)
plt.show()
```

コード 5.2 の以下の部分では使用電力量データのファイルからの読み込みを行って

いる.

```
30 data = pd.read_csv('electricity.csv', index_col=0)
31 y0 = np.log(data.values.reshape((data.shape[0]//3, 3))).sum(axis=1)
32 y = 100 * (y0 - y0[0])
33 n = y.size
34 series_date = pd.date_range(start='1/1/1989', periods=n, freq='Q')
```

使用電力量の月次データは electricity.csv という CSV ファイルに入っている．これを Pandas のデータフレーム data に読み込んでいるのが第 30 行目の Panda 関数 pd.read_csv() である．ここではワーキング・ディレクトリに electricity.csv があるという前提でコードが作られている（通常はコードと同じフォルダに CSV ファイルをおいておけばよい）．index_col=0 は CSV ファイルの第 1 列目（electricity.csv では年月が入っている）をデータフレームのインデックスとして使うというオプションである．第 31 行目では，まずデータフレーム data から使用電力量の数値を .values で取り出し，.reshape で 3 列の行列に変形し，.sum(axis=1) で行ごとの和を求めて月次データを四半期データに変えている．そして，自然対数をとって配列 y0 に格納している．第 32 行目では，最初の値 y0[0]（1989 年第 1 四半期の使用電力量の自然対数値）との差を求めて 100 を乗ずることで，1989 年第 1 四半期を基準時点とする使用電力量の変化率を計算して y に格納している．第 34 行目の pd.data_range() は日付や時刻の系列を生成する Pandas 関数である．ここでは四半期データ y に対応する日付 series_date を作成するために使用されている．start='1/1/1989' は 1989 年 1 月 1 日を最初の日付にするためのオプションである．そして，periods=n は期間の数を n とするオプション，freq='Q' は四半期末の日付を作成するというオプションである．四半期以外のオプションは表 5.1 にまとめられている．

表 5.1 Pandas 関数 date_range() の freq オプションの例

オプション	タイムスタンプ	オプション	タイムスタンプ
B	営業日	D	日
W	週	M	月末
Q	四半期末	A	年末
H	時	T	分
S	秒	L	ミリ秒
U	マイクロ秒	N	ナノ秒

以下の部分はパラメータの事前分布と状態空間モデルの設定を行っている．

```
35 #%% 確率的トレンド+季節変動
36 trend_coef = np.array([2.0, -1.0])
37 seasonal_coef = np.array([-1.0, -1.0, -1.0])
38 timeseries_decomp = pm.Model()
39 with timeseries_decomp:
```

```
40      sigma = pm.HalfCauchy('sigma', beta=1.0)
41      tau = pm.HalfCauchy('tau', beta=1.0)
42      omega = pm.HalfCauchy('omega', beta=1.0)
43      trend = pm.AR('trend', trend_coef, sd=tau, shape=n)
44      seasonal = pm.AR('seasonal', seasonal_coef, sd=omega, shape=n)
45      observation = pm.Normal('y', mu=trend+seasonal, sd=sigma, observed=y)
```

状態方程式 (5.12) のトレンド μ_t と季節変動 c_t はともに AR 過程であり，それらの AR 係数は

- トレンド: $\phi_1 = 2$, $\phi_2 = -1$.
- 季節変動: $\phi_1 = -1$, $\phi_2 = -1$, $\phi_3 = -1$.

である．第 36 行目と第 37 行目では，この AR 係数の NumPy 配列を作成している．そして，第 39 行目以降の with 文の中で状態変数 trend (μ_t に相当) と状態変数 seasonal (c_t に相当) が AR 過程に従うことを PyMC 関数 pm.AR() で指定している（第 43 行目と第 44 行目）．一方，パラメータ (σ, τ, ω) の事前分布には半コーシー分布を使う（第 40〜42 行目）．第 45 行目では観測方程式 (5.9) に基づいて尤度の設定を行っている．設定方法はコード 5.1 のときと同じである．

第 51 行目の pm.sample() の使い方は基本的に今まで通りであるが，コード 5.1 から変更している点は

- チューニングのための試行回数 tune を 1,000 回から 2,000 回に増やした．
- pm.sample() の中に nuts_kwargs=dict(target_accept=0.9) というオプションを追加し，NUTS での目標採択確率を 0.9 に引き上げた（初期設定では 0.8）．

の 2 点である．これらの変更は乱数系列の収束を向上させるためである．

コード 5.2 を IPython で実行したときの出力結果は以下の通りである．生成した乱数系列のプロットとパラメータの周辺事後分布のグラフは図 5.3 に示されている．周辺事後分布は平均の周辺に山が集まっており，乱数系列の収束も悪くはない．しかし，

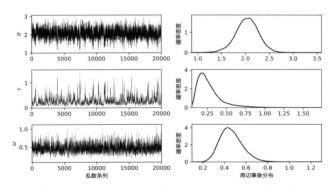

図 5.3　使用電力量の状態空間モデルのパラメータの事後分布

実効標本数がモンテカルロ標本よりもかなり小さい．モンテカルロ近似の精度を高めるためにはもっと多くの乱数を生成すべきであろう．

```
In [2]: %run pybayes_mcmc_decomp.py

 (中略)

            mean        sd   mc_error   hpd_2.5   hpd_97.5       n_eff      Rhat
sigma    2.034773   0.238501  0.009382  1.571270   2.526558   592.055948  1.002309
tau      0.274147   0.159601  0.009358  0.069140   0.603979   269.046664  1.004737
omega    0.463284   0.104318  0.002831  0.268862   0.670826  1209.217467  1.000417
```

コード 5.2 の第 51 行目の pm.sample() で生成した trace の中には，パラメータの乱数系列に加えて trend と seasonal の乱数系列も保存されている．これを使ってトレンドと季節変動のベイズ推定を行うことができる．方法はいたって簡単である．第 51 行目の pm.sample() で時点 t のトレンド μ_t が 20,000 個生成されているので，この標本平均を計算すると μ_t のモンテカルロ近似が得られる．季節変動も同様である．この計算を行っているのが以下の箇所である．

```
80 trend = trace['trend'].mean(axis=0)
81 seasonal = trace['seasonal'].mean(axis=0)
```

すると y_t の平滑値は trend+seasonal で与えられる [*7]．図 5.4 には，使用電力量の平滑値，トレンド，季節変動，ノイズがプロットされている．比較のために図 5.4 の上段には原系列として y_t そのものもプロットしてある．グラフを見る限りモデルの当てはまりは良さそうであるが，さすがに 1993 年の記録的冷夏による落ち込みや 2008 年のリーマンショックの後の急激な需要減は拾いきれていない．

状態空間モデルの最後の例として**確率的ボラティリティ・モデル** (stochastic volatility model)，略して **SV** モデルの実例を紹介しよう．今まで説明してきた状態空間モデル (5.6) には

(i) 正規性: 誤差項 $\boldsymbol{u}_t$ が正規分布に従う．

(ii) 線形性: 観測方程式と状態方程式がともに状態変数 $\boldsymbol{\alpha}_t$ の線形関数である．

という 2 つの特徴がある．状態空間モデルが正規性と線形性を満たしていれば，カルマン・フィルターとカルマン・スムーザーを適用できる．しかし，全ての時系列データが正規線形状態空間モデルで記述できるわけではない．例えば 5.1 節で考察したように，図 5.1 中段のドル円為替レートの日次変化率は分散が一定ではなく正の相関をもって確率的に変動する．これは為替レートに限った話ではなく，株価収益率などの

[*7] これは最も手軽な平滑値の求め方であるが，代わりに生成した 20,000 組のパラメータ (σ, τ, ω) の 1 つ 1 つに対してカルマン・スムーザー (5.32) を適用し，得られた 20,000 本の状態変数の平滑値の算術平均を求めるという方法もある．

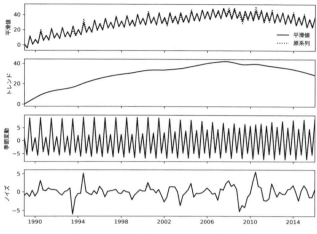

図 5.4 使用電力量のトレンドと季節変動

金融時系列データで広く観察される特徴である．この特徴を状態空間モデル (5.6) に組み込もうとすると観測方程式の $\boldsymbol{G}_t$ の部分を日々ランダムに変動させなければならなくなる．これは $\boldsymbol{G}_t$ が何らかの形で状態変数に依存することを意味するので，状態空間モデルの線形性は否定されることになる．さらに株価収益率や為替レートの変化率などの金融時系列データの分布は正規分布よりも裾の厚い（尖度が3を超える）分布に従うことが知られている．実際に計算してみると図 5.1 のドル円為替レート日次変化率の標本尖度は 6.3574 であるから，3を優に超えてしまっている．したがって，このような金融時系列データに正規性を仮定するのは困難である．そこで次のような時系列モデルを考える．

$$\begin{aligned} y_t &= \sigma \exp(\alpha_t)\epsilon_t, \quad \epsilon_t \sim \mathcal{T}(\nu), \\ \alpha_{t+1} &= \rho\alpha_t + \eta, \quad \eta \sim \mathcal{N}(0, \omega^2). \end{aligned} \quad (5.42)$$

これが SV モデルである（SV モデルを含むボラティリティ変動モデル全般については渡部 (2000) を参照）．状態変数 α_t は AR(1) 過程に従うことから $\rho > 0$ であれば y_t の分散は正の相関をもって変動することになる．さらに ϵ_t の分布が自由度 ν の t 分布 $\mathcal{T}(\nu)$ であるから，y_t の分布は正規分布よりも裾が厚くなる．よって，SV モデル (5.42) は金融時系列データの典型的な特徴を表現できるモデルであることがわかる．なお α_1 の分布には先ほどのノイズを含む AR(1) 過程のときと同じく AR(1) 過程の定常分布

$$\alpha_1 \sim \mathcal{N}\left(0, \frac{\omega^2}{1-\rho^2}\right), \quad |\rho| < 1,$$

を仮定する．

それでは SV モデル (5.42) をベイズ推定ための Python コード 5.3 の説明に入ろう．

▶ 確率的ボラティリティ・モデル

Python コード 5.3　pybayes_mcmc_sv.py

```python
# -*- coding: utf-8 -*-
#%% NumPyの読み込み
import numpy as np
#    SciPyのstatsモジュールの読み込み
import scipy.stats as st
#    Pandasの読み込み
import pandas as pd
#    PyMCの読み込み
import pymc3 as pm
#    MatplotlibのPyplotモジュールの読み込み
import matplotlib.pyplot as plt
#    日本語フォントの設定
from matplotlib.font_manager import FontProperties
import sys
if sys.platform.startswith('win'):
    FontPath = 'C:\\Windows\\Fonts\\meiryo.ttc'
elif sys.platform.startswith('darwin' ):
    FontPath = '/System/Library/Fonts/ヒラギノ角ゴシック W4.ttc'
elif sys.platform.startswith('linux'):
    FontPath = '/usr/share/fonts/truetype/takao-gothic/TakaoPGothic.ttf'
else:
    sys.exit('このPythonコードが対応していないOSを使用しています．')
jpfont = FontProperties(fname=FontPath)
#%% ドル円為替レート日次データの読み込み
"""
    The Pacific Exchange Rate Serviceより入手
    http://fx.sauder.ubc.ca/data.html
"""
data = pd.read_csv('dollaryen.csv', index_col=0)
y = 100 * np.diff(np.log(data.values.ravel()))
n = y.size
series_date = pd.to_datetime(data.index[1:])
#%% SVモデルの設定
sv_model = pm.Model()
with sv_model:
    nu = pm.Exponential('nu', 0.2)
    sigma = pm.HalfCauchy('sigma', beta=1.0)
    rho = pm.Uniform('rho', lower=-1.0, upper=1.0)
    omega = pm.HalfCauchy('omega', beta=1.0)
    log_vol = pm.AR('log_vol', rho, sd=omega, shape=n,
                    init=pm.Normal.dist(sd=omega/pm.math.sqrt(1 - rho**2)))
    observation = pm.StudentT('y', nu, sd=sigma*pm.math.exp(log_vol),
                              observed=y)
#%% 事後分布からのサンプリング
n_draws = 5000
n_chains = 4
n_tune = 2000
```

```
48  with sv_model:
49      trace = pm.sample(draws=n_draws, chains=n_chains, tune=n_tune,
50                        random_seed=123,
51                        nuts_kwargs=dict(target_accept=0.9))
52  param_names = ['nu', 'sigma', 'rho', 'omega']
53  print(pm.summary(trace, varnames=param_names))
54  #%% 事後分布のグラフの作成
55  labels = ['$\\nu$', '$\\sigma$', '$\\rho$', '$\\omega$']
56  k = len(labels)
57  x_minimum = [ 3.0, 0.15, 0.9, 0.02]
58  x_maximum = [17.0, 0.85, 1.0, 0.16]
59  fig1, ax1 = plt.subplots(k, 2, num=1, figsize=(8, 1.5*k), facecolor='w')
60  for index in range(k):
61      mc_trace = trace[param_names[index]]
62      x_min = x_minimum[index]
63      x_max = x_maximum[index]
64      x = np.linspace(x_min, x_max, 250)
65      posterior = st.gaussian_kde(mc_trace).evaluate(x)
66      ax1[index, 0].plot(mc_trace, 'k-', linewidth=0.1)
67      ax1[index, 0].set_xlim(1, n_draws*n_chains)
68      ax1[index, 0].set_ylabel(labels[index], fontproperties=jpfont)
69      ax1[index, 1].plot(x, posterior, 'k-')
70      ax1[index, 1].set_xlim(x_min, x_max)
71      ax1[index, 1].set_ylim(0, 1.1*posterior.max())
72      ax1[index, 1].set_ylabel('確率密度', fontproperties=jpfont)
73  ax1[k-1, 0].set_xlabel('乱数系列', fontproperties=jpfont)
74  ax1[k-1, 1].set_xlabel('周辺事後分布', fontproperties=jpfont)
75  plt.tight_layout()
76  plt.savefig('pybayes_fig_sv_posterior.png', dpi=300)
77  plt.show()
78  #%% ボラティリティのプロット
79  vol = np.median(np.tile(trace['sigma'],
80                          (n, 1)).T * np.exp(trace['log_vol']), axis=0)
81  fig2 = plt.figure(num=2, facecolor='w')
82  plt.plot(series_date, y, 'k-', linewidth=0.5, label='ドル円為替レート')
83  plt.plot(series_date, 2.0 * vol, 'k:', linewidth=0.5, label='2シグマ区間')
84  plt.plot(series_date, -2.0 * vol, 'k:', linewidth=0.5)
85  plt.xlim(series_date[0], series_date[-1])
86  plt.xticks(['2014', '2015', '2016', '2017'])
87  plt.xlabel('営業日', fontproperties=jpfont)
88  plt.ylabel('日次変化率 (%)', fontproperties=jpfont)
89  plt.legend(loc='best', frameon=False, prop=jpfont)
90  plt.savefig('pybayes_fig_sv_volatility.png', dpi=300)
91  plt.show()
```

まず以下の部分でドル円為替レートの日次収益率の時系列データを用意している.

```
29  data = pd.read_csv('dollaryen.csv', index_col=0)
30  y = 100 * np.diff(np.log(data.values.ravel()))
31  n = y.size
32  series_date = pd.to_datetime(data.index[1:])
```

第29行目ではCSVファイル dollaryen.csv からドル円為替レートの日次データ
をPandasのデータフレーム data に読み込み，第30行目で日次変化率に変換し
てNumPy配列 y に格納している．ここで使われている.ravel()は data.values
を1次元のNumPy配列に変えるためのものであり，np.diff()は階差を計算する
NumPy関数である．第32行目ではデータフレーム data のインデックス（これは営
業日を示す文字列の配列である）から日付の系列 series_date を作成している．こ
こで data.index[1:] の意味を説明しておこう．data.index はデータフレームのイ
ンデックスである．しかし，標本期間の最初の営業日の日次変化率は存在しないため
（標本期間の前の為替レートの値はCSVファイル dollaryen.csv の中にはない），
[1:] をつけることで最初のインデックスの要素を除いている．こうすると日次収益
率の時系列データである y と要素数と揃えることができる．そして最後にPandas関
数 pd.to_datetimes() を使って営業日を示す文字列の配列から日付の系列を作成し
て series_date に格納して完了である．

```
33  #%% SVモデルの設定
34  sv_model = pm.Model()
35  with sv_model:
36      nu = pm.Exponential('nu', 0.2)
37      sigma = pm.HalfCauchy('sigma', beta=1.0)
38      rho = pm.Uniform('rho', lower=-1.0, upper=1.0)
39      omega = pm.HalfCauchy('omega', beta=1.0)
40      log_vol = pm.AR('log_vol', rho, sd=omega, shape=n,
41                    init=pm.Normal.dist(sd=omega/pm.math.sqrt(1 - rho**2)))
42      observation = pm.StudentT('y', nu, sd=sigma*pm.math.exp(log_vol),
43                    observed=y)
```

この部分ではSVモデル(5.42)の設定を行っている．ノイズを含むAR(1)過程のと
きと同じくσとωに対しては半コーシー分布を，ρに対しては区間$(-1,1)$上の一様
分布を事前分布に使っている．νの事前分布は指数分布$\mathcal{E}xp(1/2)$である．指数分布
$\mathcal{E}xp(\lambda)$の確率密度関数は

$$p(x|\lambda) = \lambda e^{-\lambda x}, \quad x > 0, \ \lambda > 0, \qquad (5.43)$$

であり，この分布の平均は$1/\lambda$である．したがって，νの事前分布の平均は5という
ことになる．第40行目の log_vol は(5.42)式のα_tである．ノイズを含むAR(1)過
程(5.38)のx_tと同じくα_tはAR(1)過程に従うから，pm.AR()で事前分布を指定
できる．最後に観測方程式であるが，ϵ_tが$\mathcal{T}(\nu)$に従うとき$\sigma\epsilon_t$は$\mathcal{T}(\nu,0,\sigma^2)$に従
うことから，第42行目のようにPyMC関数 pm.StudnetT() を使うことで設定でき
る．コード5.3の残りの部分は基本的に今まで通りである．

　コード5.3をIPythonで実行したときの出力結果は以下の通りである．生成した乱
数系列のプロットとパラメータの周辺事後分布のグラフは図5.5に示されている．ρ

5.3 PyMC による状態空間モデルのベイズ分析　　　161

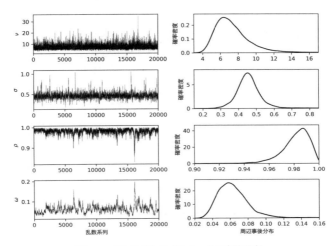

図 5.5　SV モデルのパラメータの事後分布

の周辺事後分布はかなり 1 に近いところに集中しており，日次変化率の分散には強い正の自己相関があることがわかる．一方，ν の周辺事後分布は 7 の周りに集まっている．95%HPD 区間の上限でも 11 程度であるから，正規分布よりもかなり裾の厚い t 分布であることがわかる．この裾の厚さの意味を知るために図 5.6 を見てみよう．この図 5.6 において点線は 0 を平均とした 2 シグマ区間を示している．一般に 2 シグマ区間とは [平均 $-2\times$ 標準偏差, 平均 $+2\times$ 標準偏差] という区間を指すが，ドル円為替レートの日次変化率の標本平均は 0.007％程度であるから事実上平均 0 と見なして

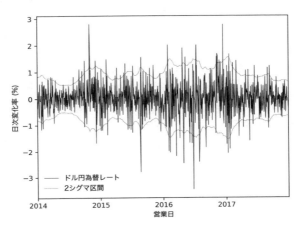

図 5.6　SV モデルで推定された 2 シグマ区間

も問題ないだろう．もしSVモデル(5.42)のϵ_tの分布が標準正規分布に従うのであれば，約95％の実現値は2シグマ区間に入ることになる．しかし，図5.6では日次変化率のグラフが時折2シグマ区間から大きく飛び出していることが見て取れる．このような極端な外れ値の存在から判断すると，ϵ_tの分布の選択として標準正規分布よりも自由度νの低いt分布が相応しいといえるだろう．

```
In [3]: %run pybayes_mcmc_sv.py
（中略）
            mean        sd    mc_error    hpd_2.5    hpd_97.5       n_eff        Rhat
nu       7.348146  1.991536   0.035929   4.271599   11.215965   2542.596609  1.001016
sigma    0.457652  0.070562   0.002228   0.323416    0.594001    896.479997  1.000186
rho      0.981139  0.012651   0.000807   0.959481    0.999169    155.059400  1.013067
omega    0.063343  0.017910   0.001399   0.032938    0.096637     95.378373  1.022461
```

実効標本数を見ると全体的に低いが，特にρとωが極端に低い．これは効率的な乱数生成が行われていない可能性を示唆している．PyMCが採用しているNUTS（6.2節を参照）は汎用性を追求しているアルゴリズムであるため，特定のモデルに対してパフォーマンスがよくないことも多々ある．SVモデルに特化した効率的なMCMC法のアルゴリズムとしてOmori et al. (2007)やOmori and Watanabe (2008)の方法が知られている．

5.4 付　　録

5.4.1 カルマン・フィルターの導出

仮定よりα_1の分布は(5.5)式で与えられるから，$t=0$の場合に(5.26)式が成り立つことが簡単に示される．あとは数学帰納法で証明を進める．まず，時点$t-1$において$y_{1:t-1}$が与えられた下でのα_tの1期先予測分布が$\mathcal{N}_r(\hat{\alpha}_t, P_t)$であると仮定して，時点$t-1$における$y_t$の1期先予測分布$p(y_t|y_{1:t-1})$を導出しよう．観測方程式(5.3)で$y_t$は$\alpha_t|y_{1:t-1} \sim \mathcal{N}_r(\hat{\alpha}_t, P_t)$および$u_t|y_{1:t-1} \sim \mathcal{N}_\ell(0, I)$という多変量正規分布に従う確率ベクトルの線形関数だから，$p(y_t|y_{1:t-1})$もまた多変量正規分布に従うことがわかる．そして，$p(y_t|y_{1:t-1})$の平均と分散共分散行列は

$$\begin{aligned}
\mathrm{E}[\bm{y}_t|\bm{y}_{1:t-1}] &= \mathrm{E}[\bm{Z}_t\bm{\alpha}_t + \bm{G}_t\bm{u}_t|\bm{y}_{1:t-1}] \\
&= \bm{Z}_t\mathrm{E}[\bm{\alpha}_t|\bm{y}_{1:t-1}] + \bm{G}_t\mathrm{E}[\bm{u}_t|\bm{y}_{1:t-1}] \\
&= \bm{Z}_t\hat{\bm{\alpha}}_t, \\
\mathrm{Var}[\bm{y}_t|\bm{y}_{1:t-1}] &= \mathrm{E}[(\bm{y}_t - \bm{Z}_t\hat{\bm{\alpha}}_t)(\bm{y}_t - \bm{Z}_t\hat{\bm{\alpha}}_t)^\mathsf{T}|\bm{y}_{1:t-1}] \\
&= \mathrm{E}[(\bm{Z}_t(\bm{\alpha}_t - \hat{\bm{\alpha}}_t) + \bm{G}_t\bm{u}_t)(\bm{Z}_t(\bm{\alpha}_t - \hat{\bm{\alpha}}_t) + \bm{G}_t\bm{u})^\mathsf{T}|\bm{y}_{1:t-1}] \\
&= \bm{Z}_t\mathrm{Var}[\bm{\alpha}_t|\bm{y}_{1:t-1}]\bm{Z}_t^\mathsf{T} + \bm{G}_t\mathrm{Var}[\bm{u}_t|\bm{y}_{1:t-1}]\bm{G}_t^\mathsf{T} \\
&\quad + \bm{Z}_t\mathrm{Cov}[\bm{\alpha}_t,\bm{u}_t|\bm{y}_{1:t-1}]\bm{G}_t^\mathsf{T} + \bm{G}_t\mathrm{Cov}[\bm{u}_t,\bm{\alpha}_t|\bm{y}_{1:t-1}]\bm{Z}_t^\mathsf{T} \\
&= \bm{Z}_t\bm{P}_t\bm{Z}_t^\mathsf{T} + \bm{G}_t\bm{G}_t^\mathsf{T} = \bm{D}_t,
\end{aligned}$$

として求められるから，(5.25) 式が成立する（ここで $\bm{\alpha}_t$ と $\bm{u}_t$ は無相関であることに注意しよう）．

次に $\bm{y}_t$ が観測された後の $\bm{\alpha}_t$ の事後分布 $p(\bm{\alpha}_t|\bm{y}_{1:t})$ を導出しよう．$\bm{y}_{1:t-1}$ が与えられた下での $\bm{y}_t$ と $\bm{\alpha}_t$ の共分散は

$$\begin{aligned}
\mathrm{Cov}[\bm{y}_t,\bm{\alpha}_t|\bm{y}_{1:t-1}] &= \mathrm{E}[(\bm{y}_t - \bm{Z}_t\hat{\bm{\alpha}}_t)(\bm{\alpha}_t - \hat{\bm{\alpha}}_t)^\mathsf{T}|\bm{y}_{1:t-1}] \\
&= \mathrm{E}[(\bm{Z}_t(\bm{\alpha}_t - \hat{\bm{\alpha}}_t) + \bm{G}_t\bm{u}_t)(\bm{\alpha}_t - \hat{\bm{\alpha}}_t)^\mathsf{T}|\bm{y}_{1:t-1}] \\
&= \bm{Z}_t\mathrm{Var}[\bm{\alpha}_t|\bm{y}_{1:t-1}] + \bm{G}_t\mathrm{Cov}[\bm{u}_t,\bm{\alpha}_t|\bm{y}_{1:t-1}] \\
&= \bm{Z}_t\bm{P}_t,
\end{aligned}$$

であるから，$p(\bm{y}_t,\bm{\alpha}_t|\bm{y}_{1:t-1})$ は

$$\begin{bmatrix} \bm{y}_t \\ \bm{\alpha}_t \end{bmatrix} \bigg| \bm{y}_{1:t-1} \sim \mathcal{N}_{m+r}\left(\begin{bmatrix} \bm{Z}_t\hat{\bm{\alpha}}_t \\ \hat{\bm{\alpha}}_t \end{bmatrix}, \begin{bmatrix} \bm{D}_t & \bm{Z}_t\bm{P}_t \\ \bm{P}_t\bm{Z}_t^\mathsf{T} & \bm{P}_t \end{bmatrix} \right), \tag{5.44}$$

となる．ここから $p(\bm{\alpha}_t|\bm{y}_{1:t})$ を導くために以下の多変量正規分布の性質を使用する．

多変量正規分布における条件付分布

$\bm{x} \sim \mathcal{N}_k(\bm{x},\bm{\Sigma})$ とする．ここで $k = k_1 + k_2$ となるように $\bm{x}$ を k_1 次元ベクトル $\bm{x}_1$ と k_2 次元ベクトル $\bm{x}_2$ に分割すると，$\bm{x}_1$ が与えられた下での $\bm{x}_2$ の条件付分布は以下のように与えられる．

$$\bm{x}_2|\bm{x}_1 \sim \mathcal{N}_{k_2}\left(\bm{\mu}_2 + \bm{\Sigma}_{21}\bm{\Sigma}_{11}^{-1}(\bm{x}_1 - \bm{\mu}_1),\ \bm{\Sigma}_{22} - \bm{\Sigma}_{21}\bm{\Sigma}_{11}^{-1}\bm{\Sigma}_{12}\right), \tag{5.45}$$

$$\bm{x} = \begin{bmatrix} \bm{x}_1 \\ \bm{x}_2 \end{bmatrix},\quad \bm{\mu} = \begin{bmatrix} \bm{\mu}_1 \\ \bm{\mu}_2 \end{bmatrix},\quad \bm{\Sigma} = \begin{bmatrix} \bm{\Sigma}_{11} & \bm{\Sigma}_{12} \\ \bm{\Sigma}_{21} & \bm{\Sigma}_{22} \end{bmatrix}.$$

$p(\bm{\alpha}_t|\bm{y}_{1:t}) = p(\bm{\alpha}_t|\bm{y}_t,\bm{y}_{1:t-1})$ であることに着目すると，(5.45) 式より，$p(\bm{\alpha}_t|\bm{y}_{1:t})$ の平均と分散共分散行列は，

$$E[\boldsymbol{\alpha}_t|\boldsymbol{y}_{1:t}] = \hat{\boldsymbol{\alpha}}_t + \boldsymbol{P}_t \boldsymbol{Z}_t^\mathsf{T} \boldsymbol{D}_t^{-1}(\boldsymbol{y}_t - \boldsymbol{Z}_t \hat{\boldsymbol{\alpha}}_t) = \hat{\boldsymbol{\alpha}}_t + \boldsymbol{P}_t \boldsymbol{Z}_t^\mathsf{T} \boldsymbol{D}_t^{-1} \boldsymbol{e}_t,$$

$$\mathrm{Var}[\boldsymbol{\alpha}_t|\boldsymbol{y}_{1:t}] = \boldsymbol{P}_t - \boldsymbol{P}_t \boldsymbol{Z}_t^\mathsf{T} \boldsymbol{D}_t^{-1} \boldsymbol{Z}_t \boldsymbol{P}_t,$$

として得られる.これは (5.24) 式そのものである.

最後に時点 t における $\boldsymbol{\alpha}_{t+1}$ の 1 期先予測分布 $p(\boldsymbol{\alpha}_{t+1}|\boldsymbol{y}_{1:t})$ を導出しよう.状態方程式 (5.4) で $\boldsymbol{\alpha}_{t+1}$ は $\boldsymbol{\alpha}_t$ と $\boldsymbol{u}_t$ の線形関数だから,$p(\boldsymbol{y}_t|\boldsymbol{y}_{1:t-1})$ を導出したのと全く同じ論理で $p(\boldsymbol{\alpha}_{t+1}|\boldsymbol{y}_{1:t-1})$ も多変量正規分布になることがわかる.そして,$p(\boldsymbol{\alpha}_{t+1}|\boldsymbol{y}_{1:t-1})$ の平均と分散共分散行列は

$$\begin{aligned}
E[\boldsymbol{\alpha}_{t+1}|\boldsymbol{y}_{1:t-1}] &= E[\boldsymbol{T}_t \boldsymbol{\alpha}_t + \boldsymbol{H}_t \boldsymbol{u}_t|\boldsymbol{y}_{1:t-1}] \\
&= \boldsymbol{T}_t E[\boldsymbol{\alpha}_t|\boldsymbol{y}_{1:t-1}] + \boldsymbol{H}_t E[\boldsymbol{u}_t|\boldsymbol{y}_{1:t-1}] \\
&= \boldsymbol{T}_t \hat{\boldsymbol{\alpha}}_t, \\
\mathrm{Var}[\boldsymbol{\alpha}_{t+1}|\boldsymbol{y}_{1:t-1}] &= E[(\boldsymbol{\alpha}_{t+1} - \boldsymbol{T}_t \hat{\boldsymbol{\alpha}}_t)(\boldsymbol{\alpha}_{t+1} - \boldsymbol{T}_t \hat{\boldsymbol{\alpha}}_t)^\mathsf{T}|\boldsymbol{y}_{1:t-1}] \\
&= E[(\boldsymbol{T}_t(\boldsymbol{\alpha}_t - \hat{\boldsymbol{\alpha}}_t) + \boldsymbol{H}_t \boldsymbol{u})(\boldsymbol{T}_t(\boldsymbol{\alpha}_t - \hat{\boldsymbol{\alpha}}_t) + \boldsymbol{H}_t \boldsymbol{u})^\mathsf{T}|\boldsymbol{y}_{1:t-1}] \\
&= \boldsymbol{T}_t \mathrm{Var}[\boldsymbol{\alpha}_t|\boldsymbol{y}_{1:t-1}]\boldsymbol{T}_t^\mathsf{T} + \boldsymbol{H}_t \mathrm{Var}[\boldsymbol{u}_t|\boldsymbol{y}_{1:t-1}]\boldsymbol{H}_t^\mathsf{T} \\
&\quad + \boldsymbol{T}_t \mathrm{Cov}[\boldsymbol{\alpha}_t, \boldsymbol{u}_t|\boldsymbol{y}_{1:t-1}]\boldsymbol{H}_t^\mathsf{T} + \boldsymbol{H}_t \mathrm{Cov}[\boldsymbol{u}_t, \boldsymbol{\alpha}_t|\boldsymbol{y}_{1:t-1}]\boldsymbol{T}_t^\mathsf{T} \\
&= \boldsymbol{T}_t \boldsymbol{P}_t \boldsymbol{T}_t^\mathsf{T} + \boldsymbol{H}_t \boldsymbol{H}_t^\mathsf{T},
\end{aligned}$$

として得られる.さらに $\boldsymbol{y}_{1:t-1}$ が与えられた下での $\boldsymbol{y}_t$ と $\boldsymbol{\alpha}_{t+1}$ の共分散は

$$\begin{aligned}
\mathrm{Cov}[\boldsymbol{y}_t, \boldsymbol{\alpha}_{t+1}|\boldsymbol{y}_{1:t-1}] &= E[(\boldsymbol{y}_t - \boldsymbol{Z}_t \hat{\boldsymbol{\alpha}}_t)(\boldsymbol{\alpha}_{t+1} - \boldsymbol{T}_t \hat{\boldsymbol{\alpha}}_t)^\mathsf{T}|\boldsymbol{y}_{1:t-1}] \\
&= E[(\boldsymbol{Z}_t(\boldsymbol{\alpha}_t - \hat{\boldsymbol{\alpha}}_t) + \boldsymbol{G}_t \boldsymbol{u}_t)(\boldsymbol{T}_t(\boldsymbol{\alpha}_t - \hat{\boldsymbol{\alpha}}_t) + \boldsymbol{H}_t \boldsymbol{u}_t)^\mathsf{T}|\boldsymbol{y}_{1:t-1}] \\
&= \boldsymbol{Z}_t \mathrm{Var}[\boldsymbol{\alpha}_t|\boldsymbol{y}_{1:t-1}]\boldsymbol{T}_t^\mathsf{T} + \boldsymbol{G}_t \mathrm{Var}[\boldsymbol{u}_t|\boldsymbol{y}_{1:t-1}]\boldsymbol{H}_t^\mathsf{T} \\
&\quad + \boldsymbol{Z}_t \mathrm{Cov}[\boldsymbol{\alpha}_t, \boldsymbol{u}_t|\boldsymbol{y}_{1:t-1}]\boldsymbol{H}_t^\mathsf{T} + \boldsymbol{G}_t \mathrm{Cov}[\boldsymbol{u}_t, \boldsymbol{\alpha}_t|\boldsymbol{y}_{1:t-1}]\boldsymbol{T}_t^\mathsf{T} \\
&= \boldsymbol{Z}_t \boldsymbol{P}_t \boldsymbol{T}_t^\mathsf{T} + \boldsymbol{G}_t \boldsymbol{H}_t^\mathsf{T} = \boldsymbol{D}_t \boldsymbol{K}_t^\mathsf{T},
\end{aligned}$$

$(\boldsymbol{K}_t = (\boldsymbol{T}_t \boldsymbol{P}_t \boldsymbol{Z}_t^\mathsf{T} + \boldsymbol{H}_t \boldsymbol{G}_t^\mathsf{T})\boldsymbol{D}_t^{-1})$ であるから,$p(\boldsymbol{y}_t, \boldsymbol{\alpha}_{t+1}|\boldsymbol{y}_{1:t-1})$ は

$$\begin{bmatrix} \boldsymbol{y}_t \\ \boldsymbol{\alpha}_{t+1} \end{bmatrix} \bigg| \boldsymbol{y}_{1:t-1} \sim \mathcal{N}_{m+r}\left(\begin{bmatrix} \boldsymbol{Z}_t \hat{\boldsymbol{\alpha}}_t \\ \boldsymbol{T}_t \hat{\boldsymbol{\alpha}}_t \end{bmatrix}, \begin{bmatrix} \boldsymbol{D}_t & \boldsymbol{D}_t \boldsymbol{K}_t^\mathsf{T} \\ \boldsymbol{K}_t \boldsymbol{D}_t & \boldsymbol{T}_t \boldsymbol{P}_t \boldsymbol{T}_t^\mathsf{T} + \boldsymbol{H}_t \boldsymbol{H}_t^\mathsf{T} \end{bmatrix} \right), \quad (5.46)$$

となる.ここでも $p(\boldsymbol{\alpha}_{t+1}|\boldsymbol{y}_{1:t}) = p(\boldsymbol{\alpha}_{t+1}|\boldsymbol{y}_t, \boldsymbol{y}_{1:t-1})$ であるから,(5.46) 式に多変量正規分布の性質 (5.45) を適用すれば $p(\boldsymbol{\alpha}_{t+1}|\boldsymbol{y}_{1:t})$ を導出できる.$p(\boldsymbol{\alpha}_{t+1}|\boldsymbol{y}_{1:t})$ の平均と分散共分散行列は,

$$\mathrm{E}[\boldsymbol{\alpha}_{t+1}|\boldsymbol{y}_{1:t}] = \boldsymbol{T}_t\hat{\boldsymbol{\alpha}}_t + \boldsymbol{K}_t\boldsymbol{D}_t\boldsymbol{D}_t^{-1}(\boldsymbol{y}_t - \boldsymbol{Z}_t\hat{\boldsymbol{\alpha}}_t)$$
$$= \boldsymbol{T}_t\hat{\boldsymbol{\alpha}}_t + \boldsymbol{K}_t\boldsymbol{e}_t,$$
$$\mathrm{Var}[\boldsymbol{\alpha}_{t+1}|\boldsymbol{y}_{1:t}] = \boldsymbol{T}_t\boldsymbol{P}_t\boldsymbol{T}_t^{\mathsf{T}} + \boldsymbol{H}_t\boldsymbol{H}_t^{\mathsf{T}} - \boldsymbol{K}_t\boldsymbol{D}_t\boldsymbol{D}_t^{-1}\boldsymbol{D}_t\boldsymbol{K}_t^{\mathsf{T}}$$
$$= \boldsymbol{T}_t\boldsymbol{P}_t\boldsymbol{T}_t^{\mathsf{T}} + \boldsymbol{H}_t\boldsymbol{H}_t^{\mathsf{T}} - (\boldsymbol{T}_t\boldsymbol{P}_t\boldsymbol{Z}_t^{\mathsf{T}} + \boldsymbol{H}_t\boldsymbol{G}_t^{\mathsf{T}})\boldsymbol{K}_t^{\mathsf{T}}$$
$$= \boldsymbol{T}_t\boldsymbol{P}_t(\boldsymbol{T}_t^{\mathsf{T}} - \boldsymbol{Z}_t^{\mathsf{T}}\boldsymbol{K}_t^{\mathsf{T}}) + \boldsymbol{H}_t(\boldsymbol{H}_t^{\mathsf{T}} - \boldsymbol{G}_t^{\mathsf{T}}\boldsymbol{K}_t^{\mathsf{T}})$$
$$= \boldsymbol{T}_t\boldsymbol{P}_t\boldsymbol{L}_t^{\mathsf{T}} + \boldsymbol{H}_t\boldsymbol{J}_t^{\mathsf{T}},$$

として与えられる．したがって，$p(\boldsymbol{\alpha}_{t+1}|\boldsymbol{y}_{1:t})$ は (5.26) 式の分布となる．

以上の展開から時点 $t-1$ における $\boldsymbol{\alpha}_t$ の 1 期先予測分布 $p(\boldsymbol{\alpha}_t|\boldsymbol{y}_{1:t-1})$ が与えられると，時点 $t-1$ の $\boldsymbol{y}_t$ の 1 期先予測分布 $p(\boldsymbol{y}_t|\boldsymbol{y}_{1:t-1})$ が (5.25) 式の形に，時点 t で $\boldsymbol{y}_t$ が観測された後の $\boldsymbol{\alpha}_t$ の事後分布 $p(\boldsymbol{\alpha}_t|\boldsymbol{y}_{1:t})$ が (5.24) 式の形に，そして時点 t における $\boldsymbol{\alpha}_{t+1}$ の 1 期先予測分布 $p(\boldsymbol{\alpha}_{t+1}|\boldsymbol{y}_{1:t})$ が (5.26) 式の形になることが示せた．これは任意の $t \geq 1$ に対して成り立つから，数学的帰納法により，カルマン・フィルター (5.24)～(5.26) が証明された．

5.4.2　予測分布の導出

次に $p(\boldsymbol{\alpha}_{t+s}|\boldsymbol{y}_{1:t})$ と $p(\boldsymbol{y}_{t+s}|\boldsymbol{y}_{1:t})$ を導出しよう．$p(\boldsymbol{\alpha}_{t+s}|\boldsymbol{y}_{1:t})$ を導出するには

$$p(\boldsymbol{\alpha}_{t+s}|\boldsymbol{y}_{1:t}) = \int_{\mathcal{A}} \cdots \int_{\mathcal{A}} \prod_{j=1}^{s} p(\boldsymbol{\alpha}_{t+j}|\boldsymbol{\alpha}_{t+j-1}) p(\boldsymbol{\alpha}_t|\boldsymbol{y}_{1:t}) d\boldsymbol{\alpha}_t \cdots d\boldsymbol{\alpha}_{t+s-1}, \tag{5.47}$$

を計算する必要がある．しかし，状態空間モデル (5.6) の誤差項 $\boldsymbol{u}_t$ が多変量正規分布に従うことを利用すると，もっと簡単に $p(\boldsymbol{\alpha}_{t+s}|\boldsymbol{y}_{1:t})$ を導出できる．状態方程式 (5.4) を時点 $t+s$ まで延長すると，

$$\boldsymbol{\alpha}_{t+s} = \boldsymbol{T}_t^{(s)}\boldsymbol{\alpha}_t + \sum_{j=1}^{s} \boldsymbol{T}_{t+j}^{(s-j)}\boldsymbol{H}_{t+j-1}\boldsymbol{u}_{t+j-1}, \tag{5.48}$$

とできる．(5.48) 式における $\boldsymbol{T}_t^{(s)}$ は

$$\boldsymbol{T}_t^{(s)} = \begin{cases} \mathbf{I}, & (s=0), \\ \boldsymbol{T}_{t+s-1} \times \cdots \times \boldsymbol{T}_t, & (s \geq 1), \end{cases}$$

と定義され，$\boldsymbol{T}_t^{(s)} = \boldsymbol{T}_t^{(s-1)}\boldsymbol{T}_t = \boldsymbol{T}_{t+s-1}\boldsymbol{T}_t^{(s-1)}$ という性質を持つ．(5.48) 式で $\boldsymbol{\alpha}_{t+s}$ は $\boldsymbol{\alpha}_t|\boldsymbol{y}_{1:t-1} \sim \mathcal{N}_r(\hat{\boldsymbol{\alpha}}_t, \boldsymbol{P}_t)$ と $\boldsymbol{u}_{t+j-1}|\boldsymbol{y}_{1:t-1} \sim \mathcal{N}_q(\mathbf{0}, \mathbf{I})$ $(j=1,\ldots,s)$ の線形関数である．したがって，$p(\boldsymbol{\alpha}_{t+s}|\boldsymbol{y}_{1:t-1})$ も多変量正規分布になり，$p(\boldsymbol{\alpha}_{t+s}|\boldsymbol{y}_{1:t-1})$ の平均と分散共分散行列および $\boldsymbol{y}_t$ と $\boldsymbol{\alpha}_{t+s}$ の共分散は，$\boldsymbol{\alpha}_t$ と $\boldsymbol{u}_{t+j-1}$ $(j=1,\ldots,s)$ が互いに無相関であることから，

$$\mathrm{E}[\boldsymbol{\alpha}_{t+s}|\boldsymbol{y}_{1:t-1}] = \boldsymbol{T}_t^{(s)}\hat{\boldsymbol{\alpha}}_t,$$

$$\mathrm{Var}[\boldsymbol{\alpha}_{t+s}|\boldsymbol{y}_{1:t-1}] = \boldsymbol{T}_t^{(s)}\boldsymbol{P}_t\boldsymbol{T}_t^{(s)\intercal} + \sum_{j=1}^{s}\boldsymbol{T}_{t+j}^{(s-j)}\boldsymbol{H}_{t+j-1}\boldsymbol{H}_{t+j-1}^{\intercal}\boldsymbol{T}_{t+j}^{(s-j)\intercal},$$

$$\mathrm{Cov}[\boldsymbol{y}_t,\boldsymbol{\alpha}_{t+s}|\boldsymbol{y}_{1:t-1}] = \boldsymbol{Z}_t\boldsymbol{P}_t\boldsymbol{T}_t^{(s)\intercal} + \boldsymbol{G}_t\boldsymbol{H}_t^{\intercal}\boldsymbol{T}_{t+1}^{(s-1)\intercal} = \boldsymbol{D}_t\boldsymbol{K}_t^{\intercal}\boldsymbol{T}_{t+1}^{(s-1)\intercal},$$

と求められる．よって，$p(\boldsymbol{y}_t, \boldsymbol{\alpha}_{t+s}|\boldsymbol{y}_{1:t-1})$ は

$$\begin{bmatrix}\boldsymbol{y}_t \\ \boldsymbol{\alpha}_{t+s}\end{bmatrix}\bigg|\boldsymbol{y}_{1:t-1} \sim \mathcal{N}_{m+r}\left(\begin{bmatrix}\boldsymbol{Z}_t\hat{\boldsymbol{\alpha}}_t \\ \boldsymbol{T}_t^{(s)}\hat{\boldsymbol{\alpha}}_t\end{bmatrix}, \begin{bmatrix}\boldsymbol{D}_t & \boldsymbol{D}_t\boldsymbol{K}_t^{\intercal}\boldsymbol{T}_{t+1}^{(s-1)\intercal} \\ \boldsymbol{T}_{t+1}^{(s-1)}\boldsymbol{K}_t\boldsymbol{D}_t & \mathrm{Var}[\boldsymbol{\alpha}_{t+s}|\boldsymbol{y}_{1:t-1}]\end{bmatrix}\right), \quad (5.49)$$

として得られる．

あとは $p(\boldsymbol{\alpha}_{t+1}|\boldsymbol{y}_{1:t})$ を求めたときと同じく $p(\boldsymbol{\alpha}_{t+s}|\boldsymbol{y}_{1:t}) = p(\boldsymbol{\alpha}_{t+s}|\boldsymbol{y}_t, \boldsymbol{y}_{1:t-1})$ の関係と多変量正規分布の性質 (5.45) を (5.49) 式に適用するだけである．すると $p(\boldsymbol{\alpha}_{t+s}|\boldsymbol{y}_{1:t})$ の平均 $\hat{\boldsymbol{\alpha}}_t(s)$ は，

$$\begin{aligned}\hat{\boldsymbol{\alpha}}_t(s) &= \boldsymbol{T}_t^{(s)}\hat{\boldsymbol{\alpha}}_t + \boldsymbol{T}_{t+1}^{(s-1)}\boldsymbol{K}_t\boldsymbol{D}_t\boldsymbol{D}_t^{-1}(\boldsymbol{y}_t - \boldsymbol{Z}_t\hat{\boldsymbol{\alpha}}_t) \\ &= \boldsymbol{T}_{t+1}^{(s-1)}\left(\boldsymbol{T}_t\hat{\boldsymbol{\alpha}}_t + \boldsymbol{K}_t\boldsymbol{e}_t\right) \\ &= \boldsymbol{T}_{t+1}^{(s-1)}\hat{\boldsymbol{\alpha}}_{t+1},\end{aligned}$$

と導かれる．$\hat{\boldsymbol{\alpha}}_t(1) = \hat{\boldsymbol{\alpha}}_{t+1}$ だから，$\hat{\boldsymbol{\alpha}}_{t+1}$ は $s=1$ とした場合の $\hat{\boldsymbol{\alpha}}_t(s)$ の特殊例であることがわかる．さらに

$$\hat{\boldsymbol{\alpha}}_t(s) = \boldsymbol{T}_{t+1}^{(s-1)}\hat{\boldsymbol{\alpha}}_{t+1} = \boldsymbol{T}_{t+s-1}\boldsymbol{T}_{t+1}^{(s-2)}\hat{\boldsymbol{\alpha}}_{t+1} = \boldsymbol{T}_{t+s-1}\hat{\boldsymbol{\alpha}}_t(s-1),$$

となるから，$p(\boldsymbol{\alpha}_{t+s}|\boldsymbol{y}_{1:t})$ の平均 $\hat{\boldsymbol{\alpha}}_t(s)$ は，

$$\hat{\boldsymbol{\alpha}}_t(s) = \begin{cases}\hat{\boldsymbol{\alpha}}_{t+1}, & (s=1), \\ \boldsymbol{T}_{t+s-1}\hat{\boldsymbol{\alpha}}_t(s-1), & (s \geqq 2),\end{cases}$$

とまとめられる．一方，$p(\boldsymbol{\alpha}_{t+s}|\boldsymbol{y}_{1:t})$ の分散共分散行列 $\boldsymbol{P}_t(s)$ も (5.45) 式を利用すると，

$$\begin{aligned}\boldsymbol{P}_t(s) &= \mathrm{Var}[\boldsymbol{\alpha}_{t+s}|\boldsymbol{y}_{1:t-1}] - \boldsymbol{T}_{t+1}^{(s-1)}\boldsymbol{K}_t\boldsymbol{D}_t\boldsymbol{D}_t^{-1}\boldsymbol{D}_t\boldsymbol{K}_t^{\intercal}\boldsymbol{T}_{t+1}^{(s-1)\intercal} \\ &= \boldsymbol{T}_{t+1}^{(s-1)}\left(\boldsymbol{T}_t\boldsymbol{P}_t\boldsymbol{T}_t^{\intercal} + \boldsymbol{H}_t\boldsymbol{H}_t^{\intercal} - (\boldsymbol{T}_t\boldsymbol{P}_t\boldsymbol{Z}_t^{\intercal} + \boldsymbol{H}_t\boldsymbol{G}_t^{\intercal})\boldsymbol{K}_t^{\intercal}\right)\boldsymbol{T}_{t+1}^{(s-1)\intercal} \\ &\quad + \sum_{j=2}^{s}\boldsymbol{T}_{t+j}^{(s-j)}\boldsymbol{H}_{t+j-1}\boldsymbol{H}_{t+j-1}^{\intercal}\boldsymbol{T}_{t+j}^{(s-j)\intercal} \\ &= \boldsymbol{T}_{t+1}^{(s-1)}\boldsymbol{P}_{t+1}\boldsymbol{T}_{t+1}^{(s-1)\intercal} + \sum_{j=2}^{s}\boldsymbol{T}_{t+j}^{(s-j)}\boldsymbol{H}_{t+j-1}\boldsymbol{H}_{t+j-1}^{\intercal}\boldsymbol{T}_{t+j}^{(s-j)\intercal},\end{aligned}$$

と求められる．$\hat{\boldsymbol{\alpha}}_t(s)$ の場合と同様に $\boldsymbol{P}_t(s)$ は，

$$\boldsymbol{P}_t(s) = \begin{cases}\boldsymbol{P}_{t+1}, & (s=1), \\ \boldsymbol{T}_{t+s-1}\boldsymbol{P}_t(s-1)\boldsymbol{T}_{t+s-1}^{\intercal} + \boldsymbol{H}_{t+s-1}\boldsymbol{H}_{t+s-1}^{\intercal}, & (s \geqq 2),\end{cases}$$

とまとめられる. よって, $p(\boldsymbol{\alpha}_{t+s}|\boldsymbol{y}_{1:t})$ は

$$\boldsymbol{\alpha}_{t+s}|\boldsymbol{y}_{1:t} \sim \mathcal{N}_r(\hat{\boldsymbol{\alpha}}_t(s), \boldsymbol{P}_t(s)),$$

として与えられる. これは (5.28) 式そのものである.

最後に (5.28) 式を使うと予測分布 $p(\boldsymbol{y}_{t+s}|\boldsymbol{y}_{1:t})$ を簡単に導出できる. 観測方程式 (5.3) の線形性と (5.28) 式および $\boldsymbol{u}_{t+s}|\boldsymbol{y}_{1:t} \sim \mathcal{N}_\ell(\boldsymbol{0}, \boldsymbol{I})$ より, $p(\boldsymbol{y}_{t+s}|\boldsymbol{y}_{1:t})$ は多変量正規分布になることがわかる. さらに $\boldsymbol{y}_{1:t}$ が与えられた下での $\boldsymbol{y}_{t+s}$ の平均と分散は,

$$\begin{aligned}
\mathrm{E}[\boldsymbol{y}_{t+s}|\boldsymbol{y}_{1:t}] &= \mathrm{E}[\boldsymbol{Z}_{t+s}\boldsymbol{\alpha}_{t+s} + \boldsymbol{G}_{t+s}\boldsymbol{u}_{t+s}|\boldsymbol{y}_{1:t}] \\
&= \boldsymbol{Z}_{t+s}\hat{\boldsymbol{\alpha}}_t(s), \\
\mathrm{Var}[\boldsymbol{y}_{t+s}|\boldsymbol{y}_{1:t}] &= \mathrm{E}[(\boldsymbol{y}_{t+s} - \boldsymbol{Z}_{t+s}\hat{\boldsymbol{\alpha}}_t(s))(\boldsymbol{y}_{t+s} - \boldsymbol{Z}_{t+s}\hat{\boldsymbol{\alpha}}_t(s))^\mathsf{T}|\boldsymbol{y}_{1:t}] \\
&= \mathrm{E}[(\boldsymbol{Z}_{t+s}(\boldsymbol{\alpha}_{t+s} - \hat{\boldsymbol{\alpha}}_t(s)) + \boldsymbol{G}_{t+s}\boldsymbol{u}_{t+s}) \\
&\quad \times (\boldsymbol{Z}_{t+s}(\boldsymbol{\alpha}_{t+s} - \hat{\boldsymbol{\alpha}}_t(s)) + \boldsymbol{G}_{t+s}\boldsymbol{u}_{t+s})^\mathsf{T}|\boldsymbol{y}_{1:t}] \\
&= \boldsymbol{Z}_{t+s}\boldsymbol{P}_t(s)\boldsymbol{Z}_{t+s}^\mathsf{T} + \boldsymbol{G}_{t+s}\boldsymbol{G}_{t+s}^\mathsf{T},
\end{aligned}$$

となるから, $p(\boldsymbol{y}_{t+s}|\boldsymbol{y}_{1:t})$ は (5.30) 式の分布であることが証明される.

5.4.3 カルマン・スムーザーの導出

$t = n$ の場合に (5.32) 式が成り立つことは自明であるから, $t < n$ の場合を証明する. 最初に $p(\boldsymbol{\alpha}_t|\boldsymbol{\alpha}_{t+1}, \boldsymbol{y}_{1:t})$ を導出し, 続いて $\boldsymbol{\alpha}_{t+1}|\boldsymbol{y}_{1:n} \sim \mathcal{N}_r(\tilde{\boldsymbol{\alpha}}_{t+1}, \boldsymbol{Q}_{t+1})$ を仮定して (5.31) 式の積分の解析解を求めることで (5.32) 式の証明ができる. ベイズの定理より,

$$\begin{aligned}
p(\boldsymbol{\alpha}_t|\boldsymbol{\alpha}_{t+1}, \boldsymbol{y}_{1:t}) &= p(\boldsymbol{\alpha}_t|\boldsymbol{\alpha}_{t+1}, \boldsymbol{y}_t, \boldsymbol{y}_{1:t-1}) \\
&\propto p(\boldsymbol{y}_t, \boldsymbol{\alpha}_{t+1}|\boldsymbol{\alpha}_t, \boldsymbol{y}_{1:t-1})p(\boldsymbol{\alpha}_t|\boldsymbol{y}_{1:t-1}) \\
&\propto p(\boldsymbol{y}_t, \boldsymbol{\alpha}_{t+1}|\boldsymbol{\alpha}_t)p(\boldsymbol{\alpha}_t|\boldsymbol{y}_{1:t-1}),
\end{aligned}$$

である. $p(\boldsymbol{y}_t, \boldsymbol{\alpha}_{t+1}|\boldsymbol{\alpha}_t)$ の分布は (5.7) 式で与えられており, 過去の $\boldsymbol{y}_{1:t-1}$ に依存しないことに注意しよう. ここで $\boldsymbol{\alpha}_{t+1}$ が観測された下では状態空間モデル (5.6) 全体を 1 つの観測方程式

$$\underbrace{\begin{bmatrix} \boldsymbol{y}_t \\ \boldsymbol{\alpha}_{t+1} \end{bmatrix}}_{\boldsymbol{y}_t^*} = \underbrace{\begin{bmatrix} \boldsymbol{Z}_t \\ \boldsymbol{T}_t \end{bmatrix}}_{\boldsymbol{Z}_t^*} \boldsymbol{\alpha}_t + \underbrace{\begin{bmatrix} \boldsymbol{G}_t \\ \boldsymbol{H}_t \end{bmatrix}}_{\boldsymbol{G}_t^*} \boldsymbol{u}_t,$$

と見なせることに着目すると, (5.7) 式より

$$\boldsymbol{y}_t^* = \boldsymbol{Z}_t^*\boldsymbol{\alpha}_t + \boldsymbol{\epsilon}_t^*, \quad \boldsymbol{\epsilon}_t^* \sim \mathcal{N}_{m+r}\left(\begin{bmatrix} \boldsymbol{0} \\ \boldsymbol{0} \end{bmatrix}, \begin{bmatrix} \boldsymbol{G}_t\boldsymbol{G}_t^\mathsf{T} & \boldsymbol{G}_t\boldsymbol{H}_t^\mathsf{T} \\ \boldsymbol{H}_t\boldsymbol{G}_t^\mathsf{T} & \boldsymbol{H}_t\boldsymbol{H}_t^\mathsf{T} \end{bmatrix}\right), \tag{5.50}$$

という $\boldsymbol{\alpha}_t$ を未知の回帰係数とする回帰モデルを考えることができる. したがって,

$p(\boldsymbol{\alpha}_t|\boldsymbol{\alpha}_{t+1}, \boldsymbol{y}_{1:t})$ は,

$$p(\boldsymbol{\alpha}_t|\boldsymbol{\alpha}_{t+1}, \boldsymbol{y}_{1:t}) = p(\boldsymbol{\alpha}_t|\boldsymbol{y}_t^*, \boldsymbol{y}_{1:t-1}) \propto p(\boldsymbol{y}_t^*|\boldsymbol{\alpha}_t)p(\boldsymbol{\alpha}_t|\boldsymbol{y}_{1:t-1}), \tag{5.51}$$

と書き直される. この (5.51) 式の $p(\boldsymbol{y}_t^*|\boldsymbol{\alpha}_t)$ は回帰モデル (5.50) における $\boldsymbol{\alpha}_t$ の尤度, $p(\boldsymbol{\alpha}_t|\boldsymbol{y}_{1:t-1})$ は古い情報 $\boldsymbol{y}_{1:t-1}$ に基づく $\boldsymbol{\alpha}_t$ の事前分布, そして $p(\boldsymbol{\alpha}_t|\boldsymbol{\alpha}_{t+1}, \boldsymbol{y}_{1:t})$ は新しい情報 $\boldsymbol{\alpha}_{t+1}$ を加味した $\boldsymbol{\alpha}_t$ の事後分布と見なせる. カルマン・フィルターの (5.26) 式より $p(\boldsymbol{\alpha}_t|\boldsymbol{y}_{1:t-1})$ は正規分布であるから, 3.3 節で説明した回帰係数の事後分布の導出過程と同様にして $p(\boldsymbol{\alpha}_t|\boldsymbol{\alpha}_{t+1}, \boldsymbol{y}_{1:t})$ を導出することはできる. しかし, もっと簡単な方法がある. (5.51) 式の右辺は (5.21) 式で $\boldsymbol{y}_t$ を $\boldsymbol{y}_t^*$ に置き換えたものにすぎないので, カルマン・フィルターの (5.24) 式を適用すれば $p(\boldsymbol{\alpha}_t|\boldsymbol{\alpha}_{t+1}, \boldsymbol{y}_{1:t})$ が得られる. つまり,

$$\boldsymbol{\alpha}_t|\boldsymbol{\alpha}_{t+1}, \boldsymbol{y}_{1:t} \sim \mathcal{N}_r(\hat{\boldsymbol{\mu}}_t^*, \hat{\boldsymbol{\Sigma}}_t^*), \tag{5.52}$$

$$\hat{\boldsymbol{\mu}}_t^* = \hat{\boldsymbol{\alpha}}_t + \boldsymbol{P}_t \boldsymbol{Z}_t^{*\mathsf{T}} (\boldsymbol{D}_t^*)^{-1} (\boldsymbol{y}_t^* - \boldsymbol{Z}_t^* \hat{\boldsymbol{\alpha}}_t),$$

$$\hat{\boldsymbol{\Sigma}}_t^* = \boldsymbol{P}_t - \boldsymbol{P}_t \boldsymbol{Z}_t^{*\mathsf{T}} (\boldsymbol{D}_t^*)^{-1} \boldsymbol{Z}_t^* \boldsymbol{P}_t, \quad \boldsymbol{D}_t^* = \boldsymbol{Z}_t^* \boldsymbol{P}_t \boldsymbol{Z}_t^{*\mathsf{T}} + \boldsymbol{G}_t^* \boldsymbol{G}_t^{*\mathsf{T}},$$

とすればよい. 次の展開では以下の公式を使う.

分割された行列の逆行列

正則な行列 $\boldsymbol{A}$ を

$$\boldsymbol{A} = \begin{bmatrix} \boldsymbol{A}_{11} & \boldsymbol{A}_{12} \\ \boldsymbol{A}_{21} & \boldsymbol{A}_{22} \end{bmatrix},$$

と分割する. すると $\boldsymbol{A}$ の逆行列は以下のように与えられる.

$$\boldsymbol{A}^{-1} = \begin{bmatrix} \boldsymbol{A}_{11}^{-1} + \boldsymbol{A}_{11}^{-1}\boldsymbol{A}_{12}\boldsymbol{F}_2\boldsymbol{A}_{21}\boldsymbol{A}_{11}^{-1} & -\boldsymbol{A}_{11}^{-1}\boldsymbol{A}_{12}\boldsymbol{F}_2 \\ -\boldsymbol{F}_2\boldsymbol{A}_{21}\boldsymbol{A}_{11}^{-1} & \boldsymbol{F}_2 \end{bmatrix}, \tag{5.53}$$

$$\boldsymbol{F}_2 = (\boldsymbol{A}_{22} - \boldsymbol{A}_{21}\boldsymbol{A}_{11}^{-1}\boldsymbol{A}_{12})^{-1}.$$

(5.53) 式を使うと,

$$\boldsymbol{D}_t^* = \begin{bmatrix} \boldsymbol{D}_t & \boldsymbol{D}_t \boldsymbol{K}_t^\mathsf{T} \\ \boldsymbol{K}_t \boldsymbol{D}_t & \boldsymbol{T}_t \boldsymbol{P}_t \boldsymbol{T}_t^\mathsf{T} + \boldsymbol{H}_t \boldsymbol{H}_t^\mathsf{T} \end{bmatrix},$$

の逆行列は

$$(\boldsymbol{D}_t^*)^{-1} = \begin{bmatrix} \boldsymbol{D}_t^{-1} + \boldsymbol{K}_t^\mathsf{T} \boldsymbol{P}_{t+1}^{-1} \boldsymbol{K}_t & -\boldsymbol{K}_t^\mathsf{T} \boldsymbol{P}_{t+1}^{-1} \\ -\boldsymbol{P}_{t+1}^{-1} \boldsymbol{K}_t & \boldsymbol{P}_{t+1}^{-1} \end{bmatrix},$$

となるから, $\hat{\boldsymbol{\mu}}_t^*$ と $\hat{\boldsymbol{\Sigma}}_t^*$ を

$$\hat{\boldsymbol{\mu}}_t^* = \hat{\boldsymbol{\alpha}}_t + \boldsymbol{P}_t \begin{bmatrix} \boldsymbol{Z}_t^\mathsf{T} & \boldsymbol{T}_t^\mathsf{T} \end{bmatrix} \begin{bmatrix} \boldsymbol{D}_t^{-1} + \boldsymbol{K}_t^\mathsf{T} \boldsymbol{P}_{t+1}^{-1} \boldsymbol{K}_t & -\boldsymbol{K}_t^\mathsf{T} \boldsymbol{P}_{t+1}^{-1} \\ -\boldsymbol{P}_{t+1}^{-1} \boldsymbol{K}_t & \boldsymbol{P}_{t+1}^{-1} \end{bmatrix} \begin{bmatrix} \boldsymbol{y}_t - \boldsymbol{Z}_t \hat{\boldsymbol{\alpha}}_t \\ \boldsymbol{\alpha}_{t+1} - \boldsymbol{T}_t \hat{\boldsymbol{\alpha}}_t \end{bmatrix}$$

$$= \hat{\boldsymbol{\alpha}}_t + \boldsymbol{P}_t \boldsymbol{Z}_t^\mathsf{T} \boldsymbol{D}_t^{-1} \boldsymbol{e}_t + \boldsymbol{P}_t (\boldsymbol{Z}_t^\mathsf{T} \boldsymbol{K}_t^\mathsf{T} \boldsymbol{P}_{t+1}^{-1} \boldsymbol{K}_t \boldsymbol{e}_t - \boldsymbol{Z}_t^\mathsf{T} \boldsymbol{K}_t^\mathsf{T} \boldsymbol{P}_{t+1}^{-1} (\boldsymbol{\alpha}_{t+1} - \boldsymbol{T}_t \hat{\boldsymbol{\alpha}}_t)$$
$$\quad - \boldsymbol{T}_t^\mathsf{T} \boldsymbol{P}_{t+1}^{-1} \boldsymbol{K}_t \boldsymbol{e}_t + \boldsymbol{T}_t^\mathsf{T} \boldsymbol{P}_{t+1}^{-1} (\boldsymbol{\alpha}_{t+1} - \boldsymbol{T}_t \hat{\boldsymbol{\alpha}}_t))$$

$$= \hat{\boldsymbol{\alpha}}_t + \boldsymbol{P}_t \boldsymbol{Z}_t^\mathsf{T} \boldsymbol{D}_t^{-1} \boldsymbol{e}_t + \boldsymbol{P}_t (\boldsymbol{T}_t - \boldsymbol{K}_t \boldsymbol{Z}_t)^\mathsf{T} \boldsymbol{P}_{t+1}^{-1} (\boldsymbol{\alpha}_{t+1} - \boldsymbol{T}_t \hat{\boldsymbol{\alpha}}_t - \boldsymbol{K}_t \boldsymbol{e}_t)$$

$$= \hat{\boldsymbol{\mu}}_t + \boldsymbol{C}_t (\boldsymbol{\alpha}_{t+1} - \hat{\boldsymbol{\alpha}}_{t+1}),$$

および

$$\hat{\boldsymbol{\Sigma}}_t^* = \boldsymbol{P}_t - \boldsymbol{P}_t \begin{bmatrix} \boldsymbol{Z}_t^\mathsf{T} & \boldsymbol{T}_t^\mathsf{T} \end{bmatrix} \begin{bmatrix} \boldsymbol{D}_t^{-1} + \boldsymbol{K}_t^\mathsf{T} \boldsymbol{P}_{t+1}^{-1} \boldsymbol{K}_t & -\boldsymbol{K}_t^\mathsf{T} \boldsymbol{P}_{t+1}^{-1} \\ -\boldsymbol{P}_{t+1}^{-1} \boldsymbol{K}_t & \boldsymbol{P}_{t+1}^{-1} \end{bmatrix} \begin{bmatrix} \boldsymbol{Z}_t \\ \boldsymbol{T}_t \end{bmatrix} \boldsymbol{P}_t$$

$$= \boldsymbol{P}_t - \boldsymbol{P}_t \boldsymbol{Z}_t^\mathsf{T} \boldsymbol{D}_t^{-1} \boldsymbol{Z}_t \boldsymbol{P}_t$$
$$\quad - \boldsymbol{P}_t \left(\boldsymbol{Z}_t^\mathsf{T} \boldsymbol{K}_t^\mathsf{T} \boldsymbol{P}_{t+1}^{-1} \boldsymbol{K}_t \boldsymbol{Z}_t - \boldsymbol{Z}_t^\mathsf{T} \boldsymbol{K}_t^\mathsf{T} \boldsymbol{P}_{t+1}^{-1} \boldsymbol{T}_t \right.$$
$$\quad \left. - \boldsymbol{T}_t^\mathsf{T} \boldsymbol{P}_{t+1}^{-1} \boldsymbol{K}_t \boldsymbol{Z}_t + \boldsymbol{T}_t^\mathsf{T} \boldsymbol{P}_{t+1}^{-1} \boldsymbol{T}_t \right) \boldsymbol{P}_t$$

$$= \boldsymbol{P}_t - \boldsymbol{P}_t \boldsymbol{Z}_t^\mathsf{T} \boldsymbol{D}_t^{-1} \boldsymbol{Z}_t \boldsymbol{P}_t - \boldsymbol{P}_t (\boldsymbol{T}_t - \boldsymbol{K}_t \boldsymbol{Z}_t)^\mathsf{T} \boldsymbol{P}_{t+1}^{-1} (\boldsymbol{T}_t - \boldsymbol{K}_t \boldsymbol{Z}_t) \boldsymbol{P}_t$$

$$= \hat{\boldsymbol{\Sigma}}_t - \boldsymbol{C}_t \boldsymbol{P}_{t+1} \boldsymbol{C}_t^\mathsf{T},$$

と展開できる．したがって，(5.52) 式は

$$\boldsymbol{\alpha}_t | \boldsymbol{\alpha}_{t+1}, \boldsymbol{y}_{1:t} \sim \mathcal{N}_r(\hat{\boldsymbol{\mu}}_t^*, \hat{\boldsymbol{\Sigma}}_t^*), \tag{5.54}$$
$$\hat{\boldsymbol{\mu}}_t^* = \hat{\boldsymbol{\mu}}_t + \boldsymbol{C}_t (\boldsymbol{\alpha}_{t+1} - \hat{\boldsymbol{\alpha}}_{t+1}),$$
$$\hat{\boldsymbol{\Sigma}}_t^* = \hat{\boldsymbol{\Sigma}}_t - \boldsymbol{C}_t \boldsymbol{P}_{t+1} \boldsymbol{C}_t^\mathsf{T},$$

と書き直される．

次に $p(\boldsymbol{\alpha}_t | \boldsymbol{\alpha}_{t+1}, \boldsymbol{y}_{1:t}) p(\boldsymbol{\alpha}_{t+1} | \boldsymbol{y}_{1:n})$ を $\boldsymbol{\alpha}_{t+1}$ について積分しやすい形に変形する．

$$\boldsymbol{\alpha}_t | \boldsymbol{\alpha}_{t+1}, \boldsymbol{y}_{1:t} \sim \mathcal{N}_r(\hat{\boldsymbol{\mu}}_t^*, \hat{\boldsymbol{\Sigma}}_t^*), \quad \boldsymbol{\alpha}_{t+1} | \boldsymbol{y}_{1:n} \sim \mathcal{N}_r(\tilde{\boldsymbol{\alpha}}_{t+1}, \boldsymbol{Q}_{t+1}),$$

であるから，$p(\boldsymbol{\alpha}_t | \boldsymbol{\alpha}_{t+1}, \boldsymbol{y}_{1:t}) p(\boldsymbol{\alpha}_{t+1} | \boldsymbol{y}_{1:n})$ の中には 2 次形式の和

$$(\boldsymbol{\alpha}_t - \hat{\boldsymbol{\mu}}_t^*)^\mathsf{T} (\hat{\boldsymbol{\Sigma}}_t^*)^{-1} (\boldsymbol{\alpha}_t - \hat{\boldsymbol{\mu}}_t^*) + (\boldsymbol{\alpha}_{t+1} - \tilde{\boldsymbol{\alpha}}_{t+1})^\mathsf{T} \boldsymbol{Q}_{t+1}^{-1} (\boldsymbol{\alpha}_{t+1} - \tilde{\boldsymbol{\alpha}}_{t+1}),$$

が存在する．これに対して平方完成の公式 (3.54) を使うと，

$$(\boldsymbol{\alpha}_t - \hat{\boldsymbol{\mu}}_t^*)^\mathsf{T}(\hat{\boldsymbol{\Sigma}}_t^*)^{-1}(\boldsymbol{\alpha}_t - \hat{\boldsymbol{\mu}}_t^*) + (\boldsymbol{\alpha}_{t+1} - \tilde{\boldsymbol{\alpha}}_{t+1})^\mathsf{T}\boldsymbol{Q}_{t+1}^{-1}(\boldsymbol{\alpha}_{t+1} - \tilde{\boldsymbol{\alpha}}_{t+1})$$
$$= (\boldsymbol{\alpha}_t - \hat{\boldsymbol{\mu}}_t + \boldsymbol{C}_t\hat{\boldsymbol{\alpha}}_{t+1} - \boldsymbol{C}_t\boldsymbol{\alpha}_{t+1})^\mathsf{T}(\hat{\boldsymbol{\Sigma}}_t^*)^{-1}(\boldsymbol{\alpha}_t - \hat{\boldsymbol{\mu}}_t + \boldsymbol{C}_t\hat{\boldsymbol{\alpha}}_{t+1} - \boldsymbol{C}_t\boldsymbol{\alpha}_{t+1})$$
$$+ (\boldsymbol{\alpha}_{t+1} - \tilde{\boldsymbol{\alpha}}_{t+1})^\mathsf{T}\boldsymbol{Q}_{t+1}^{-1}(\boldsymbol{\alpha}_{t+1} - \tilde{\boldsymbol{\alpha}}_{t+1})$$
$$= (\boldsymbol{\alpha}_{t+1} - \tilde{\boldsymbol{\alpha}}_{t+1}^*)^\mathsf{T}(\boldsymbol{Q}_{t+1}^*)^{-1}(\boldsymbol{\alpha}_{t+1} - \tilde{\boldsymbol{\alpha}}_{t+1}^*)$$
$$+ (\boldsymbol{\alpha}_t - \hat{\boldsymbol{\mu}}_t + \boldsymbol{C}_t\hat{\boldsymbol{\alpha}}_{t+1} - \boldsymbol{C}_t\tilde{\boldsymbol{\alpha}}_{t+1})^\mathsf{T}\boldsymbol{Q}_t^{-1}(\boldsymbol{\alpha}_t - \hat{\boldsymbol{\mu}}_t + \boldsymbol{C}_t\hat{\boldsymbol{\alpha}}_{t+1} - \boldsymbol{C}_t\tilde{\boldsymbol{\alpha}}_{t+1})$$
$$= (\boldsymbol{\alpha}_{t+1} - \tilde{\boldsymbol{\alpha}}_{t+1}^*)^\mathsf{T}(\boldsymbol{Q}_{t+1}^*)^{-1}(\boldsymbol{\alpha}_{t+1} - \tilde{\boldsymbol{\alpha}}_{t+1}^*) + (\boldsymbol{\alpha}_t - \tilde{\boldsymbol{\alpha}}_t)^\mathsf{T}\boldsymbol{Q}_t^{-1}(\boldsymbol{\alpha}_t - \tilde{\boldsymbol{\alpha}}_t),$$
$$\tilde{\boldsymbol{\alpha}}_{t+1}^* = \left(\boldsymbol{C}_t^\mathsf{T}(\hat{\boldsymbol{\Sigma}}_t^*)^{-1}\boldsymbol{C}_t + \boldsymbol{Q}_{t+1}^{-1}\right)^{-1}$$
$$\times \left(\boldsymbol{C}_t^\mathsf{T}(\hat{\boldsymbol{\Sigma}}_t^*)^{-1}(\boldsymbol{\alpha}_t - \hat{\boldsymbol{\mu}}_t + \boldsymbol{C}_t\hat{\boldsymbol{\alpha}}_{t+1}) + \boldsymbol{Q}_{t+1}^{-1}\tilde{\boldsymbol{\alpha}}_{t+1}\right),$$
$$\boldsymbol{Q}_{t+1}^* = \left(\boldsymbol{C}_t^\mathsf{T}(\hat{\boldsymbol{\Sigma}}_t^*)^{-1}\boldsymbol{C}_t + \boldsymbol{Q}_{t+1}^{-1}\right)^{-1},$$
$$\tilde{\boldsymbol{\alpha}}_t = \hat{\boldsymbol{\mu}}_t + \boldsymbol{C}_t(\tilde{\boldsymbol{\alpha}}_{t+1} - \hat{\boldsymbol{\alpha}}_{t+1}),$$
$$\boldsymbol{Q}_t = \hat{\boldsymbol{\Sigma}}_t^* + \boldsymbol{C}_t\boldsymbol{Q}_{t+1}\boldsymbol{C}_t^\mathsf{T} = \hat{\boldsymbol{\Sigma}}_t + \boldsymbol{C}_t(\boldsymbol{Q}_{t+1} - \boldsymbol{P}_{t+1})\boldsymbol{C}_t^\mathsf{T},$$

となるから, (5.31) 式の解析解は

$$p(\boldsymbol{\alpha}_t|\boldsymbol{y}_{1:n}) = \int_\mathcal{A} p(\boldsymbol{\alpha}_t|\boldsymbol{\alpha}_{t+1}, \boldsymbol{y}_{1:t})p(\boldsymbol{\alpha}_{t+1}|\boldsymbol{y}_{1:n})d\boldsymbol{\alpha}_{t+1}$$
$$\propto |\hat{\boldsymbol{\Sigma}}_t^*|^{-\frac{1}{2}}|\boldsymbol{Q}_{t+1}|^{-\frac{1}{2}}\exp\left[-\frac{1}{2}(\boldsymbol{\alpha}_t - \tilde{\boldsymbol{\alpha}}_t)^\mathsf{T}\boldsymbol{Q}_t^{-1}(\boldsymbol{\alpha}_t - \tilde{\boldsymbol{\alpha}}_t)\right]$$
$$\times \int_\mathcal{A}\exp\left[-\frac{1}{2}(\boldsymbol{\alpha}_{t+1} - \tilde{\boldsymbol{\alpha}}_{t+1}^*)^\mathsf{T}(\boldsymbol{Q}_{t+1}^*)^{-1}(\boldsymbol{\alpha}_{t+1} - \tilde{\boldsymbol{\alpha}}_{t+1}^*)\right]d\boldsymbol{\alpha}_{t+1}$$
$$\propto |\hat{\boldsymbol{\Sigma}}_t^*|^{-\frac{1}{2}}|\boldsymbol{Q}_{t+1}|^{-\frac{1}{2}}|\boldsymbol{C}_t^\mathsf{T}(\hat{\boldsymbol{\Sigma}}_t^*)^{-1}\boldsymbol{C}_t + \boldsymbol{Q}_{t+1}^{-1}|^{-\frac{1}{2}}$$
$$\times \exp\left[-\frac{1}{2}(\boldsymbol{\alpha}_t - \tilde{\boldsymbol{\alpha}}_t)^\mathsf{T}\boldsymbol{Q}_t^{-1}(\boldsymbol{\alpha}_t - \tilde{\boldsymbol{\alpha}}_t)\right]$$
$$\propto |\boldsymbol{Q}_t|^{-\frac{1}{2}}\exp\left[-\frac{1}{2}(\boldsymbol{\alpha}_t - \tilde{\boldsymbol{\alpha}}_t)^\mathsf{T}\boldsymbol{Q}_t^{-1}(\boldsymbol{\alpha}_t - \tilde{\boldsymbol{\alpha}}_t)\right],$$

と求められる. これは $\mathcal{N}_r(\tilde{\boldsymbol{\alpha}}_t, \boldsymbol{Q}_t)$ の確率密度関数である. ちなみに最後の式の導出には以下の公式を使っている.

> **行列式の公式**
>
> $\boldsymbol{A}$: $m \times m$, 正則; $\boldsymbol{B}$: $n \times n$, 正則; $\boldsymbol{X}$: $m \times n$; $\boldsymbol{Y}$: $n \times m$.
> $$|\boldsymbol{A} + \boldsymbol{X}\boldsymbol{B}\boldsymbol{Y}| = |\boldsymbol{A}||\boldsymbol{B}||\boldsymbol{Y}\boldsymbol{A}^{-1}\boldsymbol{X} + \boldsymbol{B}^{-1}|. \tag{5.55}$$

$p(\boldsymbol{\alpha}_{t+1}|\boldsymbol{y}_{1:n})$ が $\mathcal{N}_r(\tilde{\boldsymbol{\alpha}}_{t+1}, \boldsymbol{Q}_{t+1})$ であるときに $p(\boldsymbol{\alpha}_t|\boldsymbol{y}_{1:n})$ が $\mathcal{N}_r(\tilde{\boldsymbol{\alpha}}_t, \boldsymbol{Q}_t)$ となることが示されたので, 数学的帰納法により (5.32) 式がカルマン・スムーザーの公式であることが証明された.

以上の証明の副産物として全標本期間の状態変数 $\boldsymbol{\alpha}_{1:n}$ の乱数を事後分布 $p(\boldsymbol{\alpha}_{1:n}|\boldsymbol{y}_{1:n})$ から同時に生成する FFBS (forward-filtering backward-sampling) アルゴリズム (Carter and Kohn (1994), Frühwirth-Schnatter (1994)) が得られる [*8]. (5.31) 式と同じ理由で $p(\boldsymbol{\alpha}_{1:n}|\boldsymbol{y}_{1:n})$ は

$$p(\boldsymbol{\alpha}_{1:n}|\boldsymbol{y}_{1:n}) = p(\boldsymbol{\alpha}_n|\boldsymbol{y}_{1:n}) \prod_{t=1}^{n-1} p(\boldsymbol{\alpha}_t|\boldsymbol{\alpha}_{t+1:n}, \boldsymbol{y}_{1:n})$$
$$= p(\boldsymbol{\alpha}_n|\boldsymbol{y}_{1:n}) \prod_{t=1}^{n-1} p(\boldsymbol{\alpha}_t|\boldsymbol{\alpha}_{t+1}, \boldsymbol{y}_{1:t}), \tag{5.56}$$

と書き直されることに注意しよう.したがって,まず $p(\boldsymbol{\alpha}_n|\boldsymbol{y}_{1:n})$ から $\boldsymbol{\alpha}_t$ の乱数を生成し,$t = n-1, n-2, \ldots$ と後退しつつ $p(\boldsymbol{\alpha}_t|\boldsymbol{\alpha}_{t+1}, \boldsymbol{y}_{1:t})$ から $\boldsymbol{\alpha}_t$ の乱数を生成すれば,$\boldsymbol{\alpha}_{1:n}$ の乱数を事後分布 $p(\boldsymbol{\alpha}_{1:n}|\boldsymbol{y}_{1:n})$ から同時に生成したことになる.$p(\boldsymbol{\alpha}_n|\boldsymbol{y}_{1:n})$ はカルマン・フィルター (5.24)〜(5.26) で,$p(\boldsymbol{\alpha}_t|\boldsymbol{\alpha}_{t+1}, \boldsymbol{y}_{1:t})$ は (5.54) 式のアルゴリズムで求められる.まとめると FFBS アルゴリズムは以下のように与えられる.

FFBS アルゴリズム

Step 1. カルマン・フィルター (5.24)〜(5.26) を適用する.
Step 2. $\boldsymbol{\alpha}_n$ を $\mathcal{N}_r(\hat{\boldsymbol{\mu}}_n, \hat{\boldsymbol{\Sigma}}_n)$ から生成し,$t = n-1$ とする.
Step 3. (5.54) 式を用いて $\hat{\boldsymbol{\mu}}_t^*$ と $\hat{\boldsymbol{\Sigma}}_t^*$ を計算し,$\boldsymbol{\alpha}_t$ を $\mathcal{N}_r(\hat{\boldsymbol{\mu}}_t^*, \hat{\boldsymbol{\Sigma}}_t^*)$ から生成する.
Step 4. t を 1 減らす.$t > 1$ であれば **Step 3.** に戻る.

Step 1. ではカルマン・フィルターを $t = 1, 2, 3, \ldots$ と前進して適用し (forward-filtering),**Step 2.** 以降では $t = n, n-1, n-2, \ldots$,と後退して $\boldsymbol{\alpha}_t$ の乱数を生成する (backward-sampling) ことから FFBS アルゴリズムと呼ばれる.この FFBS アルゴリズムは 6.3 節で説明するギブズ・サンプラーを状態空間モデルに適用する際に必要になる.詳しくは Prado and West (2010) などを参照.

[*8] 状態変数の代わりに状態空間モデルの誤差項を事後分布から同時に生成して $\boldsymbol{\alpha}_{1:n}$ の乱数を得る方法を de Jong and Shephard (1995) や Durbin and Koopman (2002) が提案している.状態空間モデル (5.6) の次元 (m, r, ℓ) が大きいときに彼らの方法の方が計算の効率が高いとされる.

5.4.4 Pythonコード

▶ 時系列データのプロット

Python コード 5.4　pybayes_timeseries_data.py

```python
# -*- coding: utf-8 -*-
#%% NumPyの読み込み
import numpy as np
#    SciPyのstatsモジュールの読み込み
import scipy.stats as st
#    Pandasの読み込み
import pandas as pd
#    MatplotlibのPyplotモジュールの読み込み
import matplotlib.pyplot as plt
#    日本語フォントの設定
from matplotlib.font_manager import FontProperties
import sys
if sys.platform.startswith('win'):
    FontPath = 'C:\\Windows\\Fonts\\meiryo.ttc'
elif sys.platform.startswith('darwin' ):
    FontPath = '/System/Library/Fonts/ヒラギノ角ゴシック W4.ttc'
elif sys.platform.startswith('linux'):
    FontPath = '/usr/share/fonts/truetype/takao-gothic/TakaoPGothic.ttf'
else:
    sys.exit('このPythonコードが対応していないOSを使用しています．')
jpfont = FontProperties(fname=FontPath)
#%% 使用電力量データの読み込み
"""
    電灯電力需要実績月報・用途別使用電力量・販売電力合計・10社計
    電気事業連合会ウェブサイト・電力統計情報より入手
    http://www.fepc.or.jp/library/data/tokei/index.html
"""
data1 = pd.read_csv('electricity.csv', index_col=0)
y1 = np.log(data1.values.reshape((data1.shape[0]//3, 3)).sum(axis=1))
y1 = 100 * (y1 - y1[0])
series_date1 = pd.date_range(start='1/1/1989', periods=y1.size, freq='Q')
#%% ドル円為替レート日次データの読み込み
"""
    The Pacific Exchange Rate Serviceより入手
    http://fx.sauder.ubc.ca/data.html
"""
data2 = pd.read_csv('dollaryen.csv', index_col=0)
y2 = 100 * np.diff(np.log(data2.values.ravel()))
series_date2 = pd.to_datetime(data2.index[1:])
#%% 時系列プロット
fig, ax = plt.subplots(3, 1, num=1, facecolor='w')
ax[0].plot(series_date1, y1, 'k-')
ax[0].set_xlim(series_date1[0], series_date1[-1])
ax[0].set_title('使用電力量（1989年第1四半期=0）', fontproperties=jpfont)
ax[0].set_ylabel('変化率', fontproperties=jpfont)
ax[1].plot(series_date2, y2, 'k-', linewidth=0.8)
ax[1].set_xlim(series_date2[0], series_date2[-1])
```

```
48  ax[1].set_xticks(['2014', '2015', '2016', '2017'])
49  ax[1].set_title('ドル円為替レート日次変化率', fontproperties=jpfont)
50  ax[2].plot(series_date2, np.abs(y2), 'k-', linewidth=0.8)
51  ax[2].set_xlim(series_date2[0], series_date2[-1])
52  ax[2].set_xticks(['2014', '2015', '2016', '2017'])
53  ax[2].set_title('ドル円為替レート日次変化率(絶対値)', fontproperties=jpfont)
54  plt.tight_layout()
55  plt.savefig('pybayes_fig_timeseries_data.png', dpi=300)
56  plt.show()
```

6 マルコフ連鎖モンテカルロ法

マルコフ連鎖モンテカルロ法の名称は,「マルコフ連鎖」サンプリング法でパラメータの事後分布から生成した乱数を使って「モンテカルロ」法で事後統計量などを求めることに由来する.モンテカルロ法の基本原理は既に 4.1 節で説明したので,本章では主としてパラメータの事後分布から乱数を生成する技法としてのマルコフ連鎖サンプリング法の説明を行う.まずマルコフ連鎖の定義と基本的性質,特にマルコフ連鎖サンプリング法の理論的基礎となる不変分布とエルゴード性について数学を交えて解説する.そして,マルコフ連鎖サンプリング法の代表格であるメトロポリス–ヘイスティングズ・アルゴリズムとギブズ・サンプラーを説明する.本章の内容は初学者には少し荷が重いと思うが,ベイズ統計学の専門家を目指すのであれば一読することを推奨する.

6.1 マルコフ連鎖と不変分布

確率変数の系列 $\{X_t\}_{t=0}^{\infty}$ を考えよう.以下では話を簡単にするために X_t は $\mathbb{R}$ 上の集合 $\mathcal{X}$(例えば $[0,1]$ や $(0,\infty)$ あるいは $\mathbb{R}$ そのもの)の中の値をとる連続的確率変数として話を進めるが,同じ議論は X_t がベクトルであっても離散的であっても成り立つ.$\{X_t\}_{t=0}^{\infty}$ に対して,$\{X_s\}_{s=0}^{t-1}$ の実現値 $\{x_s\}_{s=0}^{t-1}$ が与えられた下で X_t が部分集合 $A \subseteq \mathcal{X}$ 内の値をとる条件付確率が

$$\Pr\{X_t \in A | X_0 = x_0, \ldots, X_{t-1} = x_{t-1}\}$$
$$= \Pr\{X_t \in A | X_{t-1} = x_{t-1}\}, \tag{6.1}$$

と表現されるとき,$\{X_t\}_{t=0}^{\infty}$ はマルコフ連鎖であるという.以下にマルコフ連鎖における重要な概念をまとめて定義しておく.

斉時性: 任意の $A \subseteq \mathcal{X}$, $x \in \mathcal{X}$, $t \geq 0$ に対して $\Pr\{X_{t+1} \in A | X_t = x\} = \Pr\{X_t \in A | X_{t-1} = x\}$ が成り立つとき,マルコフ連鎖 $\{X_t\}_{t=0}^{\infty}$ は**斉時的**であるという.

規約性: ある確率分布 f に対して $\int_A f(x)dx > 0$ を満たす任意の $A \subseteq \mathcal{X}$ に対

し，任意の $x \in \mathcal{X}$ に対して $\Pr\{X_t \in A|X_0 = x\} > 0$ となる有限の $t \geq 1$ が存在するとき，マルコフ連鎖 $\{X_t\}_{t=0}^{\infty}$ は f に関して規約であるという．

周期性： ある $A \subseteq \mathcal{X}$ と任意の $x \in A$ に対して $\Pr\{X_t \in A|X_0 = x\} > 0$ を満たす全ての $t \geq 1$ の最大公約数を A の周期という．そして，任意の $A \subseteq \mathcal{X}$ に対して周期が 1 であるとき，マルコフ連鎖 $\{X_t\}_{t=0}^{\infty}$ は非周期的であるという．

再帰性： マルコフ連鎖 $\{X_t\}_{t=0}^{\infty}$ が $A \subseteq \mathcal{X}$ 内の点 $x \in A$ を出発して再び A を訪れるまでの最短時間を $\tau_A = \inf\{t > 0 : X_t \in A\}$ と定義する．任意の $x \in A$ に対して $\Pr\{\tau_A < \infty|X_0 = x\} = 1$ を満たすとき A は (Harris の意味で) 再帰的であるという．そして，f に関して規約である $\{X_t\}_{t=0}^{\infty}$ において $\int_A f(x)dx > 0$ を満たす任意の A が再帰的であるとき，$\{X_t\}_{t=0}^{\infty}$ は f に関して (Harris の意味で) 再帰的であるという [*1)]．

斉時性は (6.1) 式の条件付確率が時点 t に依存しないこと，規約性は確率分布 f で実現しうる $\mathcal{X}$ 内の如何なる場所にもマルコフ連鎖が到達可能であること，非周期性は一定の時間が経過しないとマルコフ連鎖が再び訪れることができないような場所が $\mathcal{X}$ 内に存在しないこと，再帰性は確率分布 f で実現しうる $\mathcal{X}$ 内の如何なる場所にもマルコフ連鎖が有限時間内に必ず訪れること，と解釈される．以下では特に断らない限りマルコフ連鎖は斉時的であると仮定して議論を進める．

マルコフ連鎖 $\{X_t\}_{t=0}^{\infty}$ では時点 t での確率変数 X_t の条件付確率分布は直近の確率変数の実現値 x_{t-1} にのみ依存しているため，X_t の $\{x_s\}_{s=0}^{t-1}$ が与えられた下での条件付確率分布は，

$$f_t(x_t|x_0, \ldots x_{t-1}) = f(x_t|x_{t-1}), \tag{6.2}$$

となる．マルコフ連鎖の斉時性より，(6.2) 式の右辺の関数形は時点 t に依存しない．X_0 の周辺確率分布を $f_0(x_0)$ とすると，$\{X_s\}_{s=0}^{t}$ の同時確率分布は以下のように与えられる．

$$\begin{aligned}
f(x_0, \ldots, x_t) &= f_0(x_0)f_t(x_1|x_0)f_2(x_2|x_0, x_1) \times \cdots \\
&\quad \times f_t(x_t|x_0, \ldots, x_{t-1}) \\
&= f_0(x_0)\prod_{s=1}^{t} f(x_s|x_{s-1}).
\end{aligned} \tag{6.3}$$

この $f(x_t|x_{t-1})$ をマルコフ連鎖の**遷移核**と呼ぶ．マルコフ連鎖の文脈では $f(x_t|x_{t-1})$ は $K(x_{t-1}, x_t)$ と表記されることが多い．遷移核 K を使うと，(6.1) 式の条件付確

[*1)] マルコフ連鎖 $\{X_t\}_{t=0}^{\infty}$ が $A \subseteq \mathcal{X}$ を訪れる回数を $n_A = \sum_{t=1}^{\infty} \mathbf{1}_A(X_t)$ と定義すると，再帰性の定義の中の $\Pr\{\tau_A < \infty|X_0 = x\} = 1$ を $\Pr\{n_A = \infty|X_0 = x\} = 1$ という弱い条件に置き換えることができる．詳しくは Robert and Casella (2004) を参照．

率は
$$\Pr\{X_t \in A | X_{t-1} = x_{t-1}\} = \int_A K(x_{t-1}, x) dx, \tag{6.4}$$
となり，(6.3) 式の同時確率分布は
$$f(x_0, \ldots, x_t) = f_0(x_0) \prod_{s=1}^{t} K(x_{s-1}, x_s), \tag{6.5}$$
となる．したがって，斉時的なマルコフ連鎖において，$\{X_s\}_{s=0}^{t}$ の同時確率分布は f_0 と K が与えられると (6.5) 式によって全て一意に決定される．

マルコフ連鎖の代表的な例として AR(1) 過程
$$X_t = \rho X_{t-1} + u_t, \quad u_t \sim \mathcal{N}(0, \sigma^2), \quad |\rho| < 1, \quad \rho \neq 0, \tag{6.6}$$
がある．$X_{t-1} = x_{t-1}$ の下での X_t の条件付確率分布は $\mathcal{N}(\rho x_{t-1}, \sigma^2)$ であり，その確率密度関数は
$$f(x_t | x_{t-1}) = \frac{1}{\sqrt{2\pi\sigma^2}} \exp\left[-\frac{(x_t - \rho x_{t-1})^2}{2\sigma^2}\right], \tag{6.7}$$
となる．したがって，(6.6) 式の AR(1) 過程における $\{X_s\}_{s=0}^{t}$ の同時確率密度は，
$$\begin{aligned} f(x_0, \ldots, x_t) &= f_0(x_0) \prod_{s=1}^{t} f(x_s | x_{s-1}) \\ &= f_0(x_0) \prod_{s=1}^{t} \frac{1}{\sqrt{2\pi\sigma^2}} \exp\left[-\frac{(x_s - \rho x_{s-1})^2}{2\sigma^2}\right], \end{aligned}$$
として与えられる．

周辺確率分布と同時確率分布の関係より，
$$\begin{aligned} f_t(x_t) &= \int_{\mathcal{X}} f(x_{t-1}, x_t) dx_{t-1} \\ &= \int_{\mathcal{X}} f(x_t | x_{t-1}) f_{t-1}(x_{t-1}) dx_{t-1}, \end{aligned} \tag{6.8}$$
となるので，X_t の周辺確率密度関数 f_t は
$$f_t(x_t) = \int_{\mathcal{X}} f_{t-1}(x_{t-1}) K(x_{t-1}, x_t) dx_{t-1}, \tag{6.9}$$
として与えられる．表記を簡潔にするために (6.9) 式を
$$f_t = f_{t-1} \circ K = \int_{\mathcal{X}} f_{t-1}(x_{t-1}) K(x_{t-1}, x_t) dx_{t-1}, \tag{6.10}$$
と書き直そう．積分の順序が入れ替え可能と仮定して (6.10) 式を後ろ向きに適用すると，
$$\begin{aligned} f_t = f_{t-1} \circ K &= \left\{\int_{\mathcal{X}} f_{t-2}(x_{t-2}) K(x_{t-2}, x_{t-1}) dx_{t-2}\right\} \circ K \\ &= \int_{\mathcal{X}} \left\{\int_{\mathcal{X}} f_{t-2}(x_{t-2}) K(x_{t-2}, x_{t-1}) dx_{t-2}\right\} K(x_{t-1}, x_t) dx_{t-1} \\ &= \int_{\mathcal{X}} f_{t-2}(x_{t-2}) \left\{\int_{\mathcal{X}} K(x_{t-2}, x_{t-1}) K(x_{t-1}, x_t) dx_{t-1}\right\} dx_{t-2}, \end{aligned}$$

となる．したがって，
$$K^2 = K \circ K = \int_{\mathcal{X}} K(x_{t-2}, x_{t-1}) K(x_{t-1}, x_t) dx_{t-1},$$
と定義すると（x_{t-2} を固定すると $K(x_{t-2}, x_{t-1})$ は X_{t-1} の条件付確率密度関数になるから $K \circ K$ を適用しても問題ない），
$$f_t = f_{t-2} \circ K^2,$$
が得られる．この展開を時間を遡って繰り返し適用すれば，最終的に
$$f_t = f_0 \circ K^t, \tag{6.11}$$
$$K^t = \int_{\mathcal{X}} \cdots \int_{\mathcal{X}} K(x_0, x_1) \cdots K(x_{t-1}, x_t) dx_1 \ldots dx_{t-1},$$
が得られる．したがって，f_t は f_0 と K が与えられれば，(6.10) 式によって逐次的に全て決定されることがわかる．

次にマルコフ連鎖モンテカルロ法の核心となるマルコフ連鎖の不変分布を説明する．
$$\bar{f}(\tilde{x}) = \int_{\mathcal{X}} \bar{f}(x) K(x, \tilde{x}) dx, \quad \text{あるいは} \quad \bar{f} = \bar{f} \circ K, \tag{6.12}$$
を満たす $\bar{f}$ をマルコフ連鎖の**不変分布**または**定常分布**という．(6.12) 式の不変分布 $\bar{f}$ は以下の性質を持つ．

(i) $\bar{f}$ は初期値 X_0 の周辺確率分布 f_0 に依存しない．すなわち $\bar{f}$ は遷移核 K によってのみ決まる．

（証明）(6.12) 式より自明． □

(ii) $\bar{f}$ に対して，
$$\bar{f} = \bar{f} \circ K^t, \quad t \geq 1, \tag{6.13}$$
が成り立つ．

（証明）(6.10) 式と (6.11) 式より
$$\bar{f} \circ K^t = \bar{f} \circ K \circ K^{t-1} = \underbrace{\bar{f} \circ K}_{\bar{f}} \circ K^{t-1}$$
$$= \bar{f} \circ K \circ K^{t-2} = \underbrace{\bar{f} \circ K}_{\bar{f}} \circ K^{t-2}$$
$$= \bar{f} \circ K^{t-2}$$
$$\vdots$$
という要領で整理していくと，最終的に (6.13) 式が示される． □

(iii) **エルゴード性**
マルコフ連鎖が $\bar{f}$ に関して再帰的であり，非周期的でもあるならば，以下が成

り立つ.

$$\lim_{t\to\infty}\sup_{A\subseteq\mathcal{X}}\left|\int_A (f_t(x) - \bar{f}(x))dx\right| = 0. \tag{6.14}$$

つまり,如何なる f_0 から出発しても $t \to \infty$ で f_t は $\bar{f}$ に収束する.

(証明) Robert and Casella (2004, Chapter 6, Theorem 6.51) を参照. □

(iv) **大数の法則**

h を $\bar{f}$ で積分可能な関数であるとする.マルコフ連鎖が $\bar{f}$ に関して再帰的であるならば,$T \to \infty$ で

$$\frac{1}{T}\sum_{t=1}^{T} h(X_t) \overset{\text{a.s.}}{\to} \int_{\mathcal{X}} h(x)\bar{f}(x)dx, \tag{6.15}$$

が成り立つ.(6.15) 式で $\overset{\text{a.s.}}{\to}$ は概収束を示している.

(証明) Robert and Casella (2004, Chapter 6, Theorem 6.63) を参照. □

(v) **詳細釣合条件**

任意の $x, \tilde{x} \in \mathcal{X}$ に対して

$$\bar{f}(x)K(x,\tilde{x}) = \bar{f}(\tilde{x})K(\tilde{x},x), \tag{6.16}$$

が成り立つとき,$\bar{f}$ はマルコフ連鎖の不変分布となる.

(証明) (6.16) 式の両辺を x に関して積分すると,

$$\begin{aligned}\int_{\mathcal{X}} \bar{f}(x)K(x,\tilde{x})dx &= \int_{\mathcal{X}} \bar{f}(\tilde{x})K(\tilde{x},x)dx \\ &= \bar{f}(\tilde{x})\int_{\mathcal{X}} K(\tilde{x},x)dx \\ &= \bar{f}(\tilde{x}),\end{aligned}$$

となる.よって (6.16) 式が成り立つとき $\bar{f}$ が不変分布であることがわかる. □

(6.16) 式の詳細釣合条件は特定の確率分布がマルコフ連鎖の不変分布になっているかどうかを確認するための便利な道具である.例として (6.6) 式の AR(1) 過程における不変分布の証明を行おう.AR(1) 過程の不変分布は $\mathcal{N}(0, \sigma^2/(1-\rho^2))$ であることが知られている.$\mathcal{N}(0, \sigma^2/(1-\rho^2))$ が不変分布であることを証明するには,その確率密度関数

$$\bar{f}(x) = \sqrt{\frac{1-\rho^2}{2\pi\sigma^2}} \exp\left[-\frac{(1-\rho^2)x^2}{2\sigma^2}\right], \tag{6.17}$$

と遷移核 (6.7) の間に詳細釣合条件 (6.16) が成り立つことを示せば十分である.

$$\bar{f}(x)K(x,\tilde{x}) = \frac{\sqrt{1-\rho^2}}{2\pi\sigma^2}\exp\left[-\frac{(1-\rho^2)x^2 + (\tilde{x}-\rho x)^2}{2\sigma^2}\right]$$

$$= \frac{\sqrt{1-\rho^2}}{2\pi\sigma^2}\exp\left[-\frac{\tilde{x}^2 - 2\rho x\tilde{x} + x^2}{2\sigma^2}\right]$$

$$= \frac{\sqrt{1-\rho^2}}{2\pi\sigma^2}\exp\left[-\frac{(1-\rho^2)\tilde{x}^2 + (x-\rho\tilde{x})^2}{2\sigma^2}\right]$$

$$= \bar{f}(\tilde{x})K(\tilde{x},x),$$

だから詳細釣合条件が成り立っている．したがって $\mathcal{N}(0,\sigma^2/(1-\rho^2))$ は不変分布であることがいえた．

今まで見てきたようにマルコフ連鎖は f_0 と K にのみ依存するという簡単な構造をしている．これを利用すると，マルコフ連鎖からの乱数生成を容易に行うことが可能である．f_0 と K からの乱数生成が可能であれば，マルコフ連鎖からの乱数生成を以下の手順で行うことができる．

マルコフ連鎖からの乱数系列の生成

Step 1. $t=1$ として $\tilde{x}_0 \leftarrow f_0(x_0)$.
Step 2. $\tilde{x}_t \leftarrow K(\tilde{x}_{t-1}, x_t)$.
Step 3. t を1増やして **Step 2.** に戻る．

ここで "←" は左側にある乱数を右側にある確率分布から生成することを意味している．$f(x_0,x_1,\ldots,x_t)$ は (6.5) 式の形をしているから，上記の手順で生成した $\{\tilde{x}_s\}_{s=0}^t$ はマルコフ連鎖から生成された乱数系列となり，各 $\tilde{x}_t$ の周辺確率分布は f_t となる．もし乱数生成に使ったマルコフ連鎖が不変分布 $\bar{f}$ に関して再帰的かつ非周期的であるならば，(6.14) 式のエルゴード性より $\tilde{x}_t$ の周辺確率分布 f_t は $t \to \infty$ で $\bar{f}$ に収束することになる．

ここでマルコフ連鎖の不変分布 $\bar{f}$ が我々が乱数を生成したい確率分布（以下，目標分布）であったとしよう．すると，上記のマルコフ連鎖からの乱数生成作業を十分繰り返した後（t^* 回かかったとする）の $\tilde{x}_{t^*}$ の分布は $\bar{f}$ すなわち目標分布から生成された乱数と見なすことができる．マルコフ連鎖が収束したと判断されるまで乱数 $\{\tilde{x}_t\}_{t=0}^{t^*}$ を生成し続けることを**検査稼働期間（バーンイン）**と呼ぶ[*2)]．そして，$\bar{f}$ に収束した

[*2)] t^* を幾らにすればよいか，生成したモンテカルロ標本は本当に不変分布 $\bar{f}$ から生成されたと見なしてよいのか，といった疑問に答えるために様々なマルコフ連鎖の収束判定法が提案されている．例えば PyMC では既に 4.2 節で紹介した Gelman–Rubin の収束判定が標準で提供されている．しかし，これさえ使えば全ての収束を判定できるという決定的な判定法は存在しない．そのため複数の判定法を併用して収束の有無を見極める必要がある．

と判断した回以降のマルコフ連鎖から生成した $\{\tilde{x}_t\}_{t=t^*+1}^{t^*+T}$ は，(6.15) 式の結果より目標分布である $\bar{f}$ からのモンテカルロ標本として利用可能である．これがマルコフ連鎖サンプリング法の基本的な発想である．

不変分布への収束後のサンプリング法には大きく分けて 2 通りある．

多重連鎖法 ── マルコフ連鎖から複数の乱数系列を生成する方法

Step 1. $\tilde{x}_0 \leftarrow f_0(x_0)$．
Step 2. マルコフ連鎖から分布が収束するまで乱数を生成する．
Step 3. 最後の $\tilde{x}_t$ を保存し，**Step 1.** に戻る．

単一連鎖法 ── マルコフ連鎖から単一の乱数系列を生成する方法

Step 1. $\bar{f}$ のとりうる領域から $\tilde{x}_0$ を選ぶ．
Step 2. マルコフ連鎖から分布が収束するまで乱数を生成する．
Step 3. 必要な数の $\tilde{x}_t$ を続けてマルコフ連鎖から生成する．

多重連鎖法の利点は互いに独立であるモンテカルロ標本を生成できることである．しかし，1 つの乱数を不変分布から生成するために多くの乱数（場合によっては数千〜数万個）をバーンインで生成しなければならないため，計算効率が落ちるという欠点を持つ．一方，単一連鎖法では 1 通りバーンインを実行した後で同じ系列から継続してするため，計算時間は多重連鎖法よりも短くなる．例えばバーンイン 1,000 回で十分収束するマルコフ連鎖があるとする．多重連鎖法で 10,000 個のモンテカルロ標本を生成するためには 1 個の乱数を生成するのに 1,000 回のバーンインが必要だから，全部で 1,000 回 ×10,000 個で 1,000 万回もマルコフ連鎖から乱数を生成する必要がある．一方，単一連鎖法では 1,000 回+10,000 個で 11,000 回の乱数生成で十分である．しかし，単一連鎖法の欠点はモンテカルロ標本が互いに独立ではなく自己相関を持つようになってしまうことである．生成したモンテカルロ標本が自己相関を持つこと自体は本質的な問題とはならない．なぜならマルコフ連鎖が不変分布に関して再帰的であれば，(6.15) 式のようにマルコフ連鎖に対する大数の法則が適用できるからである．したがって，単一連鎖法で生成したモンテカルロ標本を用いても 4.1 節で説明したものと基本的に同じモンテカルロ法が使える．だがモンテカルロ標本が強い正の自己相関を持ってしまうと，(4.18) 式の実効標本数 $\hat{T}_e$ が低下してしまい，近似誤差を小さくするには標本数 T を大きく増やさなければならなくなる（つまり計算時間が増加してしまう）．また，特定の値を初期値 $\tilde{x}_0$ に指定するため，初期値の選択によってマルコフ連鎖の収束先に差が生じる可能性がある．このように多重連鎖法と単一連鎖法に

は一長一短があり,どちらが優れているとは一概にはいえない.ただ実際のベイズ分析での応用では計算時間の節約の面での優位性から単一連鎖法が使われる傾向が見られる.しかし,近年の GPU などを使った並列演算の普及により多重連鎖法の計算効率の問題は解決されつつあるため,状況は変わる可能性がある.なお本書で扱ってきた PyMC では両者の折衷案のような方法を採用している.PyMC の `pm.sample()` ではオプション `nchains` を指定することで複数の乱数系列を生成することができる.この点は多重連鎖法に似ている.しかし,バーンインが終わった後も同じ系列から継続して乱数生成し続けている点は単一連鎖法と同じである.結果として,異なる系列の間に相関はないが同一系列内では自己相関を持つという複数の乱数系列を得ることになる.

マルコフ連鎖サンプリング法の要点をまとめると以下のようになる.

(i) $\bar{f}$ から直接乱数を生成する必要はない.
(ii) $\bar{f}$ がどのような関数形をしているかを知る必要もない.
(iii) $\bar{f}$ は初期値 $\tilde{x}_0$ の周辺確率分布 f_0 に依存しないため,理論的に $\bar{f}$ がとりうる値を生成できる分布であれば何であっても **Step 1.** の f_0 として利用可能である.
(iv) 目標分布を不変分布に持つマルコフ連鎖であれば何であっても **Step 2.** に使うことができる.
(v) 目標分布を不変分布に持ち,かつ乱数生成が容易な遷移核 K を見つけてくることが極めて重要である.

ベイズ統計学における目標分布はもちろん事後分布である.自然共役事前分布を使用する場合を除いて事後分布が何の分布なのか全くわからないことがほとんどである.ましてや事後分布から直接乱数を生成することは不可能である.しかし,マルコフ連鎖サンプリング法であれば,これらは全く障害にならない.事後分布を不変分布に持つマルコフ連鎖を見つけてきてマルコフ連鎖サンプリング法を適用すればよいだけである.しかし,そのようなマルコフ連鎖が都合よく見つかるだろうか.次節以降では,マルコフ連鎖サンプリング法のために事後分布を不変分布に持つマルコフ連鎖を構築する方法として,マルコフ連鎖サンプリング法の代表格であるメトロポリス–ヘイスティングズ・アルゴリズムとギブズ・サンプラーを解説する.

6.2 メトロポリス–ヘイスティングズ・アルゴリズム

まず本節ではメトロポリス–ヘイスティングズ・アルゴリズムの解説を行う.メトロポリス–ヘイスティングズ・アルゴリズムは Metropolis et al. (1953) によって原型が提案され,Hastings (1970) によって拡張された乱数生成法である.フルネームを書くと長いので Metropolis の M と Hastings の H をとって **M–H** アルゴリズムと呼ば

れることが多い．以下では $\boldsymbol{\theta}$ を確率変数（あるいは確率ベクトル）とし，$\boldsymbol{\theta}$ の乱数を生成したい目標分布を $f(\boldsymbol{\theta})$ とする．ベイズ統計学において目標分布 f は事後分布ということになるが，f のデータ D への依存を明示することはしない．そして，f において $\boldsymbol{\theta}$ のとりうる値の集合 $\Theta = \{\boldsymbol{\theta}: f(\boldsymbol{\theta}) > 0\}$ を考える．次に f から直接 $\boldsymbol{\theta}$ の乱数を生成できないが，代わりにマルコフ連鎖の遷移核 $q(\boldsymbol{\varphi}, \boldsymbol{\theta})$ からは乱数を容易に生成できると仮定する．ここで遷移核 q は斉時的であると仮定するが，再帰的であることは必ずしも要求されない．そして，任意のペア $(\boldsymbol{\varphi}, \boldsymbol{\theta}) \in \Theta \times \Theta$ に対して $q(\boldsymbol{\varphi}, \boldsymbol{\theta}) > 0$ と仮定する [*3]．このとき f と q をうまく組み合わせて f に収束するマルコフ連鎖を作るテクニックが M–H アルゴリズムである．それは以下のように定義される．

M–H アルゴリズム

Step 1. $t = 1$ として初期値 $\boldsymbol{\theta}^{(0)}$ を設定する．

Step 2. $\boldsymbol{\theta}^{(t)}$ の候補 $\tilde{\boldsymbol{\theta}}$ をマルコフ連鎖から生成する．
$$\tilde{\boldsymbol{\theta}} \leftarrow q(\boldsymbol{\theta}^{(t-1)}, \boldsymbol{\theta}).$$

Step 3. $\tilde{\boldsymbol{\theta}}$ の採択確率を以下の式で計算する．
$$\alpha(\boldsymbol{\theta}^{(t-1)}, \tilde{\boldsymbol{\theta}}) = \min\left\{\frac{f(\tilde{\boldsymbol{\theta}})q(\tilde{\boldsymbol{\theta}}, \boldsymbol{\theta}^{(t-1)})}{f(\boldsymbol{\theta}^{(t-1)})q(\boldsymbol{\theta}^{(t-1)}, \tilde{\boldsymbol{\theta}})}, 1\right\}. \tag{6.18}$$

Step 4. $\boldsymbol{\theta}^{(t)}$ を以下のルールに従い更新する．
$$\tilde{u} \leftarrow \mathcal{U}(0, 1),$$
$$\boldsymbol{\theta}^{(t)} = \begin{cases} \tilde{\boldsymbol{\theta}}, & (\tilde{u} \leqq \alpha(\boldsymbol{\theta}^{(t-1)}, \tilde{\boldsymbol{\theta}})), \\ \boldsymbol{\theta}^{(t-1)}, & (\tilde{u} > \alpha(\boldsymbol{\theta}^{(t-1)}, \tilde{\boldsymbol{\theta}})). \end{cases}$$

Step 5. t を 1 つ増やして **Step 2.** に戻る．

ここで $\mathcal{U}(0, 1)$ は区間 $[0, 1]$ 上の一様分布である．**Step 4.** で一様分布から生成した $\tilde{u}$ に対して
$$\Pr\{\tilde{u} \leqq \alpha(\boldsymbol{\theta}^{(t-1)}, \tilde{\boldsymbol{\theta}})\} = \alpha(\boldsymbol{\theta}^{(t-1)}, \tilde{\boldsymbol{\theta}}),$$
であるから，**Step 2.** で q から生成した乱数 $\tilde{\boldsymbol{\theta}}$ を **Step 4.** において採択する確率は (6.18) 式の $\alpha(\boldsymbol{\theta}^{(t-1)}, \tilde{\boldsymbol{\theta}})$ に等しくなる．**Step 2.** で q から乱数を生成していることと **Step 3.** で計算した採択確率 (6.18) が直近の実現値 $\boldsymbol{\theta}^{(t-1)}$ に依存していることから，M–H アルゴリズム自体もマルコフ連鎖になっていることがわかる．

それでは M–H アルゴリズムで形成されるマルコフ連鎖の不変分布が実際に目標分

[*3] この仮定の下で q は f に関して既約であり非周期的である．これは強い仮定であるが本節の議論においては十分である．また，現実の応用でもこの条件を満たす q を使うことが多い．

6.2 メトロポリス–ヘイスティングズ・アルゴリズム

布 f に等しくなることを証明しよう．表記を簡潔にするために $\boldsymbol{\varphi} = \boldsymbol{\theta}^{(t-1)}$ および $\boldsymbol{\theta} = \boldsymbol{\theta}^{(t)}$ とする．まずはマルコフ連鎖としての M–H アルゴリズムの遷移核を導出する．採択された場合に $\tilde{\boldsymbol{\theta}}$ が $A \subseteq \Theta$ に含まれる条件付確率は以下のように与えられる．

$$\Pr\{\tilde{\boldsymbol{\theta}} \in A | \text{採択}\}$$
$$= \Pr\{\tilde{\boldsymbol{\theta}} \in A | \tilde{u} \leqq \alpha(\boldsymbol{\varphi}, \tilde{\boldsymbol{\theta}})\} = \frac{\Pr\{\tilde{\boldsymbol{\theta}} \in A, \tilde{u} \leqq \alpha(\boldsymbol{\varphi}, \tilde{\boldsymbol{\theta}})\}}{\Pr\{\tilde{u} \leqq \alpha(\boldsymbol{\varphi}, \tilde{\boldsymbol{\theta}})\}}$$
$$= \frac{\int_A \int_0^{\alpha(\boldsymbol{\varphi},\boldsymbol{\theta})} q(\boldsymbol{\varphi},\boldsymbol{\theta}) du d\boldsymbol{\theta}}{\int_\Theta \int_0^{\alpha(\boldsymbol{\varphi},\boldsymbol{\theta})} q(\boldsymbol{\varphi},\boldsymbol{\theta}) du d\boldsymbol{\theta}} = \frac{\int_A \alpha(\boldsymbol{\varphi},\boldsymbol{\theta}) q(\boldsymbol{\varphi},\boldsymbol{\theta}) d\boldsymbol{\theta}}{\int_\Theta \alpha(\boldsymbol{\varphi},\boldsymbol{\theta}) q(\boldsymbol{\varphi},\boldsymbol{\theta}) d\boldsymbol{\theta}}$$
$$= \int_A \frac{\alpha(\boldsymbol{\varphi},\boldsymbol{\theta}) q(\boldsymbol{\varphi},\boldsymbol{\theta})}{\alpha(\boldsymbol{\varphi})} d\boldsymbol{\theta}, \quad \alpha(\boldsymbol{\varphi}) = \int_\Theta \alpha(\boldsymbol{\varphi},\boldsymbol{\theta}) q(\boldsymbol{\varphi},\boldsymbol{\theta}) d\boldsymbol{\theta}.$$

ここで $\alpha(\boldsymbol{\varphi})$ は M–H アルゴリズムの **Step 4.** で $\boldsymbol{\varphi}$ が与えられた下で $\tilde{\boldsymbol{\theta}}$ が採択される「平均的な」確率である．したがって，採択された場合の $\boldsymbol{\varphi}$ が与えられた下での $\boldsymbol{\theta}$ の条件付確率密度関数は

$$f(\boldsymbol{\theta}|\boldsymbol{\varphi}, \text{採択}) = \frac{\alpha(\boldsymbol{\varphi},\boldsymbol{\theta}) q(\boldsymbol{\varphi},\boldsymbol{\theta})}{\alpha(\boldsymbol{\varphi})},$$

として与えられる．一方，**Step 4.** で棄却された場合は確率 1 で $\boldsymbol{\theta} = \boldsymbol{\varphi}$ となるので，棄却された場合の $\boldsymbol{\varphi}$ が与えられた下での $\boldsymbol{\theta}$ の条件付分布の密度関数は

$$f(\boldsymbol{\theta}|\boldsymbol{\varphi}, \text{棄却}) = \delta(\|\boldsymbol{\theta} - \boldsymbol{\varphi}\|),$$

となる．ここで $\delta(\cdot)$ はディラックのデルタ関数であり，$\|\cdot\|$ はノルムである．以上をまとめると，$\boldsymbol{\varphi}$ が与えられた下での $\boldsymbol{\theta}$ の条件付確率分布は，$f(\boldsymbol{\theta}|\boldsymbol{\varphi}, \text{採択})$ と $f(\boldsymbol{\theta}|\boldsymbol{\varphi}, \text{棄却})$ を確率 $\alpha(\boldsymbol{\varphi})$ で混合した分布

$$f(\boldsymbol{\theta}|\boldsymbol{\varphi}) = \alpha(\boldsymbol{\varphi}) f(\boldsymbol{\theta}|\boldsymbol{\varphi}, \text{採択}) + \{1 - \alpha(\boldsymbol{\varphi})\} f(\boldsymbol{\theta}|\boldsymbol{\varphi}, \text{棄却}),$$

として与えられるから，最終的に M–H アルゴリズムの遷移核は

$$K(\boldsymbol{\varphi},\boldsymbol{\theta}) = \alpha(\boldsymbol{\varphi},\boldsymbol{\theta}) q(\boldsymbol{\varphi},\boldsymbol{\theta}) + \{1 - \alpha(\boldsymbol{\varphi})\} \delta(\|\boldsymbol{\theta} - \boldsymbol{\varphi}\|), \tag{6.19}$$

として導かれる．

あとは (6.19) 式の遷移核 K と目標分布 f の間で詳細釣合条件

$$f(\boldsymbol{\varphi}) K(\boldsymbol{\varphi},\boldsymbol{\theta}) = f(\boldsymbol{\theta}) K(\boldsymbol{\theta},\boldsymbol{\varphi}), \tag{6.20}$$

が成り立っていることを示すだけで十分である．(6.19) 式の両辺に $f(\boldsymbol{\varphi})$ を左からかけると，

$$f(\boldsymbol{\varphi}) K(\boldsymbol{\varphi},\boldsymbol{\theta}) = \alpha(\boldsymbol{\varphi},\boldsymbol{\theta}) f(\boldsymbol{\varphi}) q(\boldsymbol{\varphi},\boldsymbol{\theta})$$
$$+ \{1 - \alpha(\boldsymbol{\varphi})\} f(\boldsymbol{\varphi}) \delta(\|\boldsymbol{\theta} - \boldsymbol{\varphi}\|),$$

となる．右辺の第 1 項は

$$\alpha(\boldsymbol{\varphi},\boldsymbol{\theta})f(\boldsymbol{\varphi})q(\boldsymbol{\varphi},\boldsymbol{\theta}) = \min\left\{\frac{f(\boldsymbol{\theta})q(\boldsymbol{\theta},\boldsymbol{\varphi})}{f(\boldsymbol{\varphi})q(\boldsymbol{\varphi},\boldsymbol{\theta})},1\right\}f(\boldsymbol{\varphi})q(\boldsymbol{\varphi},\boldsymbol{\theta})$$

$$= \min\{f(\boldsymbol{\theta})q(\boldsymbol{\theta},\boldsymbol{\varphi}), f(\boldsymbol{\varphi})q(\boldsymbol{\varphi},\boldsymbol{\theta})\}$$

$$= \min\left\{\frac{f(\boldsymbol{\varphi})q(\boldsymbol{\varphi},\boldsymbol{\theta})}{f(\boldsymbol{\theta})q(\boldsymbol{\theta},\boldsymbol{\varphi})},1\right\}f(\boldsymbol{\theta})q(\boldsymbol{\theta},\boldsymbol{\varphi})$$

$$= \alpha(\boldsymbol{\theta},\boldsymbol{\varphi})f(\boldsymbol{\theta})q(\boldsymbol{\theta},\boldsymbol{\varphi}),$$

と書き直される．一方，右辺第2項は

$$\{1-\alpha(\boldsymbol{\varphi})\}f(\boldsymbol{\varphi})\delta(\|\boldsymbol{\theta}-\boldsymbol{\varphi}\|) = \{1-\alpha(\boldsymbol{\theta})\}f(\boldsymbol{\theta})\delta(\|\boldsymbol{\varphi}-\boldsymbol{\theta}\|),$$

である ($\boldsymbol{\theta}=\boldsymbol{\varphi}$ でも $\boldsymbol{\theta}\neq\boldsymbol{\varphi}$ でも等号が成り立つ)．したがって，

$$f(\boldsymbol{\varphi})K(\boldsymbol{\varphi},\boldsymbol{\theta}) = f(\boldsymbol{\theta})K(\boldsymbol{\theta},\boldsymbol{\varphi}),$$

が成り立つ．よって，目標分布 f が (6.19) 式の遷移核 K の不変分布であることが示せた．

ベイズ統計学への応用という意味で M–H アルゴリズムの持つ最大の強みは，目標分布 f の基準化定数が未知であっても問題なく適用できることである．(6.18) 式の採択確率の数式の中に f は比の形で入っている．f が事後分布 $p(\boldsymbol{\theta}|D)$ であるならば

$$f(\boldsymbol{\theta}) = p(\boldsymbol{\theta}|D) = \frac{p(D|\boldsymbol{\theta})p(\boldsymbol{\theta})}{p(D)},$$

であるから，この比の中で

$$\frac{f(\tilde{\boldsymbol{\theta}})}{f(\boldsymbol{\theta}^{(t-1)})} = \frac{p(D|\tilde{\boldsymbol{\theta}})p(\tilde{\boldsymbol{\theta}})}{p(D)} \div \frac{p(D|\boldsymbol{\theta}^{(t-1)})p(\boldsymbol{\theta}^{(t-1)})}{p(D)} = \frac{p(D|\tilde{\boldsymbol{\theta}})p(\tilde{\boldsymbol{\theta}})}{p(D|\boldsymbol{\theta}^{(t-1)})p(\boldsymbol{\theta}^{(t-1)})},$$

として事後分布の基準化定数 $p(D)$ は分子分母で相殺されて消えてしまう．したがって，(6.18) 式の採択確率の計算する際に $p(D)$ の値は不要である．ベイズ分析でマルコフ連鎖サンプリング法に頼らなければならない場合には $p(D)$ が未知であることがほとんどであるから，この M–H アルゴリズムの性質は極めて有用である．また，M–H アルゴリズムには $\boldsymbol{\theta}$ が1次元であっても適用できるという利点もある．これに対して後述のギブズ・サンプラーは2次元以上の同時確率分布にしか適用できない．しかし，M–H アルゴリズムでは遷移核 q から生成された次の値の候補 $\tilde{\boldsymbol{\theta}}$ が $\boldsymbol{\theta}^{(t)}$ として必ず採択される保証はないため，何回も同じ値が続けて乱数系列に現れることもある．このことは M–H アルゴリズムを使う上では避けられないが，ある値で乱数系列がずっと止まってしまうとモンテカルロ標本として使いものにならないので，採択確率が低くなりすぎないような q を探してこなければならない．q が満たすべき条件は緩いものの，条件を満たしていれば何でも構わないといわれても決めようがないし，あまり複雑な q を選んでしまうと乱数生成や採択確率の調整が難しくなる．実際の M–H アルゴリズムの応用では，乱数生成が容易で採択確率も調整しやすい q を採用することが

通例である．M–H アルゴリズムは q の選択に応じて幾つかに分類されるが，以下では応用で広く使われる

- 酔歩（ランダムウォーク）連鎖
- 独立連鎖
- ハミルトニアン・モンテカルロ (HMC) 法

を紹介する．

まず**酔歩（ランダムウォーク）連鎖**について説明しよう．これは遷移核 q として酔歩（ランダムウォーク）過程

$$\boldsymbol{\theta} = \boldsymbol{\varphi} + \boldsymbol{\epsilon}, \quad \mathrm{E}[\boldsymbol{\epsilon}] = \mathbf{0}, \quad \mathrm{Var}[\boldsymbol{\epsilon}] = \boldsymbol{\Sigma}, \tag{6.21}$$

を使用する M–H アルゴリズムである．ここで $\boldsymbol{\epsilon}$ はホワイトノイズである．酔歩連鎖では $\boldsymbol{\epsilon}$ は原点を中心にして対称な確率分布に従うと仮定することが多い．すると

$$q(\boldsymbol{\varphi}, \boldsymbol{\theta}) = q(\boldsymbol{\theta}, \boldsymbol{\varphi}),$$

となる．例えば $\boldsymbol{\epsilon} \sim \mathcal{N}_k(\mathbf{0}, \boldsymbol{\Sigma})$ の場合を考えると，

$$q(\boldsymbol{\varphi}, \boldsymbol{\theta}) = (2\pi)^{-\frac{k}{2}} |\boldsymbol{\Sigma}|^{-\frac{1}{2}} \exp\left[-\frac{1}{2}(\boldsymbol{\theta} - \boldsymbol{\varphi})^\mathsf{T} \boldsymbol{\Sigma}^{-1}(\boldsymbol{\theta} - \boldsymbol{\varphi})\right],$$

なので，$q(\boldsymbol{\varphi}, \boldsymbol{\theta}) = q(\boldsymbol{\theta}, \boldsymbol{\varphi})$ となるのは自明である．また，多変量正規分布の代わりに多変量 t 分布 $\mathcal{T}_k(\nu, \mathbf{0}, \boldsymbol{\Sigma})$ を使っても $q(\boldsymbol{\varphi}, \boldsymbol{\theta}) = q(\boldsymbol{\theta}, \boldsymbol{\varphi})$ は成り立つ．$q(\boldsymbol{\varphi}, \boldsymbol{\theta}) = q(\boldsymbol{\theta}, \boldsymbol{\varphi})$ が常に成り立つことから，酔歩連鎖の採択確率は

$$\alpha(\boldsymbol{\varphi}, \boldsymbol{\theta}) = \min\left\{\frac{f(\boldsymbol{\theta})}{f(\boldsymbol{\varphi})}, 1\right\}, \tag{6.22}$$

となる．(6.22) 式で採択確率 $\alpha(\boldsymbol{\varphi}, \boldsymbol{\theta})$ は $f(\boldsymbol{\theta}) \geq f(\boldsymbol{\varphi})$ のとき必ず 1 に等しくなるので，(6.21) 式から生成された新しい候補の値 $\boldsymbol{\theta}$ は必ず採択されることになる．一方，$f(\boldsymbol{\theta})$ が $f(\boldsymbol{\varphi})$ より低くなるほど採択確率 $\alpha(\boldsymbol{\varphi}, \boldsymbol{\theta})$ も低くなる．このように酔歩連鎖で生成されたマルコフ連鎖の系列は f が高い値をとる領域に滞留する傾向がある．よって，酔歩過程自体は何らかの不変分布に収束することはないにもかかわらず，酔歩連鎖によるマルコフ連鎖は目標分布 f に収束することになる．まとめると酔歩連鎖の手順は以下のようになる．

酔歩（ランダムウォーク）連鎖

Step 1. $t = 1$ として初期値 $\boldsymbol{\theta}^{(0)}$ を設定する．

Step 2. $\boldsymbol{\theta}^{(t)}$ の候補 $\tilde{\boldsymbol{\theta}}$ を酔歩連鎖 (6.21) から生成する．

Step 3. $\tilde{\boldsymbol{\theta}}$ の採択確率を以下の式で計算する．

$$\alpha(\boldsymbol{\theta}^{(t-1)}, \tilde{\boldsymbol{\theta}}) = \min\left\{\frac{f(\tilde{\boldsymbol{\theta}})}{f(\boldsymbol{\theta}^{(t-1)})}, 1\right\}. \tag{6.23}$$

Step 4. $\boldsymbol{\theta}^{(t)}$ を以下のルールに従い更新する．

$$\tilde{u} \leftarrow \mathcal{U}(0,1),$$

$$\boldsymbol{\theta}^{(t)} = \begin{cases} \tilde{\boldsymbol{\theta}}, & (\tilde{u} \leqq \alpha(\boldsymbol{\theta}^{(t-1)}, \tilde{\boldsymbol{\theta}})), \\ \boldsymbol{\theta}^{(t-1)}, & (\tilde{u} > \alpha(\boldsymbol{\theta}^{(t-1)}, \tilde{\boldsymbol{\theta}})). \end{cases}$$

Step 5. t を 1 つ増やして **Step 2.** に戻る.

酔歩連鎖では採択確率は 1 に近すぎると乱数系列の変化が小さくなるため自己相関が強くなりすぎ,低すぎても同じ値が出続けるため自己相関が強くなる.そのため「ちょうどよい塩梅」の採択確率になるように Σ を調整しなければならない.この意味で Σ や ν などの q の中のパラメータは調整(チューニング)パラメータと呼ばれる.

標準の M–H アルゴリズムでは遷移核 q から生成される $\boldsymbol{\theta}^{(t)}$ の候補は直近の値 $\boldsymbol{\theta}^{(t-1)}$ に依存していた.しかし,これを $\boldsymbol{\theta}^{(t-1)}$ とは独立に生成しても M–H アルゴリズムは成立する.このような M–H アルゴリズムの派生形が独立連鎖である.候補を生成する確率分布(提案分布)を $g(\boldsymbol{\theta})$ としよう.すると独立連鎖の手順は以下のようになる.

独立連鎖

Step 1. $t=1$ として初期値 $\boldsymbol{\theta}^{(0)}$ を設定する.
Step 2. $\boldsymbol{\theta}^{(t)}$ の候補 $\tilde{\boldsymbol{\theta}}$ を提案分布から生成する.

$$\tilde{\boldsymbol{\theta}} \leftarrow g(\boldsymbol{\theta}).$$

Step 3. $\tilde{\boldsymbol{\theta}}$ の採択確率を以下の式で計算する.

$$\alpha(\boldsymbol{\theta}^{(t-1)}, \tilde{\boldsymbol{\theta}}) = \min\left\{ \frac{f(\tilde{\boldsymbol{\theta}})g(\boldsymbol{\theta}^{(t-1)})}{f(\boldsymbol{\theta}^{(t-1)})g(\tilde{\boldsymbol{\theta}})}, 1 \right\}. \tag{6.24}$$

Step 4. $\boldsymbol{\theta}^{(t)}$ を以下のルールに従い更新する.

$$\tilde{u} \leftarrow \mathcal{U}(0,1),$$

$$\boldsymbol{\theta}^{(t)} = \begin{cases} \tilde{\boldsymbol{\theta}}, & (\tilde{u} \leqq \alpha(\boldsymbol{\theta}^{(t-1)}, \tilde{\boldsymbol{\theta}})), \\ \boldsymbol{\theta}^{(t-1)}, & (\tilde{u} > \alpha(\boldsymbol{\theta}^{(t-1)}, \tilde{\boldsymbol{\theta}})). \end{cases}$$

Step 5. t を 1 つ増やして **Step 2.** に戻る.

独立連鎖の **Step 2.** における $\tilde{\boldsymbol{\theta}}$ は,先に生成した $\boldsymbol{\theta}^{(t-1)}$ とは独立に $g(\boldsymbol{\theta})$ から生成される.しかし,$\tilde{\boldsymbol{\theta}}$ が $\boldsymbol{\theta}^{(t)}$ として採択されるかどうかは **Step 3.** で計算した (6.24) 式の採択確率によって左右される.この採択確率は $\boldsymbol{\theta}^{(t-1)}$ の値に依存しているので,結局のところ乱数系列 $\{\boldsymbol{\theta}^{(t)}\}_{t=1}^{T}$ は互いに独立ではなくマルコフ連鎖に従うことになる.

もし f と g が同じ(つまり目標分布から直接乱数を生成できる状況)であれば (6.24)

式の採択確率は 1 に等しくなるので,最も効率的にモンテカルロ標本の生成ができることになる.したがって,できるだけ f に似た g を探してくることが重要である.独立連鎖の応用では g を f の正規近似として導出する方法が広く使われているので紹介しよう.まず $\log f(\boldsymbol{\theta})$ を $f(\boldsymbol{\theta})$ の最頻値 $\boldsymbol{\theta}^*$ の近傍で 2 次の項までテイラー展開して近似することを考える.

$$\log f(\boldsymbol{\theta}) \approx \log f(\boldsymbol{\theta}^*) + \nabla_{\boldsymbol{\theta}} \log f(\boldsymbol{\theta}^*)^{\mathsf{T}} (\boldsymbol{\theta} - \boldsymbol{\theta}^*)$$
$$+ \frac{1}{2} (\boldsymbol{\theta} - \boldsymbol{\theta}^*)^{\mathsf{T}} \nabla_{\boldsymbol{\theta}}^2 \log f(\boldsymbol{\theta}^*) (\boldsymbol{\theta} - \boldsymbol{\theta}^*).$$

ここで $\boldsymbol{\theta}^*$ は最頻値であるから $\nabla_{\boldsymbol{\theta}} \log f(\boldsymbol{\theta}^*) = \mathbf{0}$ となる.したがって,f の近似が

$$f(\boldsymbol{\theta}) \approx \mathcal{K}^* (2\pi)^{-\frac{k}{2}} |\boldsymbol{\Sigma}^*|^{-\frac{1}{2}} \exp\left[-\frac{1}{2} (\boldsymbol{\theta} - \boldsymbol{\theta}^*)^{\mathsf{T}} (\boldsymbol{\Sigma}^*)^{-1} (\boldsymbol{\theta} - \boldsymbol{\theta}^*)\right], \quad (6.25)$$

$$\boldsymbol{\Sigma}^* = -\left(\nabla_{\boldsymbol{\theta}}^2 \log f(\boldsymbol{\theta}^*)\right)^{-1}, \quad \mathcal{K}^* = f(\boldsymbol{\theta}^*)(2\pi)^{\frac{k}{2}} |\boldsymbol{\Sigma}^*|^{\frac{1}{2}},$$

として得られる.もし (6.25) 式の近似が良好であるならば,g として多変量正規分布 $\mathcal{N}_k(\boldsymbol{\theta}^*, \boldsymbol{\Sigma}^*)$ を使うと f と g の比は概ね定数 $\mathcal{K}^*$ に等しくなり,(6.24) 式の採択確率は 1 に近い値をとるようになる.よって,$\mathcal{N}_k(\boldsymbol{\theta}^*, \boldsymbol{\Sigma}^*)$ を提案分布にして独立連鎖を適用すれば効率的にモンテカルロ標本の生成が可能となるだろう.もちろん必ず (6.25) 式の近似が機能するわけでもないが,これは独立連鎖を使う際には最初に試してみる価値のあるテクニックである.

最後にハミルトニアン・モンテカルロ法の説明をしよう.ここで $\boldsymbol{\zeta}$ という補助的確率変数を導入し ($\boldsymbol{\zeta}$ の次元は $\boldsymbol{\theta}$ と同じとする),その確率密度関数を $g(\boldsymbol{\zeta})$ する.そして,$(\boldsymbol{\theta}, \boldsymbol{\zeta})$ に対してマルコフ連鎖 $q((\boldsymbol{\theta}, \boldsymbol{\zeta}), (\tilde{\boldsymbol{\theta}}, \tilde{\boldsymbol{\zeta}}))$ を考える.このマルコフ連鎖は時間反転性を持つ,つまり

$$q((\tilde{\boldsymbol{\theta}}, \tilde{\boldsymbol{\zeta}}), (\boldsymbol{\theta}, \boldsymbol{\zeta})) = q((\boldsymbol{\theta}, \boldsymbol{\zeta}), (\tilde{\boldsymbol{\theta}}, \tilde{\boldsymbol{\zeta}})),$$

と仮定する.すると,このマルコフ連鎖から生成された乱数 $(\tilde{\boldsymbol{\theta}}, \tilde{\boldsymbol{\zeta}})$ に対して

$$\alpha((\boldsymbol{\theta}^{(t-1)}, \boldsymbol{\zeta}^{(t-1)}), (\tilde{\boldsymbol{\theta}}, \tilde{\boldsymbol{\zeta}})) = \min\left\{\frac{f(\tilde{\boldsymbol{\theta}})g(\tilde{\boldsymbol{\zeta}})}{f(\boldsymbol{\theta}^{(t-1)})g(\boldsymbol{\zeta}^{(t-1)})}, 1\right\}, \quad (6.26)$$

を採択確率とする M–H アルゴリズムを適用することで,$(\boldsymbol{\theta}, \boldsymbol{\zeta})$ を同時分布 $f(\boldsymbol{\theta})g(\boldsymbol{\zeta})$ から生成できる.こうなるのは (6.26) 式が (6.23) 式の酔歩連鎖の採択確率と同じ形をしていることからも明白であろう.したがって,$\boldsymbol{\theta}$ のみのモンテカルロ標本を取り出せば,これは目標分布 f に従うことになる.さらに目標分布 f と補助的確率変数 $\boldsymbol{\zeta}$ の分布 g は互いに独立であるため,(6.26) 式による M–H アルゴリズムを繰り返すたびに $\boldsymbol{\zeta}^{(t-1)}$ をリセットしても構わない.つまり

Step 1. $\boldsymbol{\zeta}_0 \leftarrow g(\boldsymbol{\zeta}).$

Step 2. $(\tilde{\boldsymbol{\theta}}, \tilde{\boldsymbol{\zeta}}) \leftarrow q((\boldsymbol{\theta}^{(t-1)}, \boldsymbol{\zeta}_0), \cdot).$

Step 3. 以下の採択確率で M–H アルゴリズムを実行する．

$$\alpha(\boldsymbol{\theta}^{(t-1)}, \tilde{\boldsymbol{\theta}}) = \min\left\{\frac{f(\tilde{\boldsymbol{\theta}})g(\tilde{\boldsymbol{\zeta}})}{f(\boldsymbol{\theta}^{(t-1)})g(\boldsymbol{\zeta}_0)}, 1\right\}, \tag{6.27}$$

としても M–H アルゴリズムの不変分布は同じである．しかし，わざわざ補助的確率変数 $\boldsymbol{\zeta}$ を追加して生成するのは手間が増えるだけのように思えるかもしれない．ところが $\boldsymbol{\zeta}$ を導入することで

$$f(\tilde{\boldsymbol{\theta}})g(\tilde{\boldsymbol{\zeta}}) \approx f(\boldsymbol{\theta}^{(t-1)})g(\boldsymbol{\zeta}_0),$$

とできるならば (6.27) 式の採択確率がほとんど 1 に等しくなるから，M–H アルゴリズムでの乱数系列の更新頻度が高まり乱数系列の自己相関を小さくできる．また，時間反転性を持つマルコフ連鎖を使った通常の酔歩連鎖では採択確率を上げようとすると乱数系列の変化を小さくせざるを得ないが，補助的確率変数の導入で採択確率を高めつつ **Step 2.** で $\tilde{\boldsymbol{\theta}}$ が $\boldsymbol{\theta}^{(t-1)}$ から大きく変化するようにできるかもしれない．これが Duane et al. (1987) によって提案されたハミルトニアン・モンテカルロ **(Hamiltonian Monte Carlo)** 法，略して **HMC** 法の発想の原点である（HMC 法は Neal (2011) で詳しく解説されている）．

まず HMC 法の理論的背景を説明しよう．一般にハミルトン方程式は

$$\begin{cases} \dot{\boldsymbol{\theta}} &= \nabla_{\boldsymbol{\zeta}} H, \\ \dot{\boldsymbol{\zeta}} &= -\nabla_{\boldsymbol{\theta}} H, \end{cases} \tag{6.28}$$

という微分方程式として定義される．ここで $\boldsymbol{\theta}$ と $\boldsymbol{\zeta}$ はそれぞれ k 次元ベクトルであり，

$$\dot{\boldsymbol{\theta}} = \begin{bmatrix} \frac{d\theta_1}{dt} \\ \vdots \\ \frac{d\theta_k}{dt} \end{bmatrix}, \quad \nabla_{\boldsymbol{\theta}} H = \begin{bmatrix} \frac{\partial H(\boldsymbol{\theta},\boldsymbol{\zeta})}{\partial \theta_1} \\ \vdots \\ \frac{\partial H(\boldsymbol{\theta},\boldsymbol{\zeta})}{\partial \theta_k} \end{bmatrix},$$

としている ($\dot{\boldsymbol{\zeta}}$ と $\nabla_{\boldsymbol{\zeta}} H$ も同様)．$H(\boldsymbol{\theta},\boldsymbol{\zeta})$ はハミルトニアンと呼ばれる．特に $H(\boldsymbol{\theta},\boldsymbol{\zeta})$ が

$$H(\boldsymbol{\theta},\boldsymbol{\zeta}) = U(\boldsymbol{\theta}) + K(\boldsymbol{\zeta}), \tag{6.29}$$

という形をしている場合には，ハミルトン方程式は

$$\begin{cases} \dot{\boldsymbol{\theta}} &= \nabla_{\boldsymbol{\zeta}} K, \\ \dot{\boldsymbol{\zeta}} &= -\nabla_{\boldsymbol{\theta}} U, \end{cases} \tag{6.30}$$

と書き直される．このハミルトン方程式は以下の性質を持つ．

時間反転性： (6.28) 式で時間の向きを反転させたシステムは (6.28) 式の右辺に -1 をかけることで得られる．

不変性： ハミルトニアン $H(\boldsymbol{\theta},\boldsymbol{\zeta})$ の値は時間が経過しても不変である．なぜなら

$$\dot{H} = \nabla_{\boldsymbol{\theta}} H \cdot \dot{\boldsymbol{\theta}} + \nabla_{\boldsymbol{\zeta}} H \cdot \dot{\boldsymbol{\zeta}} = \nabla_{\boldsymbol{\theta}} H \cdot \nabla_{\boldsymbol{\zeta}} H + \nabla_{\boldsymbol{\zeta}} H \cdot (-\nabla_{\boldsymbol{\theta}} H) = 0.$$

ここで "$\cdot$" は内積を意味している．

体積保存: $\tilde{\boldsymbol{\theta}}(t) = \boldsymbol{\theta}(t+s)$, $\tilde{\boldsymbol{\zeta}}(t) = \boldsymbol{\zeta}(t+s)$ とし,変換 $T_s : (\boldsymbol{\theta}, \boldsymbol{\zeta}) \to (\tilde{\boldsymbol{\theta}}, \tilde{\boldsymbol{\zeta}})$ を考えると,T_s のヤコビアンは 1 に等しい.

ここで
$$U(\boldsymbol{\theta}) = -\log f(\boldsymbol{\theta}), \quad K(\boldsymbol{\zeta}) = -\log g(\boldsymbol{\zeta}),$$
として,変換 $q : (\boldsymbol{\theta}^{(t-1)}, \boldsymbol{\zeta}_0) \to (\tilde{\boldsymbol{\theta}}, \tilde{\boldsymbol{\zeta}})$ をハミルトン方程式 (6.30) に基づいて構築すれば,q は時間反転性を持ち,q に関して $H(\boldsymbol{\theta}, \boldsymbol{\zeta}) = -\log f(\boldsymbol{\theta}) - \log g(\boldsymbol{\zeta})$ は不変となり,q のヤコビアンは 1 に等しくなる [*4].よって,(6.27) 式の採択確率は

$$\alpha(\boldsymbol{\theta}^{(t-1)}, \tilde{\boldsymbol{\theta}}) = \min\left\{\frac{\exp\left[-H(\tilde{\boldsymbol{\theta}}, \tilde{\boldsymbol{\zeta}})\right]}{\exp\left[-H(\boldsymbol{\theta}^{(t-1)}, \boldsymbol{\zeta}_0)\right]}, 1\right\}, \tag{6.31}$$

と書き直され,H の不変性より (6.31) 式の採択確率は 1 に等しくなる.これが「理想的な」HMC 法である.

しかし,ハミルトン方程式は連続時間の微分方程式であり一般には解析解を持たないため,そのままでは離散時間のマルコフ連鎖サンプリング法には適用できない.そこで次のような離散化近似を使う.

$$\begin{aligned}
\boldsymbol{\zeta}\left(t + \frac{\epsilon}{2}\right) &= \boldsymbol{\zeta}(t) - \frac{\epsilon}{2}\nabla_{\boldsymbol{\theta}}U(\boldsymbol{\theta}(t)), \\
\boldsymbol{\theta}(t+\epsilon) &= \boldsymbol{\theta}(t) + \epsilon\nabla_{\boldsymbol{\zeta}}K\left(\boldsymbol{\zeta}\left(t+\frac{\epsilon}{2}\right)\right), \\
\boldsymbol{\zeta}(t+\epsilon) &= \boldsymbol{\zeta}\left(t+\frac{\epsilon}{2}\right) - \frac{\epsilon}{2}\nabla_{\boldsymbol{\theta}}U(\boldsymbol{\theta}(t+\epsilon)).
\end{aligned} \tag{6.32}$$

これをリープフロッグ法と呼ぶ.実際の計算ではリープフロッグ法を一定の回数(例えば L 回)繰り返し適用することが多い.これは $\tilde{\boldsymbol{\theta}}(t) = \boldsymbol{\theta}(t+\epsilon L)$,$\tilde{\boldsymbol{\zeta}}(t) = \boldsymbol{\zeta}(t+\epsilon L)$ という変換を使っていることを意味する.さらに $\boldsymbol{\zeta}$ の分布 g としては多変量正規分布 $\mathcal{N}_k(\mathbf{0}, \boldsymbol{\Sigma})$ を使うことが通例である.まとめると HMC 法は以下のように与えられる.

HMC 法

Step 1. $t = 1$ として初期値 $\boldsymbol{\theta}^{(0)}$ を設定する.

Step 2. $\boldsymbol{\zeta}_0 \leftarrow \mathcal{N}_k(\mathbf{0}, \boldsymbol{\Sigma})$.

Step 3. $j = 0$ として $\boldsymbol{\zeta} \leftarrow \boldsymbol{\zeta}_0$,$\boldsymbol{\theta} \leftarrow \boldsymbol{\theta}^{(t-1)}$.

[*4] ヤコビアンが 1 でないと変換 $q : (\boldsymbol{\theta}, \boldsymbol{\zeta}) \to (\tilde{\boldsymbol{\theta}}, \tilde{\boldsymbol{\zeta}})$ を施した後の同時分布に
$$f(\boldsymbol{\theta}(\tilde{\boldsymbol{\theta}}, \tilde{\boldsymbol{\zeta}}))g(\boldsymbol{\zeta}(\tilde{\boldsymbol{\theta}}, \tilde{\boldsymbol{\zeta}}))|J|,$$
とヤコビアン $|J|$ が残ってしまうため,採択確率が (6.31) 式のような簡潔な形にならず計算が複雑になる.

Step 4.
$$\zeta^* \leftarrow \zeta + \frac{\epsilon}{2}\nabla_{\boldsymbol{\theta}}\log f(\boldsymbol{\theta}),$$
$$\tilde{\boldsymbol{\theta}} \leftarrow \boldsymbol{\theta} + \epsilon\boldsymbol{\Sigma}^{-1}\boldsymbol{\zeta}^*,$$
$$\tilde{\boldsymbol{\zeta}} \leftarrow \boldsymbol{\zeta}^* + \frac{\epsilon}{2}\nabla_{\boldsymbol{\theta}}\log f(\tilde{\boldsymbol{\theta}}).$$

Step 5. j を1つ増やし，$j < L$ ならば $\boldsymbol{\zeta} \leftarrow \tilde{\boldsymbol{\zeta}}$, $\boldsymbol{\theta} \leftarrow \tilde{\boldsymbol{\theta}}$ として **Step 4.** に戻る．

Step 6. $\tilde{\boldsymbol{\theta}}$ の採択確率を以下の式で計算する．
$$\alpha(\boldsymbol{\theta}^{(t-1)}, \tilde{\boldsymbol{\theta}}) = \min\left\{\frac{\exp\left[\log f(\tilde{\boldsymbol{\theta}}) - \frac{1}{2}\tilde{\boldsymbol{\zeta}}^{\mathsf{T}}\boldsymbol{\Sigma}^{-1}\tilde{\boldsymbol{\zeta}}\right]}{\exp\left[\log f(\boldsymbol{\theta}^{(t-1)}) - \frac{1}{2}\boldsymbol{\zeta}_0^{\mathsf{T}}\boldsymbol{\Sigma}^{-1}\boldsymbol{\zeta}_0\right]}, 1\right\}.$$

Step 7. $\boldsymbol{\theta}^{(t)}$ を以下のルールに従い更新する．
$$\tilde{u} \leftarrow \mathcal{U}(0, 1),$$
$$\boldsymbol{\theta}^{(t)} = \begin{cases} \tilde{\boldsymbol{\theta}}, & (\tilde{u} \leqq \alpha(\boldsymbol{\theta}^{(t-1)}, \tilde{\boldsymbol{\theta}})), \\ \boldsymbol{\theta}^{(t-1)}, & (\tilde{u} > \alpha(\boldsymbol{\theta}^{(t-1)}, \tilde{\boldsymbol{\theta}})). \end{cases}$$

Step 8. t を1つ増やして **Step 2.** に戻る．

目標分布 f が事後分布であるときは
$$\log f(\boldsymbol{\theta}) = \log p(D|\boldsymbol{\theta}) + \log p(\boldsymbol{\theta}) - \log p(D),$$
となるから，両辺を微分すると基準化定数の項は消えてしまう．したがって，基準化定数が未知であっても **Step 4.** のリープフロッグ法は問題なく適用できる．リープフロッグ法を使用しても時間反転性と体積保存は成り立つが，離散化近似による誤差のため H の不変性は失われてしまう．よって，採択確率を高めるためには調整パラメータとして L と ϵ をうまく選択してやらなければならない．ϵ を小さくすれば離散化近似の精度が上がるので採択確率は高くなる．しかし，乱数系列の変化が小さくなってしまうので L を大きくする必要が生じ，結果として計算の負荷が増大する．逆に ϵ を大きくすると L を小さくできるのでリープフロッグ法の計算時間を短縮できる．しかし，離散化近似が悪くなるので採択確率は低下する．このトレードオフの関係を考慮しつつ自動的に L と ϵ を設定する方法として **NUTS (No-U-Turn Sampler)** を Hoffman and Gelman (2014) が提案している．PyMC の `pm.sampler()` の初期設定では事後分布からの乱数生成を NUTS を使用して行うようになっている．

6.3 ギブズ・サンプラー

本節では M–H アルゴリズムと並んで広く使われるマルコフ連鎖サンプリング法であるギブズ・サンプラーを説明する．ギブズ・サンプラーの原理を理解するために簡単な 2 変数の場合を考える．ここで 2 変数の同時確率分布 $f(\theta_1, \theta_2)$ があるとする．この分布から (θ_1, θ_2) の乱数を同時に生成することはできないが，条件付確率分布 $f(\theta_1|\theta_2)$, $f(\theta_2|\theta_1)$ からは，それぞれ θ_1 と θ_2 を生成することができると仮定する．θ_1 と θ_2 の初期値を $\theta_1^{(0)}$ と $\theta_2^{(0)}$ とし，第 t 番目の乱数を $\theta_1^{(t)}$ と $\theta_2^{(t)}$ と定義する．このとき 2 変数の同時確率分布に対するギブズ・サンプラーは以下のように定義される．

2 変数の同時確率分布のギブズ・サンプラー

Step 1. $\theta_1^{(t)} \leftarrow f(\theta_1|\theta_2^{(t-1)})$.
Step 2. $\theta_2^{(t)} \leftarrow f(\theta_2|\theta_1^{(t)})$.

このギブズ・サンプラーの遷移核は

$$K(\boldsymbol{\theta}^{(t-1)}, \boldsymbol{\theta}^{(t)}) = f(\theta_2^{(t)}|\theta_1^{(t)}) f(\theta_1^{(t)}|\theta_2^{(t-1)}), \tag{6.33}$$

である．この遷移核 K の不変分布が $f(\theta_1, \theta_2)$ であることは簡単に示される．$\boldsymbol{\theta} = \boldsymbol{\theta}^{(t-1)}$, $\tilde{\boldsymbol{\theta}} = \boldsymbol{\theta}^{(t)}$ とすると，

$$\begin{aligned}
\int f(\boldsymbol{\theta}) K(\boldsymbol{\theta}, \tilde{\boldsymbol{\theta}}) d\boldsymbol{\theta} &= \int \int f(\tilde{\theta}_2|\tilde{\theta}_1) f(\tilde{\theta}_1|\theta_2) f(\theta_1, \theta_2) d\theta_1 d\theta_2 \\
&= f(\tilde{\theta}_2|\tilde{\theta}_1) \int f(\tilde{\theta}_1|\theta_2) \left\{ \int f(\theta_1, \theta_2) d\theta_1 \right\} d\theta_2 \\
&= f(\tilde{\theta}_2|\tilde{\theta}_1) \int f(\tilde{\theta}_1|\theta_2) f(\theta_2) d\theta_2 \\
&= f(\tilde{\theta}_2|\tilde{\theta}_1) f(\tilde{\theta}_1) = f(\tilde{\theta}_1, \tilde{\theta}_2) = f(\tilde{\boldsymbol{\theta}}), \tag{6.34}
\end{aligned}$$

なので（表記を簡潔にするため積分範囲は省略している），目標分布 f が遷移核 K の不変分布であることがわかる．さらに条件付分布の性質より，$f(\theta_1, \theta_2) > 0$ を満たす任意の (θ_1, θ_2) に対して (6.33) 式の遷移核 K は正の値をとるから，K は f に関して再帰的であり非周期的でもある．よって，ギブズ・サンプラーによって生成した乱数系列に対して目標分布 f への収束と大数の法則が保証される．ここでは $\theta_1 \Rightarrow \theta_2$ の順序で条件付分布から乱数を生成しているが，$\theta_2 \Rightarrow \theta_1$ の順序で乱数生成を行ってもギブズ・サンプラーの乱数系列は f へ収束する．なぜなら，このときの遷移核は

$$K(\boldsymbol{\theta}^{(t-1)}, \boldsymbol{\theta}^{(t)}) = f(\theta_1^{(t)}|\theta_2^{(t)}) f(\theta_2^{(t)}|\theta_1^{(t-1)}),$$

であり，(6.34) 式と同じ要領で遷移核の不変分布が f であることが証明できるからで

ある. したがって, ギブズ・サンプラーの収束は乱数を発生する順序に依存しない.

例として正規分布 $\mathcal{N}(\mu, \sigma^2)$ の平均 μ と分散 σ^2 の事後分布に対するギブズ・サンプラーを説明しよう. 3.2 節で使用した自然共役事前分布 (3.10) の代わりに,

$$\mu \sim \mathcal{N}(\mu_0, \tau_0^2), \quad \sigma^2 \sim \mathcal{G}a^{-1}\left(\frac{\nu_0}{2}, \frac{\lambda_0}{2}\right),$$

を事前分布に使った場合, μ と σ^2 の事後分布を解析的に求めることができない. そこでギブズ・サンプラーを利用する. ギブズ・サンプラーを使うためには, σ^2 が与えられた下での μ の条件付事後分布と μ が与えられた下での σ^2 の条件付事後分布が必要である. それらは以下のように与えられる.

(i) 平均 μ の条件付事後分布

$$\mu|\sigma^2, D \sim \mathcal{N}\left(\frac{n\sigma^{-2}\bar{x} + \tau_0^{-2}\mu_0}{n\sigma^{-2} + \tau_0^{-2}}, \frac{1}{n\sigma^{-2} + \tau_0^{-2}}\right). \tag{6.35}$$

(証明) 既に 3.2 節で示したように尤度は

$$p(D|\mu, \sigma^2) \propto (\sigma^2)^{-\frac{n}{2}} \exp\left[-\frac{\sum_{i=1}^{n}(x_i - \mu)^2}{2\sigma^2}\right]$$

$$\propto (\sigma^2)^{-\frac{n}{2}} \exp\left[-\frac{n(\mu - \bar{x})^2 + \sum_{i=1}^{n}(x_i - \bar{x})^2}{2\sigma^2}\right],$$

である. μ の事前分布に正規分布 $\mathcal{N}(\mu_0, \tau_0^2)$

$$p(\mu) = \frac{1}{\sqrt{2\pi}\tau_0} \exp\left[-\frac{(\mu - \mu_0)^2}{2\tau_0^2}\right],$$

を使うと, ベイズの定理より μ の条件付事後分布は

$$p(\mu|\sigma^2, D) \propto p(D|\mu, \sigma^2)p(\mu)$$

$$\propto \exp\left[-\frac{n(\mu - \bar{x})^2 + \sum_{i=1}^{n}(x_i - \bar{x})^2}{2\sigma^2} - \frac{(\mu - \mu_0)^2}{2\tau_0^2}\right]$$

$$\propto \exp\left[-\frac{n(\mu - \bar{x})^2}{2\sigma^2} - \frac{(\mu - \mu_0)^2}{2\tau_0^2}\right],$$

として与えられる. 平方完成によって

$$n\sigma^{-2}(\mu - \bar{x})^2 + \tau_0^{-2}(\mu - \mu_0)^2$$

$$= (n\sigma^{-2} + \tau_0^{-2})\left(\mu - \frac{n\sigma^{-2}\bar{x} + \tau_0^{-2}\mu_0}{n\sigma^{-2} + \tau_0^{-2}}\right)^2 + \frac{n\sigma^{-2}\tau_0^{-2}(\bar{x} - \mu_0)^2}{n\sigma^{-2} + \tau_0^{-2}},$$

となることから, 最終的に

$$p(\mu|\sigma^2, D) \propto \exp\left[-\frac{n\sigma^{-2} + \tau_0^{-2}}{2}\left(\mu - \frac{n\sigma^{-2}\bar{x} + \tau_0^{-2}\mu_0}{n\sigma^{-2} + \tau_0^{-2}}\right)^2\right],$$

が得られる. これは求める (6.35) 式の条件付事後分布である. □

(ii) 分散 σ^2 の条件付事後分布
$$\sigma^2|\mu, D \sim \mathcal{G}a^{-1}\left(\frac{n+\nu_0}{2}, \frac{n(\mu-\bar{x})^2 + \sum_{i=1}^n (x_i - \bar{x})^2 + \lambda_0}{2}\right). \quad (6.36)$$

(証明) σ^2 の事前分布に逆ガンマ分布 $\mathcal{G}a^{-1}(\nu_0/2, \lambda_0/2)$

$$p(\sigma^2) = \frac{\left(\frac{\lambda_0}{2}\right)^{\frac{\nu_0}{2}}}{\Gamma\left(\frac{\nu_0}{2}\right)} (\sigma^2)^{-\left(\frac{\nu_0}{2}+1\right)} \exp\left(-\frac{\lambda_0}{2\sigma^2}\right),$$

を使うと，ベイズの定理より σ^2 の条件付事後分布は

$$p(\sigma^2|\mu, D) \propto p(D|\mu, \sigma^2) p(\sigma^2)$$
$$\propto (\sigma^2)^{-\left(\frac{n+\nu_0}{2}+1\right)} \exp\left[-\frac{n(\mu-\bar{x})^2 + \sum_{i=1}^n (x_i - \bar{x})^2 + \lambda_0}{2\sigma^2}\right],$$

となる．これは求める (6.36) 式の条件付事後分布である． □

まとめると (μ, σ^2) の乱数を同時事後分布 $p(\mu, \sigma^2|D)$ から生成するギブズ・サンプラーは以下のように与えられる．

正規分布の (μ, σ^2) の乱数を事後分布から生成するギブズ・サンプラー

Step 1.
$$\mu^{(t)} \leftarrow \mathcal{N}\left(\frac{n(\sigma^{2(t-1)})^{-1}\bar{x} + \tau_0^{-2}\mu_0}{n(\sigma^{2(t-1)})^{-1} + \tau_0^{-2}}, \frac{1}{n(\sigma^{2(t-1)})^{-1} + \tau_0^{-2}}\right).$$

Step 2.
$$\sigma^{2(t)} \leftarrow \mathcal{G}a^{-1}\left(\frac{n+\nu_0}{2}, \frac{n(\mu^{(t)}-\bar{x})^2 + \sum_{i=1}^n (x_i - \bar{x})^2 + \lambda_0}{2}\right).$$

もちろん **Step 1.** と **Step 2.** を入れ替え，$\sigma^2 \Rightarrow \mu$ の順序で乱数を生成しても構わない．

▶ 正規分布の (μ, σ^2) の乱数を事後分布から生成するギブズ・サンプラー

Python コード 6.1 pybayes_gibbs_gaussian.py

```python
# -*- coding: utf-8 -*-
#%% NumPyの読み込み
import numpy as np
#    SciPyのstatsモジュールの読み込み
import scipy.stats as st
#    Pandasの読み込み
import pandas as pd
#    PyMCの読み込み
import pymc3 as pm
#    MatplotlibのPyplotモジュールの読み込み
import matplotlib.pyplot as plt
#    tqdmからプログレスバーの関数を読み込む
from tqdm import trange
#    日本語フォントの設定
```

```python
from matplotlib.font_manager import FontProperties
import sys
if sys.platform.startswith('win'):
    FontPath = 'C:\\Windows\\Fonts\\meiryo.ttc'
elif sys.platform.startswith('darwin'):
    FontPath = '/System/Library/Fonts/ヒラギノ角ゴシック W4.ttc'
elif sys.platform.startswith('linux'):
    FontPath = '/usr/share/fonts/truetype/takao-gothic/TakaoPGothic.ttf'
else:
    print('このPythonコードが対応していないOSを使用しています．')
    sys.exit()
jpfont = FontProperties(fname=FontPath)
#%% ギブズ・サンプラーによる正規分布の平均と分散に関するベイズ推論
#    正規分布の平均と分散のギブズ・サンプラー
def gibbs_gaussian(data, iterations, mu0, tau0, nu0, lam0):
    """
        入力
        data:       データ
        iterations: 反復回数
        mu0:        平均の事前分布(正規分布)の平均
        tau0:       平均の事前分布(正規分布)の標準偏差
        nu0:        分散の事前分布(逆ガンマ分布)の形状パラメータ
        lam0:       分散の事前分布(逆ガンマ分布)の尺度パラメータ
        出力
        runs:       モンテカルロ標本
    """
    n = data.size
    sum_data = data.sum()
    mean_data = sum_data / n
    variance_data = data.var()
    inv_tau02 = 1.0 / tau0**2
    mu0_tau02 = mu0 * inv_tau02
    a = 0.5 * (n + nu0)
    c = n * variance_data + lam0
    sigma2 = variance_data
    runs = np.empty((iterations, 2))
    for idx in trange(iterations):
        variance_mu = 1.0 / (n / sigma2 + inv_tau02)
        mean_mu = variance_mu * (sum_data / sigma2 + mu0_tau02)
        mu = st.norm.rvs(loc=mean_mu, scale=np.sqrt(variance_mu))
        b = 0.5 * (n * (mu - mean_data)**2 + c)
        sigma2 = st.invgamma.rvs(a, scale=b)
        runs[idx, 0] = mu
        runs[idx, 1] = sigma2
    return runs
#    モンテカルロ標本からの事後統計量の計算
def mcmc_stats(runs, burnin, prob, batch):
    """
        入力
        runs:   モンテカルロ標本
        burnin: バーンインの回数
```

```
         prob:   区間確率（0 < prob < 1）
         batch:  乱数系列の分割数
         出力
         事後統計量のデータフレーム
     """
     traces = runs[burnin:, :]
     n = traces.shape[0] // batch
     k = traces.shape[1]
     alpha = 100 * (1.0 - prob)
     post_mean = np.mean(traces, axis=0)
     post_median = np.median(traces, axis=0)
     post_sd = np.std(traces, axis=0)
     mc_err = [pm.mcse(traces[:, i].reshape((n, batch), order='F')).item(0) \
               for i in range(k)]
     ci_lower = np.percentile(traces, 0.5 * alpha, axis=0)
     ci_upper = np.percentile(traces, 100 - 0.5 * alpha, axis=0)
     hpdi = pm.hpd(traces, 1.0 - prob)
     rhat = [pm.gelman_rubin(traces[:, i].reshape((n, batch), order='F')) \
             for i in range(k)]
     stats = np.vstack((post_mean, post_median, post_sd, mc_err,
                        ci_lower, ci_upper, hpdi.T, rhat)).T
     stats_string = ['平均', '中央値', '標準偏差', '近似誤差',
                     '信用区間（下限）', '信用区間（上限）',
                     'HPDI（下限）', 'HPDI（上限）', '$\\hat R$']
     param_string = ['平均 $\\mu$', '分散 $\\sigma^2$']
     return pd.DataFrame(stats, index=param_string, columns=stats_string)
#%% 正規分布からのデータ生成
mu = 1.0
sigma = 2.0
n = 50
np.random.seed(99)
data = st.norm.rvs(loc=mu, scale=sigma, size=n)
#%% ギブズ・サンプラーの実行
mu0 = 0.0
tau0 = 1.0
nu0 = 5.0
lam0 = 7.0
prob = 0.95
burnin = 2000
samplesize = 20000
iterations = burnin + samplesize
np.random.seed(123)
runs = gibbs_gaussian(data, iterations, mu0, tau0, nu0, lam0)
#%% 事後統計量の計算
batch = 4
results = mcmc_stats(runs, burnin, prob, batch)
print(results.to_string(float_format='{:,.4f}'.format))
#%% 事後分布のグラフの作成
fig, ax = plt.subplots(2, 2, num=1, figsize=(8, 3), facecolor='w')
labels = ['$\\mu$', '$\\sigma^2$']
for index in range(2):
```

```
117        mc_trace = runs[burnin:, index]
118        if index == 0:
119            x_min = mc_trace.min() - 0.2 * np.abs(mc_trace.min())
120            x_max = mc_trace.max() + 0.2 * np.abs(mc_trace.max())
121            x = np.linspace(x_min, x_max, 250)
122            prior = st.norm.pdf(x, loc=mu0, scale=tau0)
123        else:
124            x_min = 0.0
125            x_max = mc_trace.max() + 0.2 * np.abs(mc_trace.max())
126            x = np.linspace(x_min, x_max, 250)
127            prior = st.invgamma.pdf(x, 0.5*nu0, scale=0.5*lam0)
128        ax[index, 0].set_xlabel('乱数系列', fontproperties=jpfont)
129        ax[index, 1].set_xlabel('周辺事後分布', fontproperties=jpfont)
130        posterior = st.gaussian_kde(mc_trace).evaluate(x)
131        ax[index, 0].plot(mc_trace, 'k-', linewidth=0.1)
132        ax[index, 0].set_xlim(1, samplesize)
133        ax[index, 0].set_ylabel(labels[index], fontproperties=jpfont)
134        ax[index, 1].plot(x, posterior, 'k-', label='事後分布')
135        ax[index, 1].plot(x, prior, 'k:', label='事前分布')
136        ax[index, 1].set_xlim(x_min, x_max)
137        ax[index, 1].set_ylim(0, 1.1*posterior.max())
138        ax[index, 1].set_ylabel('確率密度', fontproperties=jpfont)
139        ax[index, 1].legend(loc='best', frameon=False, prop=jpfont)
140 plt.tight_layout()
141 plt.savefig('pybayes_fig_gibbs_gaussian.png', dpi=300)
142 plt.show()
```

コード 6.1 はギブズ・サンプラーで正規分布の平均 μ と分散 σ^2 のモンテカルロ標本を事後分布から生成し，事後統計量の計算と事後分布の作図を行う Python コードである．コード 6.1 の第 13 行目では新しい関数 trange を読み込んでいる．

```
12 #    tqdmからプログレスバーの関数を読み込む
13 from tqdm import trange
```

この trange はプログレスバー（これは PyMC の pm.sample() を実行したときに読者も見ているはずである）を表示するための関数である．この使い方は簡単で for ループで range() を trange() で置き換えるだけである（コード 6.1 では第 51 行目で使われている）．

以下で定義されている関数 gibbs_gaussian() は，ギブズ・サンプラーを実行して (μ, σ^2) の乱数系列を生成し，runs という NumPy 配列に格納して返す．

```
28 #    正規分布の平均と分散のギブズ・サンプラー
29 def gibbs_gaussian(data, iterations, mu0, tau0, nu0, lam0):
30     """
31     入力
32         data:        データ
33         iterations: 反復回数
```

6.3 ギブズ・サンプラー

```
34          mu0:         平均の事前分布（正規分布）の平均
35          tau0:        平均の事前分布（正規分布）の標準偏差
36          nu0:         分散の事前分布（逆ガンマ分布）の形状パラメータ
37          lam0:        分散の事前分布（逆ガンマ分布）の尺度パラメータ
38      出力
39          runs:        モンテカルロ標本
40      """
41      n = data.size
42      sum_data = data.sum()
43      mean_data = sum_data / n
44      variance_data = data.var()
45      inv_tau02 = 1.0 / tau0**2
46      mu0_tau02 = mu0 * inv_tau02
47      a = 0.5 * (n + nu0)
48      c = n * variance_data + lam0
49      sigma2 = variance_data
50      runs = np.empty((iterations, 2))
51      for idx in trange(iterations):
52          variance_mu = 1.0 / (n / sigma2 + inv_tau02)
53          mean_mu = variance_mu * (sum_data / sigma2 + mu0_tau02)
54          mu = st.norm.rvs(loc=mean_mu, scale=np.sqrt(variance_mu))
55          b = 0.5 * (n * (mu - mean_data)**2 + c)
56          sigma2 = st.invgamma.rvs(a, scale=b)
57          runs[idx, 0] = mu
58          runs[idx, 1] = sigma2
59      return runs
```

ここでギブズ・サンプラーの実行は (6.35) 式と (6.36) 式に沿って行われているが，幾つか注意点がある．

- 第 44 行目の data.var() では data の標本分散を計算しているが，ここでの標本分散の定義が n で割ったものであることに注意しよう．
- 第 48 行目の c は $\sum_{i=1}^{n}(x_i - \bar{x})^2 + \lambda_0$ である．これはギブズ・サンプラーのループの中で変化しないので，ループに入る前に計算しておいてからループ内で再利用する方が効率的である．
- 第 49 行目で標本分散を σ^2 の初期値にしているが，μ の初期値は設定されていない．なぜなら第 51 行目からの for ループに入ると先に μ の条件付事後分布 (6.35) による μ の更新が行われるため，for ループに入る前に μ の初期値を設定しても上書きされて無駄になるからである．

続く部分ではモンテカルロ標本から事後統計量を計算する関数 mcmc_stats() を定義している．

```
60  #   モンテカルロ標本からの事後統計量の計算
61  def mcmc_stats(runs, burnin, prob, batch):
62      """
63      入力
64          runs:        モンテカルロ標本
```

```
             burnin: バーンインの回数
             prob:   区間確率（0 < prob < 1）
             batch:  乱数系列の分割数
         出力
             事後統計量のデータフレーム
         """
         traces = runs[burnin:, :]
         n = traces.shape[0] // batch
         k = traces.shape[1]
         alpha = 100 * (1.0 - prob)
         post_mean = np.mean(traces, axis=0)
         post_median = np.median(traces, axis=0)
         post_sd = np.std(traces, axis=0)
         mc_err = [pm.mcse(traces[:, i].reshape((n, batch), order='F')).item(0) \
                   for i in range(k)]
         ci_lower = np.percentile(traces, 0.5 * alpha, axis=0)
         ci_upper = np.percentile(traces, 100 - 0.5 * alpha, axis=0)
         hpdi = pm.hpd(traces, 1.0 - prob)
         rhat = [pm.gelman_rubin(traces[:, i].reshape((n, batch), order='F')) \
                 for i in range(k)]
         stats = np.vstack((post_mean, post_median, post_sd, mc_err,
                            ci_lower, ci_upper, hpdi.T, rhat)).T
         stats_string = ['平均', '中央値', '標準偏差', '近似誤差',
                         '信用区間（下限）', '信用区間（上限）',
                         'HPDI（下限）', 'HPDI（上限）', '$\\hat R$']
         param_string = ['平均 $\\mu$', '分散 $\\sigma^2$']
         return pd.DataFrame(stats, index=param_string, columns=stats_string)
```

まず第 71 行目で最初の burnin 個の乱数をバーンインとして捨てている．この関数内で使用している NumPy の統計関数は

- np.mean() — 標本平均の計算
- np.median() — 標本中央値の計算
- np.std() — 標本標準偏差の計算
- np.percentile() — 標本分位点の計算

である．これらの統計関数の使い方は今までと同じであるが，NumPy 配列 traces が行列であるため列方向と行方向のどちらで計算するかを指示しておく必要がある．ここで使っている axis=0 は列方向に計算するためのオプションである．行方向に計算したいときは axis=1 とすればよい．

第 82 行目の pm.hpd() では (4.16) 式に基づいて HPD 区間を計算している．PyMC には pm.hpd() が用意されているので手軽に HPD 区間を求められて便利である．一方，第 78 行目の pm.mcse() では近似誤差を計算し，第 83 行目の pm.rhat() では

Gelman–Rubin の収束判定の統計量を計算している [*5]．pm.mcse() と pm.rhat() は各列に並行して生成した乱数系列を格納した行列が与えられることを想定しているため（pm.sample() ではこれが自動的に生成される），単一の系列を batch の数だけ分割し n×batch の行列をメソッド .reshape((n, batch), order='F') で作成している．order='F' というオプションはベクトル traces[:, i] の中身を第 1 列から順に入れていくという意味である．このオプションを指定しないと（あるいは order='C' というオプションを指定すると），traces[:, i] の中身を第 1 行から順に入れることになる．言葉では説明しにくいので，IPython で以下を実行してみると両者の違いがわかりやすいだろう．

```
In [1]: import numpy as np
In [2]: x = np.array([1, 2, 3, 4, 5, 6])
In [3]: x.reshape((2, 3))
Out[3]:
array([[1, 2, 3],
       [4, 5, 6]])
In [4]: x.reshape((2, 3), order='F')
Out[4]:
array([[1, 3, 5],
       [2, 4, 6]])
In [5]: x.reshape((2, 3), order='C')
Out[5]:
array([[1, 2, 3],
       [4, 5, 6]])
```

ちなみに 'F' はプログラミング言語の Fortran，'C' は同じくプログラミング言語の C に対応している．これは両者で配列のインデックスの動かし方が異なることに由来している．

コード 6.1 の他の部分には特に目新しいところはない．第 96 行目ではコード 3.2 と同じ正規分布 $\mathcal{N}(1, 4)$ から 50 個の乱数を生成し，事前分布には

$$\mu \sim \mathcal{N}(0, 1), \quad \sigma^2 \sim \mathcal{G}a^{-1}\left(\frac{5}{2}, \frac{7}{2}\right),$$

を使用している．バーンインとして 2,000 回ギブズ・サンプラーを実行し，その後さらに 20,000 回繰り返してモンテカルロ標本を生成している．このモンテカルロ標本を用い，先に定義した関数 mcmc_stats() で計算した事後統計量が表 6.1 にまとめ

[*5] pm.rhat() に加えて，PyMC には Geweke (1992) が提案した収束判定規準を計算する関数 pm.geweke() も用意されている．

表 6.1 ギブズ・サンプラーによる正規分布の平均と分散の事後統計量

	平均	中央値	標準偏差	近似誤差	信用区間	HPD 区間	$\hat{R}$
μ	0.9372	0.9375	0.2664	0.0014	[0.4115, 1.4602]	[0.4114, 1.4602]	0.9983
σ^2	3.7744	3.6839	0.7431	0.0050	[2.5875, 5.4971]	[2.4675, 5.2673]	0.9967

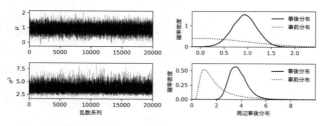

図 6.1 正規分布の平均と分散の事後分布 (ギブズ・サンプラー)

られている.点推定は真の値に近く,信用区間も HPD 区間も真の値を含んでいる.Gelman–Rubin の収束判定も 1 に近く良好である.また,図 6.1 にギブズ・サンプラーで生成した乱数系列のプロットとこれを使ってカーネル密度推定した事後分布のグラフが示されている.乱数系列に段差や傾き,変動幅の揺らぎなどは見受けられない.このことからもギブズ・サンプラーの収束が良好であることが示唆される.

さらにギブズ・サンプラーを一般的な k 個の確率変数の同時確率分布の場合へ拡張しよう.2 変数の場合と同様に各 θ_j $(j = 1, \ldots, k)$ の条件付確率分布

$$f(\theta_j|\theta_1, \ldots, \theta_{j-1}, \theta_{j+1}, \ldots, \theta_k)$$

から θ_j の乱数を容易に生成できると仮定する.このような条件付確率分布をギブズ・サンプラーの文脈では完全条件付確率分布と呼ぶ.このときのギブズ・サンプラーは以下のように与えられる.

---
k 変数の同時確率分布のギブズ・サンプラー

Step 1. $\theta_1^{(t)} \leftarrow f(\theta_1|\theta_2^{(t-1)}, \ldots, \theta_k^{(t-1)})$.
Step 2. $\theta_2^{(t)} \leftarrow f(\theta_2|\theta_1^{(t)}, \theta_3^{(t-1)}, \ldots, \theta_k^{(t-1)})$.
$\vdots$
Step k. $\theta_k^{(t)} \leftarrow f(\theta_k|\theta_1^{(t)}, \ldots, \theta_{k-1}^{(t)})$.

理屈の上では,k が幾ら大きくなっても各 θ_j の条件付確率分布から乱数を生成できるならば,ギブズ・サンプラーを使うことが可能である.しかし,$\boldsymbol{\theta}$ の次元が高くなると,θ_j $(j = 1, \ldots, k)$ を 1 つずつ生成していくギブズ・サンプラーは,計算に時間がかかるようになるだけでなく,不変分布への収束が遅くなる傾向があると経験的に知られている.もし $\boldsymbol{\theta}$ を $\boldsymbol{\theta} = [\boldsymbol{\theta}_1; \cdots ; \boldsymbol{\theta}_m]$ $(1 < m < k)$ のように m 個の確率

変数のブロックに分割したときに，全ての $\boldsymbol{\theta}_i$ ($i=1,\ldots,m$) の完全条件付確率分布 $f(\boldsymbol{\theta}_i|\boldsymbol{\theta}_{-i})$ から $\boldsymbol{\theta}_i$ の乱数を容易に生成できるならば，ブロック $\boldsymbol{\theta}_i$ ごとのギブズ・サンプラーを使うことで計算時間の短縮と収束速度の向上が図れる．

ブロックごとのギブズ・サンプラー

Step 1. $\boldsymbol{\theta}_1^{(t)} \leftarrow f(\boldsymbol{\theta}_1|\boldsymbol{\theta}_2^{(t-1)},\ldots,\boldsymbol{\theta}_m^{(t-1)}).$
Step 2. $\boldsymbol{\theta}_2^{(t)} \leftarrow f(\boldsymbol{\theta}_2|\boldsymbol{\theta}_1^{(t)},\boldsymbol{\theta}_3^{(t-1)},\ldots,\boldsymbol{\theta}_m^{(t-1)}).$
$\vdots$
Step m. $\boldsymbol{\theta}_m^{(t)} \leftarrow f(\boldsymbol{\theta}_m|\boldsymbol{\theta}_1^{(t)},\ldots,\boldsymbol{\theta}_{m-1}^{(t)}).$

ブロックごとのギブズ・サンプラーの例として誤差項が正規分布に従う回帰モデル

$$\boldsymbol{y} = \boldsymbol{X}\boldsymbol{\beta} + \boldsymbol{u}, \quad \boldsymbol{u} \sim \mathcal{N}_n(\boldsymbol{0}, \sigma^2 \boldsymbol{I}),$$

の $(\boldsymbol{\beta}, \sigma^2)$ を同時事後分布 $p(\boldsymbol{\beta}, \sigma^2|D)$ から生成するギブズ・サンプラーを説明しよう．上記の回帰モデルは既に 3.3 節において (3.30) 式として紹介しているが，3.3 節では自然共役事前分布 (3.32) を使って解析的に事後分布を導出した．また，4.2 節では，自然共役事前分布 (3.32) に加えて (4.3) 式や (4.25) 式の事前分布も紹介した．これらの事前分布を使うと事後分布や事後統計量を解析的に求めることはできないが，MCMC 法を活用すれば数値的に求めることができる．4.2 節では PyMC の機能を活用して MCMC 法を実行したが，ここではギブズ・サンプラーのアルゴリズムを導出し，それを実行する Python コードを作成する．事前分布としては (4.3) 式と同じもの

$$\boldsymbol{\beta} \sim \mathcal{N}_K(\boldsymbol{\beta}_0, \boldsymbol{A}_0^{-1}), \quad \sigma^2 \sim \mathcal{G}a^{-1}\left(\frac{\nu_0}{2}, \frac{\lambda_0}{2}\right),$$

を想定する．回帰モデルの尤度は (3.33) 式で与えられるから，ベイズの定理より，$(\boldsymbol{\beta}, \sigma^2)$ の事後分布は

$$\begin{aligned} p(\boldsymbol{\beta}, \sigma^2|D) &\propto p(\boldsymbol{y}|\boldsymbol{X}, \boldsymbol{\beta}, \sigma^2)p(\boldsymbol{\beta}|\sigma^2)p(\sigma^2) \\ &\propto (\sigma^2)^{-\left(\frac{n+\nu_0}{2}+1\right)} \\ &\quad \times \exp\left[-\frac{1}{2\sigma^2}\{(\boldsymbol{y}-\boldsymbol{X}\boldsymbol{\beta})^\mathsf{T}(\boldsymbol{y}-\boldsymbol{X}\boldsymbol{\beta}) \right. \\ &\qquad\qquad\left. + \sigma^2(\boldsymbol{\beta}-\boldsymbol{\beta}_0)^\mathsf{T}\boldsymbol{A}_0(\boldsymbol{\beta}-\boldsymbol{\beta}_0) + \lambda_0\}\right], \end{aligned} \quad (6.37)$$

として与えられる．

(i) 回帰係数 $\boldsymbol{\beta}$ の条件付事後分布

$$\boldsymbol{\beta}|\sigma^2, D \sim \mathcal{N}_k(\boldsymbol{\beta}_*, \boldsymbol{\Sigma}_*). \tag{6.38}$$

(証明) 平方完成の公式 (3.48) を使うと，(6.37) 式の右辺の指数関数の中は

$$(\boldsymbol{y}-\boldsymbol{X}\boldsymbol{\beta})^{\mathsf{T}}(\boldsymbol{y}-\boldsymbol{X}\boldsymbol{\beta})+\sigma^{2}(\boldsymbol{\beta}-\boldsymbol{\beta}_{0})^{\mathsf{T}}\boldsymbol{A}_{0}(\boldsymbol{\beta}-\boldsymbol{\beta}_{0})$$
$$=\sigma^{2}(\boldsymbol{\beta}-\boldsymbol{\beta}_{*})^{\mathsf{T}}\boldsymbol{\Sigma}_{*}^{-1}(\boldsymbol{\beta}-\boldsymbol{\beta}_{*})^{\mathsf{T}}+(\boldsymbol{y}-\hat{\boldsymbol{y}})^{\mathsf{T}}(\boldsymbol{y}-\hat{\boldsymbol{y}})$$
$$+(\boldsymbol{\beta}_{0}-\hat{\boldsymbol{\beta}})^{\mathsf{T}}((\boldsymbol{X}^{\mathsf{T}}\boldsymbol{X})^{-1}+\sigma^{-2}\boldsymbol{A}_{0}^{-1})^{-1}(\boldsymbol{\beta}_{0}-\hat{\boldsymbol{\beta}}),$$
$$\boldsymbol{\beta}_{*}=(\sigma^{-2}\boldsymbol{X}^{\mathsf{T}}\boldsymbol{X}+\boldsymbol{A}_{0})^{-1}(\sigma^{-2}\boldsymbol{X}^{\mathsf{T}}\boldsymbol{y}+\boldsymbol{A}_{0}\boldsymbol{\beta}_{0}),$$
$$\boldsymbol{\Sigma}_{*}=(\sigma^{-2}\boldsymbol{X}^{\mathsf{T}}\boldsymbol{X}+\boldsymbol{A}_{0})^{-1},$$
$$\hat{\boldsymbol{\beta}}=(\boldsymbol{X}^{\mathsf{T}}\boldsymbol{X})^{-1}\boldsymbol{X}^{\mathsf{T}}\boldsymbol{y},\quad \hat{\boldsymbol{y}}=\boldsymbol{X}\hat{\boldsymbol{\beta}},$$

と展開できる．したがって，$\boldsymbol{\beta}$ の条件付事後分布は

$$p(\boldsymbol{\beta}|\sigma^{2},D)\propto\exp\left[-\frac{1}{2}(\boldsymbol{\beta}-\boldsymbol{\beta}_{*})^{\mathsf{T}}\boldsymbol{\Sigma}_{*}^{-1}(\boldsymbol{\beta}-\boldsymbol{\beta}_{*})^{\mathsf{T}}\right],$$

として求まる． □

(ii) 誤差項の分散 σ^2 の条件付事後分布

$$\sigma^{2}|\boldsymbol{\beta},D\sim\mathcal{G}a^{-1}\left(\frac{\nu_{*}}{2},\frac{\lambda_{*}}{2}\right). \tag{6.39}$$

(証明) (6.37) 式で σ^2 に依存していない項を無視すると，

$$p(\sigma^{2}|\boldsymbol{\beta},D)\propto(\sigma^{2})^{-(\frac{\nu_{*}}{2}+1)}\exp\left[-\frac{\lambda_{*}}{2\sigma^{2}}\right],$$

$$\nu_{*}=n+\nu_{0},$$
$$\lambda_{*}=(\boldsymbol{y}-\boldsymbol{X}\boldsymbol{\beta})^{\mathsf{T}}(\boldsymbol{y}-\boldsymbol{X}\boldsymbol{\beta})+\lambda_{0}$$
$$=(\boldsymbol{\beta}-\hat{\boldsymbol{\beta}})^{\mathsf{T}}\boldsymbol{X}^{\mathsf{T}}\boldsymbol{X}(\boldsymbol{\beta}-\hat{\boldsymbol{\beta}})+(\boldsymbol{y}-\boldsymbol{X}\hat{\boldsymbol{\beta}})^{\mathsf{T}}(\boldsymbol{y}-\boldsymbol{X}\hat{\boldsymbol{\beta}})+\lambda_{0},$$

と整理される．これが求める σ^2 の条件付事後分布である． □

まとめると $(\boldsymbol{\beta},\sigma^2)$ を同時事後分布 $p(\boldsymbol{\beta},\sigma^2|D)$ から生成するギブズ・サンプラーは以下のように与えられる．

回帰モデルのギブズ・サンプラー

Step 1. $\boldsymbol{\beta}^{(t)}\leftarrow\mathcal{N}_{K}\left(\boldsymbol{\beta}_{*}^{(t-1)},\boldsymbol{\Sigma}_{*}^{(t-1)}\right).$

Step 2. $\sigma^{2(t)}\leftarrow\mathcal{G}a^{-1}\left(\frac{\nu_{*}}{2},\frac{\lambda_{*}^{(t)}}{2}\right).$

$\boldsymbol{\beta}_{*}^{(t-1)}$ と $\boldsymbol{\Sigma}_{*}^{(t-1)}$ は前のサイクルで生成された $\sigma^{2(t-1)}$ を使って計算されている．一方，$\lambda_{*}^{(t)}$ は **Step 1.** で生成された $\boldsymbol{\beta}^{(t)}$ を使って計算されている．

▶ 回帰モデルの $(\boldsymbol{\beta},\sigma^2)$ の乱数を事後分布から生成するギブズ・サンプラー

Python コード 6.2　pybayes_gibbs_regression.py

```
# -*- coding: utf-8 -*-
#%% NumPyの読み込み
import numpy as np
```

```python
    # 　SciPyのlinalgモジュールの読み込み
    import scipy.linalg as la
    # 　SciPyのstatsモジュールの読み込み
    import scipy.stats as st
    # 　Pandasの読み込み
    import pandas as pd
    # 　PyMCの読み込み
    import pymc3 as pm
    # 　tqdmからプログレスバーの関数を読み込む
    from tqdm import trange
    # 　MatplotlibのPyplotモジュールの読み込み
    import matplotlib.pyplot as plt
    # 　日本語フォントの設定
    from matplotlib.font_manager import FontProperties
    import sys
    if sys.platform.startswith('win'):
        FontPath = 'C:\\Windows\\Fonts\\meiryo.ttc'
    elif sys.platform.startswith('darwin'):
        FontPath = '/System/Library/Fonts/ヒラギノ角ゴシック W4.ttc'
    elif sys.platform.startswith('linux'):
        FontPath = '/usr/share/fonts/truetype/takao-gothic/TakaoPGothic.ttf'
    else:
        print('このPythonコードが対応していないOSを使用しています．')
        sys.exit()
    jpfont = FontProperties(fname=FontPath)
    #%% ギブズ・サンプラーによる回帰モデルのパラメータに関するベイズ推論
    # 　回帰モデルの回帰係数と誤差項の分散のギブズ・サンプラー
    def gibbs_regression(y, X, iterations, b0, A0, nu0, lam0):
        """
            入力
            y:           被説明変数
            X:           説明変数
            iterations:  反復回数
            b0:          回帰係数の事前分布（多変量正規分布）の平均
            A0:          回帰係数の事前分布（多変量正規分布）の精度行列
            nu0:         誤差項の分散の事前分布（逆ガンマ分布）の形状パラメータ
            lam0:        誤差項の分散の事前分布（逆ガンマ分布）の尺度パラメータ
            出力
            runs:        モンテカルロ標本
        """
        n, k = X.shape
        XX = X.T.dot(X)
        Xy = X.T.dot(y)
        b_ols = la.solve(XX, Xy)
        rss = np.square(y - X.dot(b_ols)).sum()
        lam_hat = rss + lam0
        nu_star = 0.5 * (n + nu0)
        A0b0 = A0.dot(b0)
        sigma2 = rss / (n - k)
        runs = np.empty((iterations, k + 1))
        for idx in trange(iterations):
```

```
            cov_b = la.inv(XX / sigma2 + A0)
            mean_b = cov_b.dot(Xy / sigma2 + A0b0)
            b = st.multivariate_normal.rvs(mean=mean_b, cov=cov_b)
            diff = b - b_ols
            lam_star = 0.5 * (diff.T.dot(XX).dot(diff) + lam_hat)
            sigma2 = st.invgamma.rvs(nu_star, scale=lam_star)
            runs[idx, :-1] = b
            runs[idx, -1] = sigma2
    return runs
#     モンテカルロ標本からの事後統計量の計算
def mcmc_stats(runs, burnin, prob, batch):
    """
        入力
        runs:   モンテカルロ標本
        burnin: バーンインの回数
        prob:   区間確率 (0 < prob < 1)
        batch:  乱数系列の分割数
        出力
        事後統計量のデータフレーム
    """
    traces = runs[burnin:, :]
    n = traces.shape[0] // batch
    k = traces.shape[1]
    alpha = 100 * (1.0 - prob)
    post_mean = np.mean(traces, axis=0)
    post_median = np.median(traces, axis=0)
    post_sd = np.std(traces, axis=0)
    mc_err = [pm.mcse(traces[:, i].reshape((n, batch), order='F')).item(0) \
              for i in range(k)]
    ci_lower = np.percentile(traces, 0.5 * alpha, axis=0)
    ci_upper = np.percentile(traces, 100 - 0.5 * alpha, axis=0)
    hpdi = pm.hpd(traces, 1.0 - prob)
    rhat = [pm.gelman_rubin(traces[:, i].reshape((n, batch), order='F')) \
            for i in range(k)]
    stats = np.vstack((post_mean, post_median, post_sd, mc_err,
                       ci_lower, ci_upper, hpdi.T, rhat)).T
    stats_string = ['平均', '中央値', '標準偏差', '近似誤差',
                    '信用区間(下限)', '信用区間(上限)',
                    'HPDI (下限)', 'HPDI (上限)', '$\\hat R$']
    param_string = ['$\\beta_{0:<d}$'.format(i+1) for i in range(k-1)]
    param_string.append('$\\sigma^2$')
    return pd.DataFrame(stats, index=param_string, columns=stats_string)
#%% 回帰モデルからのデータの生成
n = 50
np.random.seed(99)
u = st.norm.rvs(scale=0.7, size=n)
x1 = st.uniform.rvs(loc=-np.sqrt(3.0), scale=2.0*np.sqrt(3.0), size=n)
x2 = st.uniform.rvs(loc=-np.sqrt(3.0), scale=2.0*np.sqrt(3.0), size=n)
y = 1.0 + 2.0 * x1 - x2 + u
X = np.stack((np.ones(n), x1, x2), axis=1)
#%% ギブズサンプラーの実行
```

```python
k = X.shape[1]
b0 = np.zeros(k)
A0 = 0.2 * np.eye(k)
nu0 = 5.0
lam0 = 7.0
sd0 = np.sqrt(np.diag(la.inv(A0)))
prob = 0.95
burnin = 2000
samplesize = 20000
iterations = burnin + samplesize
np.random.seed(123)
runs = gibbs_regression(y, X, iterations, b0, A0, nu0, lam0)
#%% 事後統計量の計算
batch = 4
results = mcmc_stats(runs, burnin, prob, batch)
print(results.to_string(float_format='{:,.4f}'.format))
#%% 事後分布のグラフの作成
fig, ax = plt.subplots(k+1, 2, num=1, figsize=(8, 1.5*(k+1)), facecolor='w')
for index in range(k+1):
    mc_trace = runs[burnin:, index]
    if index < k:
        x_min = mc_trace.min() - 0.2 * np.abs(mc_trace.min())
        x_max = mc_trace.max() + 0.2 * np.abs(mc_trace.max())
        x = np.linspace(x_min, x_max, 250)
        prior = st.norm.pdf(x, loc=b0[index], scale=sd0[index])
        y_label = '$\\beta_{:<d}$'.format(index+1)
    else:
        x_min = 0.0
        x_max = mc_trace.max() + 0.2 * np.abs(mc_trace.max())
        x = np.linspace(x_min, x_max, 250)
        prior = st.invgamma.pdf(x, 0.5*nu0, scale=0.5*lam0)
        y_label = '$\\sigma^2$'
    ax[index, 0].set_xlabel('乱数系列', fontproperties=jpfont)
    ax[index, 1].set_xlabel('パラメータの分布', fontproperties=jpfont)
    posterior = st.gaussian_kde(mc_trace).evaluate(x)
    ax[index, 0].plot(mc_trace, 'k-', linewidth=0.1)
    ax[index, 0].set_xlim(1, samplesize)
    ax[index, 0].set_ylabel(y_label, fontproperties=jpfont)
    ax[index, 1].plot(x, posterior, 'k-', label='事後分布')
    ax[index, 1].plot(x, prior, 'k:', label='事前分布')
    ax[index, 1].set_xlim(x_min, x_max)
    ax[index, 1].set_ylim(0, 1.1*posterior.max())
    ax[index, 1].set_ylabel('確率密度', fontproperties=jpfont)
    ax[index, 1].legend(loc='best', frameon=False, prop=jpfont)
plt.tight_layout()
plt.savefig('pybayes_fig_gibbs_regression.png', dpi=300)
plt.show()
```

コード 6.2 は (6.38) 式と (6.39) 式に基づきギブズ・サンプラーを実行して回帰モデルのベイズ分析を行う Python コードである．ここではコード 4.3 で使用したもの

表 6.2 ギブズ・サンプラーによる回帰モデルの係数と誤差項の分散の事後統計量

	平均	中央値	標準偏差	近似誤差	信用区間	HPD 区間	$\hat{R}$
β_1	0.9745	0.9746	0.1108	0.0008	[0.7535, 1.1924]	[0.7599, 1.1967]	1.0005
β_2	2.0220	2.0224	0.1117	0.0009	[1.8037, 2.2414]	[1.8043, 2.2417]	1.0016
β_3	-0.8682	-0.8681	0.1122	0.0009	[-1.0892, -0.6486]	[-1.0906, -0.6506]	1.0027
σ^2	0.5877	0.5718	0.1205	0.0008	[0.3977, 0.8698]	[0.3741, 0.8277]	1.0078

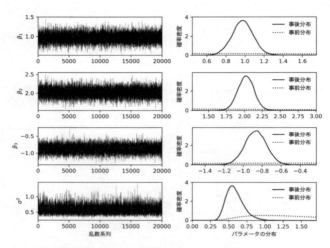

図 6.2 回帰係数と誤差項の分散の事後分布（ギブズ・サンプラー）

と同じ人工データと事前分布を使用している．コード 6.2 の大部分はコード 6.1 と共通している．新しく登場した関数としては，第 57 行目で回帰係数 b を条件付事後分布 (6.38) から生成する際に使用している st.multivariate_normal.rvs() がある．ここで mean は平均ベクトル，cov は分散共分散行列を指定するオプションである．

コード 6.2 で計算した事後統計量は表 6.2 に，作成したプロットは図 6.2 にまとめられている．どちらもコード 4.3 で作成したものとよく似ている．同じ回帰モデル，同じ人工データ（擬似乱数の初期値を np.random.seed(99) で設定しているので再現可能性が保証されている），同じ事前分布を使っているから，乱数を生成すべき事後分布は全く同じである．そのため結果が似ていて当然ではあるが，コード 4.3 では，ギブズ・サンプラーを使っているコード 6.2 とは異なり．条件付事後分布の導出もギブズ・サンプラーを実行するためのコードの作成も不必要である．単に with 文のブロックで事前分布と尤度を指定し，pm.sample() でモンテカルロ標本を生成しているだけである．このことからも PyMC の利便性がわかると思う．

最後に一般的なマルコフ連鎖サンプリング法の枠組みを紹介しよう．6.2 節では，目標分布 f に従う確率変数のベクトル $\boldsymbol{\theta}$ の中の全ての要素を遷移核 q から同時に生成す

る M–H アルゴリズムを解説した．しかし，$\boldsymbol{\theta}$ が高次元のベクトルである場合，$\boldsymbol{\theta}$ の乱数を遷移核 q から生成することが困難であったり，乱数生成が可能でも採択確率が低くなって不変分布への収束が遅くなったりする傾向が応用の現場でよく見られる．このような場合，q から $\boldsymbol{\theta}$ の全ての要素をを同時に生成するのではなく，$\boldsymbol{\theta}$ を幾つかのブロック $\boldsymbol{\theta}_i$ ($i=1,\ldots,m$) に分け，各ブロック $\boldsymbol{\theta}_i$ に対して M–H アルゴリズムを適用して乱数生成を行うことも可能である．各 $\boldsymbol{\theta}_i$ の条件付分布を $f(\boldsymbol{\theta}_i|\boldsymbol{\theta}_{-i})$ とする．もし全ての $f(\boldsymbol{\theta}_i|\boldsymbol{\theta}_{-i})$ から容易に乱数を生成できるのであれば，ギブズ・サンプラーを使えばよい．しかし，実際のベイズ分析で使用する確率モデルにおいては，必ずしも全ての $f(\boldsymbol{\theta}_i|\boldsymbol{\theta}_{-i})$ からの乱数生成が容易であるとは限らない．そこで乱数生成の難しい $f(\boldsymbol{\theta}_i|\boldsymbol{\theta}_{-i})$ の代わりに別の分布 $g(\boldsymbol{\theta}_i|\boldsymbol{\theta}_{-i})$ から $\boldsymbol{\theta}_i$ の乱数を生成し M–H アルゴリズムを適用することを考える．これをギブズ内メトロポリス (**Metropolis-within-Gibbs**) 法という．

ギブズ内メトロポリス法

Step 1. $t=1$ として初期値 $\boldsymbol{\theta}^{(0)}$ を設定する．

Step 2. $i=1$ とする．

Step 3. $\tilde{\boldsymbol{\theta}}_i \leftarrow g(\boldsymbol{\theta}_i|\boldsymbol{\theta}_1^{(t)},\ldots,\boldsymbol{\theta}_{i-1}^{(t)},\boldsymbol{\theta}_{i+1}^{(t-1)},\ldots,\boldsymbol{\theta}_m^{(t-1)})$．

Step 4. $\tilde{\boldsymbol{\theta}}_i$ の採択確率を以下の式で計算する．

$$\alpha_i = \min\left\{\frac{\dfrac{f(\tilde{\boldsymbol{\theta}}_i|\boldsymbol{\theta}_1^{(t)},\ldots,\boldsymbol{\theta}_{i-1}^{(t)},\boldsymbol{\theta}_{i+1}^{(t-1)},\ldots,\boldsymbol{\theta}_m^{(t-1)})}{g(\tilde{\boldsymbol{\theta}}_i|\boldsymbol{\theta}_1^{(t)},\ldots,\boldsymbol{\theta}_{i-1}^{(t)},\boldsymbol{\theta}_{i+1}^{(t-1)},\ldots,\boldsymbol{\theta}_m^{(t-1)})}}{\dfrac{f(\boldsymbol{\theta}_i^{(t-1)}|\boldsymbol{\theta}_1^{(t)},\ldots,\boldsymbol{\theta}_{i-1}^{(t)},\boldsymbol{\theta}_{i+1}^{(t-1)},\ldots,\boldsymbol{\theta}_m^{(t-1)})}{g(\boldsymbol{\theta}_i^{(t-1)}|\boldsymbol{\theta}_1^{(t)},\ldots,\boldsymbol{\theta}_{i-1}^{(t)},\boldsymbol{\theta}_{i+1}^{(t-1)},\ldots,\boldsymbol{\theta}_m^{(t-1)})}},1\right\}. \tag{6.40}$$

Step 5. $\boldsymbol{\theta}_i^{(t)}$ を以下のルールに従い更新する．

$$\tilde{u}_i \leftarrow \mathcal{U}(0,1),$$

$$\boldsymbol{\theta}^{(t)} = \begin{cases} \tilde{\boldsymbol{\theta}}_i, & (\tilde{u}_i \leqq \alpha_i), \\ \boldsymbol{\theta}_i^{(t-1)}, & (\tilde{u}_i > \alpha_i)). \end{cases}$$

Step 6. $i<m$ ならば i を 1 つ増やして **Step 3.** に戻る．

Step 7. t を 1 つ増やして **Step 2.** に戻る．

ギブズ内メトロポリス法において，**Step 5.** の M–H アルゴリズム（M–H ステップともいう）は各 $\boldsymbol{\theta}_i$ に対して for ループの 1 サイクルで 1 回だけ適用すれば十分である．提案分布 $g(\boldsymbol{\theta}_i|\boldsymbol{\theta}_{-i})$ としては 6.2 節で紹介した酔歩連鎖，独立連鎖，HMC 法などの M–H アルゴリズムで使われている提案分布であれば基本的に何でも使える．また，あるブロック $\boldsymbol{\theta}_i$ の条件付分布 $f(\boldsymbol{\theta}_i|\boldsymbol{\theta}_{-i})$ からの乱数生成が容易であれば，単に

$f(\boldsymbol{\theta}_i|\boldsymbol{\theta}_{-i})$ から通常のギブズ・サンプラーと同じように乱数を生成すればよい．このときの採択確率 (6.40) は 1 である．そして全ての $f(\boldsymbol{\theta}_i|\boldsymbol{\theta}_{-i})$ ($i=1,\ldots,m$) からの乱数生成が容易であれば，(6.40) 式の $g(\boldsymbol{\theta}_i|\boldsymbol{\theta}_{-i})$ を全て $f(\boldsymbol{\theta}_i|\boldsymbol{\theta}_{-i})$ に置き換えることで，ギブズ内メトロポリス法はブロックごとのギブズ・サンプラーに帰着される．つまり，ギブズ・サンプラーはギブズ内メトロポリス法の特殊例となっている．

現在，ベイズ統計学の分野で使われている MCMC 法のアルゴリズムは，純粋なギブズ・サンプラーや M–H アルゴリズムを適用できる限られた場合を除き，ほぼ全てギブズ内メトロポリス法に分類されるといってよいだろう．ギブズ内メトロポリス法は，まさにベイズ統計学を支える核心的な数値計算手法となっているのである．紙数が尽きたので MCMC 法についての説明をこれ以上することはできないが，もっと詳しく MCMC 法のテクニックを学びたい読者には，古澄 (2015)，Robert and Casella (2004)，Gelman et al. (2013) などを読むことを薦める．

参考文献

沖本竜義 (2010). 『経済・ファイナンスデータの計量時系列分析』, 朝倉書店.
古澄英男 (2015). 『ベイズ計算統計学』, 朝倉書店.
中妻照雄 (2007). 『入門ベイズ統計学』, 朝倉書店.
中妻照雄 (2013). 『実践ベイズ統計学』, 朝倉書店.
山本拓 (1988). 『経済の時系列分析』, 創文社.
渡部敏明 (2000). 『ボラティリティ変動モデル』, 朝倉書店.
Carter, C. K. and R. Kohn (1994). "On Gibbs Sampling for State Space Models," *Biometrika*, 81, 541–553.
Chen, M.-H. and Q.-M. Shao (1999). "Monte Carlo Estimation of Bayesian Credible and HPD Intervals," *Journal of Computational and Graphical Statistics*, 8, 69–92.
de Jong, P. and N. Shephard (1995). "The Simulation Smoother for Time Series Models," *Biometrika*, 82, 339–350.
Duane, S., A. D. Kennedy, B. J. Pendleton and D. Roweth (1987). "Hybrid Monte Carlo," *Physics Letters B*, 195, 216–222.
Durbin, J. and S. J. Koopman (2002). "A Simple and Efficient Simulation Smoother for State Space Time Series Analysis," *Biometrika*, 89, 603–616.
Durbin, J. and S. J. Koopman (2012). *Time Series Analysis by State Space Methods*, 2nd ed., Oxford University Press.
Frühwirth-Schnatter, S. (1994). "Data Augmentation and Dynamic Linear Models," *Journal of Time Series Analysis*, 15, 183–202.
Gelman, A., J. B. Carlin, H. S. Stern, D. B. Dunson A. Vehtari and D. B. Rubin (2013) *Bayesian Data Analysis*, 3rd ed., Chapman & Hall/CRC.
Gelman A. and D. B. Rubin (1992). "Inference from Iterative Simulation Using Multiple Sequences," *Statistical Science*, 7, 457–472.
Geweke, J. (1992). "Evaluating the Accuracy of Sampling-based Approaches to the Calculation of Posterior Moments," in *Bayesian Statistics 4*, J. M. Bernardo, J. O. Berger, A. P. Dawid and A. F. M. Smith (eds.), Oxford University Press, 169–193.
Hamilton, J. D. (1994). *Time Series Analysis*, Princeton University Press.
Harvey, A. C. (1989). *Forecasting, Structural Time Series Models and the Kalman Filter*, Cambridge University Press.
Hastings, W. K. (1970). "Monte Carlo Sampling Methods Using Markov Chains and Their Applications," *Biometrika*, 57, 97–109.
Hoffman, M. D. and A. Gelman (2014). "The No-U-Turn Sampler: Adaptively Setting Path Lengths in Hamiltonian Monte Carlo," *Journal of Machine Learning Research*

15, 1593–1623.

Jeffreys, H. (1961). *Theory of Probability*, 3rd ed., Oxford University Press.

Kalman, R. E. (1960). "A New Approach to Linear Filtering and Prediction Problems," *Journal of Basic Engineering*, 82, 34–45.

Kalman, R. E. and R. S. Bucy (1961). "New Results in Linear Filtering and Prediction Theory," *Journal of Basic Engineering*, 83, 95–108.

Kitagawa, G. and W. Gersch (1984). "A Smoothness Priors-State Space Modeling of Time Series with Trend and Seasonality," *Journal of the American Statistical Association*, 79, 378–389.

Meinhold, R. J. and N. D. Singpurwalla (1983). "Understanding the Kalman filter," *The American Statistician*, 37, 123–127.

Metropolis, N., A. W. Rosenbluth, M. N. Rosenbluth, A. H. Teller and E. Teller (1953). "Equations of State Calculations by Fast Computing Machines," *Journal of Chemical Physics*, 21, 1087–1092.

Neal, R. M. (2011). "MCMC Using Hamiltonian Dynamics," in *Hondbook of Markov Chain Monte Carlo*, S. Brooks, A. Gelman, G. L. Jones and X.-L. Meng (eds.), Chapman & Hall/CRC, 113–162.

Omori, Y., S. Chib, N. Shephard and J. Nakajima (2007). "Stochastic Volatility with Leverage: Fast and Efficient Likelihood Inference," *Journal of Econometrics*, 140, 425–449.

Omori, Y. and T. Watanabe (2008). "Block Sampler and Posterior Mode Estimation for Asymmetric Stochastic Volatility Models," *Computational Statistics & Data Analysis*, 52, 2892–2910.

Park, T. and G. Casella (2008). "The Bayesian Lasso," *Journal of the American Statistical Association*, 103, 681–686.

Prado, R. and M. West (2010). *Time Series: Modeling, Computation, and Inference*, Chapman & Hall/CRC.

Robert, C. P. and G. Casella (2004). *Monte Carlo Statistical Methods*, 2nd ed., Springer.

Salvatier J., T. V. Wiecki and C. Fonnesbeck (2016). "Probabilistic Programming in Python Using PyMC3," *PeerJ Computer Science*, 2:e55.

Stock, J. H. and M. W. Watson (1989). New Indexes of Coincident and Leading Economic Indicators, *NBER Macroeconomics Annual*, 4, 351–394.

Tibshirani, R. (1996). "Regression Shrinkage and Selection Via the Lasso," *Journal of the Royal Statistical Society, Series B*, 58, 267–288.

索引

欧文

AR(1) 過程　176
axhline()　57

def　41
dot()　85

elif　17
else　17

FFBS　171
fill_between()　56
FontProperties()　17
for　25
format()　26

Gelman–Rubin の収束判定　110
GLM　123

HMC 法　188, 189
HPD 区間　36

if　16

Lasso　122

M–H アルゴリズム　182
MAP 推定　35, 100
Matplotlib　4, 15
MCMC　102

np.array()　23
np.diag()　84
np.diff()　160
np.empty()　149
np.eye()　84
np.hstack()　42, 44
np.linspace()　18
np.log()　15
np.log10()　50
np.ones()　83
np.random.seed()　45
np.square()　85
np.stack()　83
np.vstack()　75, 85
np.zeros()　84
NumPy　4, 14
NUTS (No-U-Turn Sampler)　190

opt.root()　42

Pandas　4
pd.data_range()　154
pd.read_csv()　154
plot()　26
plt.figure()　18
plt.legend()　20
plt.plot()　18
plt.savefig()　21
plt.show()　21
plt.subplots()　23
plt.tight_layout()　27
plt.xlabel()　20
plt.xlim()　20
plt.ylabel()　20
plt.ylim()　20
pm.AR()　150
pm.autocorrplot()　112

pm.Bernoulli() 127
pm.forestplot() 111
pm.HaflCaucy() 150
pm.HalfCauchy() 121
pm.hpd() 198
pm.InverseGammma() 106
pm.Laplace() 121
pm.math.dot() 117
pm.math.erf() 129
pm.math.sqrt() 106
pm.mcse() 198
pm.Model() 105
pm.MvNormal() 117
pm.Normal() 106
pm.plot_posterior() 111
pm.Poisson() 132
pm.rhat() 199
pm.sample() 107
pm.StudnetT() 160
pm.summary() 108
pm.traceplot() 111
pm.Uniform() 150
print() 17
PyMC 5

range() 25
reshape() 44
return 41

SciPy 4, 15
SDDR 51
set_title() 27
set_ylabel() 25
size 44
spike-and-slab prior 51
st.bernoulli.rvs() 45
st.beta.cdf() 42
st.beta.interval() 44
st.beta.mean() 44
st.beta.median() 44
st.beta.pdf() 19
st.beta.std() 44
st.gamma.cdf() 65

st.gamma.interval() 65
st.gamma.mean() 63
st.gamma.median() 63
st.gamma.pdf() 65
st.gamma.std() 63
st.gaussian_kde() 110
st.halfcauchy.pdf() 121
st.invgamma.cdf() 72
st.invgamma.interval() 73
st.invgamma.mean() 73
st.invgamma.median() 73
st.invgamma.pdf() 72
st.invgamma.std() 73
st.laplace.pdf() 121
st.logistic.cdf() 126
st.multivariate_normal.rvs() 206
st.norm.cdf() 74
st.norm.pdf() 74
st.norm.rvs() 74
st.poisson.pmf() 93
st.poisson.rvs() 64
st.t.interval() 75
st.t.pdf() 73
st.t.std() 75
st.uniform.cdf() 50
st.uniform.pdf() 19
sum() 44, 85
SV モデル 156
sys.exit() 17

T 84
to_string() 46
t 分布 69

with 105

x 43
xticks() 93

あ 行

位置パラメータ 75
1 期先予測分布 143

索　引　213

一般化線形モデル　123
因子　140
因子負荷量　140
因子モデル　140

エルゴード性　177

か 行

カーネル密度推定法　101
回帰関数　77
回帰係数　77
回帰モデル　76
階層事前分布　140
ガウシアン・カーネル　101
確率関数　11
確率的トレンド　138
確率的ボラティリティ・モデル　156
確率変数　10
確率密度関数　11
カルマン・スムーザー　144
カルマン・フィルター　143
完全条件付確率分布　200
観測値　10
観測方程式　136
ガンマ関数　60
ガンマ分布　60

基準化定数　29, 99
擬似乱数　45
季節変動　135
期待損失　33
ギブズ・サンプラー　191
ギブズ内メトロポリス法　207
逆ガンマ分布　66
規約性　174
局外パラメータ　69

区間推定　36

形状パラメータ　60
計数データ　59

コーシー分布　120
誤差関数　129
誤差項　76
コメント文　14

さ 行

再帰性　175
最小2乗法　78

時間反転性　187
時系列モデル　135
事後オッズ比　48
事後確率　36, 47
事後分布　11, 61, 69, 78, 99
辞書　108
事前オッズ比　49
自然共役事前分布　30, 60, 69, 78
事前分布　11, 60, 66, 78, 99
実効標本数　109
時変係数回帰モデル　140
尺度パラメータ　60
重回帰モデル　116
周期性　175
周辺事後分布　69, 79
周辺事前分布　70
周辺尤度　28
詳細釣合条件　178, 183
状態空間モデル　135
状態変数　136
状態方程式　136
信用区間　36

酔歩連鎖　185
スコアリング・モデル　123

斉時性　174
精度行列　117
切断　120
説明変数　76
セル　14
遷移核　175

損失関数　33

た 行

大数の法則　100, 178
多変量 t 分布　79
多変量正規分布　78

定常分布　177
定数項　77
ディラックのデルタ関数　50, 183
点推定　33

動的因子モデル　141
独立連鎖　186

は 行

ハイパーパラメータ　21
ハミルトニアン・モンテカルロ法　188
ハミルトン方程式　188
パラメータ　11
バーンイン　179
半コーシー分布　120
バンド幅　101

非周期性　175
被説明変数　76
非線形回帰モデル　97
標準誤差　101
標本　10
標本の大きさ　10

負の 2 項分布　61
不変分布　177
プロビット・モデル　124
分位点　101

ベイズの定理　27, 99
ベイズ・ファクター　49
ベータ関数　21
ベータ分布　12, 21
ベルヌーイ分布　11

ポアソン回帰モデル　124
ポアソン分布　59
ボラティリティ・クラスタリング　135

ま 行

マルコフ連鎖　174
マルコフ連鎖サンプリング法　102, 180
マルコフ連鎖モンテカルロ法　102

メトロポリス−ヘイスティングズ・アルゴリズム
　　　181

目標分布　179
モンテカルロ標本　100
モンテカルロ法　100

や 行

尤度　28, 60, 67, 78, 99

予測分布　52, 61, 87

ら 行

ラプラス分布　119

リープフロッグ法　189
リッジ回帰　79
リンク関数　123

ロジット・モデル　124

著者略歴

なかつまてるお
中 妻 照 雄

1968 年　徳島県に生まれる
1991 年　筑波大学第三学群社会工学類卒業
1998 年　ラトガーズ大学大学院経済学研究科博士課程修了
現　在　慶應義塾大学経済学部経済学科教授
　　　　Ph. D.（経済学）

主　著
『ファイナンスのための MCMC 法によるベイズ分析』（三菱経済研究所，2003）
『入門 ベイズ統計学』（ファイナンス・ライブラリー 10，朝倉書店，2007）
『実践 ベイズ統計学』（ファイナンス・ライブラリー 12，朝倉書店，2013）
『Python によるファイナンス入門』（実践 Python ライブラリー，朝倉書店，2018）

実践 Python ライブラリー
Python によるベイズ統計学入門　　　　定価はカバーに表示

2019 年 4 月 15 日　初版第 1 刷
2024 年 1 月 25 日　　第 5 刷

著　者　中　妻　照　雄
発行者　朝　倉　誠　造
発行所　株式会社　朝　倉　書　店

東京都新宿区新小川町 6-29
郵便番号　162-8707
電　話　03（3260）0141
Ｆ Ａ Ｘ　03（3260）0180
https://www.asakura.co.jp

〈検印省略〉

Printed in Korea

© 2019〈無断複写・転載を禁ず〉
ISBN 978-4-254-12898-7　C 3341

JCOPY ＜出版者著作権管理機構　委託出版物＞

本書の無断複写は著作権法上での例外を除き禁じられています．複写される場合は，
そのつど事前に，出版者著作権管理機構（電話 03-5244-5088, FAX 03-5244-5089,
e-mail: info@jcopy.or.jp）の許諾を得てください．

◆ 実践Pythonライブラリー ◆
研究・実務に役立つ／プログラミングの活用法を紹介

愛媛大 十河宏行著
実践Pythonライブラリー
心理学実験プログラミング
—Python/PsychoPyによる実験作成・データ処理—
12891-8 C3341　　　　　A5判 192頁 本体3000円

Python（PsychoPy）で心理学実験の作成やデータ処理を実践。コツやノウハウも紹介。〔内容〕準備（プログラミングの基礎など）／実験の作成（刺激の作成，計測）／データ処理（整理，音声，画像）／付録（セットアップ，機器制御）

前東大 小柳義夫監訳
実践Pythonライブラリー
計 算 物 理 学　Ⅰ
—数値計算の基礎／HPC／フーリエ・ウェーブレット解析—
12892-5 C3341　　　　　A5判 376頁 本体5400円

Landau et al., Computational Physics: Problem Solving with Python, 3rd ed.を2分冊で。理論からPythonによる実装まで解説。〔内容〕誤差／モンテカルロ法／微積分／行列／データのあてはめ／微分方程式／HPC／フーリエ解析／他

前東大 小柳義夫監訳
実践Pythonライブラリー
計 算 物 理 学　Ⅱ
—物理現象の解析・シミュレーション—
12893-2 C3341　　　　　A5判 304頁 本体4600円

計算科学の基礎を解説したⅠ巻につづき，Ⅱ巻ではさまざまな物理現象を解析・シミュレーションする。〔内容〕非線形系のダイナミクス／フラクタル／熱力学／分子動力学／静電場解析／熱伝導／波動方程式／衝撃波／流体力学／量子力学／他

慶大 中妻照雄著
実践Pythonライブラリー
Pythonによる　ファイナンス入門
12894-9 C3341　　　　　A5判 176頁 本体2800円

初学者向けにファイナンスの基本事項を確実に押さえた上で，Pythonによる実装をプログラミングの基礎から丁寧に解説。〔内容〕金利・現在価値・内部収益率・債権分析／ポートフォリオ選択／資産運用における最適化問題／オプション価格

海洋大 久保幹雄監修　東邦大 並木　誠著
実践Pythonライブラリー
Pythonによる　数理最適化入門
12895-6 C3341　　　　　A5判 208頁 本体3200円

数理最適化の基本的な手法をPythonで実践しながら身に着ける。初学者にも試せるようにプログラミングの基礎から解説。〔内容〕Python概要／線形最適化／整数線形最適化問題／グラフ最適化／非線形最適化／付録:問題の難しさと計算量

海洋大 久保幹雄監修　小樽商大 原口和也著
実践Pythonライブラリー
Kivy プ ロ グ ラ ミ ン グ
—Pythonでつくるマルチタッチアプリ—
12896-3 C3341　　　　　A5判 200頁 本体3200円

スマートフォンで使えるマルチタッチアプリをPython Kivyで開発。〔内容〕ウィジェットとプロパティ／KV言語／キャンバス／サンプルアプリの開発／次のステップに向けて／ウィジェット・リファレンス／他

愛媛大 十河宏行著
実践Pythonライブラリー
はじめてのPython & seaborn
—グラフ作成プログラミング—
12897-0 C3341　　　　　A5判 192頁 本体3000円

作図しながらPythonを学ぶ〔内容〕準備／いきなり棒グラフを描く／データの表現／ファイルの読み込み／ヘルプ／いろいろなグラフ／日本語表示と制御文／ファイルの実行／体裁の調整／複合的なグラフ／ファイルへの保存／データ抽出と関数

Theodore Petrou著　黒川利明訳
pandas ク ッ ク ブ ッ ク
—Pythonによるデータ処理のレシピ—
12242-8 C3004　　　　　A5判 384頁 本体4200円

データサイエンスや科学計算に必須のツールを詳説。〔内容〕基礎／必須演算／データ分析開始／部分抽出／booleanインデックス法／インデックスアライメント／集約，フィルタ，変換／整然形式／オブジェクトの結合／時系列分析／可視化

前首都大 朝野熙彦編著
ビジネスマンが一歩先をめざす　ベ イ ズ 統 計 学
—ExcelからRStanへステップアップ—
12232-9 C3041　　　　　A5判 176頁 本体2800円

文系出身ビジネスマンに贈る好評書第二弾。丁寧な解説とビジネス素材の分析例で着実にステップアップ。〔内容〕基礎／MCMCをExcelで／階層ベイズ／ベイズ流仮説検証／予測分布と不確実性の計算／状態空間モデル／Rによる行列計算／他

上記価格（税別）は2023年12月現在